思考技法
大師作品
結構與創意
設計理念

服裝設計思維訓練

于國瑞
編著

跳脫普通人思維，進入設計師思考狀態

一本書讓你從外行到內行，
從服裝設計師到服裝設計大師

「時裝是一種文化概念，而成衣是一種商業範疇。」
——法國服裝設計師
克里斯蒂安 · 拉克魯瓦（Christian Lacroix）

目錄

前言
走出服裝設計的盲點

所謂盲點，是認知判斷事物的偏差，也是探索真理過程中的思考。人們面對大千世界，認知著自然與社會，也認知著自己的學習與生活，難免會進入一些思想的盲點，既影響或干擾人的認知和判斷，也會阻礙人的思考和行為。學習服裝設計也不例外，經常會受到幾個認知偏差的誤導和困擾。

盲點一
服裝設計是老師教的，老師不教，怎麼可能學會設計

學習服裝設計，與學寫作、學作曲具有異曲同工之妙，「學」的作用，大過於「教」。學生如果過分依賴教師的教，就很難學得明白和透徹。

設計、寫作、作曲，都與人的創造性思考密切相關，又都是極具個性化情感特徵的個體行為。因此，整齊劃一的教，不是明智之舉，即便是一對一的教，思考也是很難教會的。強調創新和創意的服裝設計，一旦能夠用語言表述清楚，並形成某些設計原則，就多半變成了教條。而依據教條進行的思考和設計，又談何創新，更不可能是原創。

服裝設計的教學，比較恰當的方式是以學生為主體，先做後講。也就是，整個教學要圍繞學生的「學」而展開，從學生「學」的視角切入，按照學生認知事物的一般規律設計每項訓練課題。讓學生在完成課題的過程中，自己去探索、去思考，不斷發現問題和解決問題。根據學生所遇到的問題，尤其是一些共通性問題，教師再進行有針對性的講解。服裝設計教師教給學生的大多是分析問題和解決問題的方式，不會是一成不變的解決問題的方案。因為服裝設計解決問題的方法常常是不拘一格，沒有最好，只有更好，並不存在固定的標準答案。

教師在教學中的作用重在引導、啟發和解惑，並不在於傳授。教師在課堂上講得再好，如果沒有轉化為學生自己的認知和解決問題的能力，也是徒勞無功的。學生在教師的幫助下主動學習，可以促進學生自動自發的動腦思考，進而學會靈活應變、舉一反三和觸類旁通。主動學習的關鍵，就在一個「悟」字。悟，指了解、領會和活用，它可以引申為覺悟、感悟、頓悟、領悟、開悟等。其核心意 義，就是要學會自己去思考問題、自己去尋求答案。不只知其然，還要知其所以然，即便是教師講過的內容，也要多問幾個「為什麼」。如果自己找不到滿意的答案，就與教師或同學去探討。自己悟得的知識，才是真正學會的、屬於自己的知識。

盲點二
學習服裝設計，就要時時刻刻想著服裝，觀察著服裝

服裝設計比較忌諱從服裝的一般模式出發

來構想服裝的思考方式。因為，設計師滿腦子都是已有的服裝，思考就會先入為主，設計就很難擺脫它們的影響。

人們對事物的思考和判斷，往往受到先前經驗的影響，尤其是第一印象，常常會引導判斷的結果。用心理學解釋，人的思考有自動簡化的傾向，遇到問題會優先運用先前的經驗進行判斷或是解決問題，彌補當前判斷線索的不足，以減輕心智的負擔和損耗，這對人的身心健康大有益處。因此，先入為主是一種普遍存在的心理偏向。但對於需要創新創意的服裝設計來說，已有服裝的先入為主幾乎等於畫地為牢，設計思考會自覺或是不自覺地受到限制和影響。

平時養成觀察服裝的習慣，是非常必要的專業累積，其目的是掌握服裝多樣的構成形式和細節特徵，掌握服裝發展的動向。設計師的生活觀察，要有更加開闊的視野，服裝之外的大千世界，才是取之不盡用之不竭的設計靈感源泉。詩人陸游曾說：「汝果欲學詩，工夫在詩外。」這足以證明「詩外工夫」的重要。設計服裝，要「忘掉」已有的服裝樣式，從服裝之外的生活當中汲取靈感，這樣可以避免已有服裝的先入為主，創造具有新鮮感和創新性的服裝。

就服裝設計思考而言，設計構思應該是一個「先做加法後做減法」的過程。加法，就是強調感性，把所能想到的各種可能都加上，不要有太多限制；減法，就是突出理性，把各種多餘的或是可有可無的內容都減掉，使其切合作品的創意或是產品的規範。在設計理念方面，也要努力擺脫已有服裝模式的羈絆，從包裝人體的視角重構或是解構服裝。

服裝設計教學，也應該按照「先放後收」的教學過程對學生進行引導。要先把服裝當作一件藝術作品來理解和設計，沒有功能、結構、季節等方面的限制。要強調美感，注重形式，倡導創意。其目的在於培養學生的創造力和想像力，發掘創造潛能。隨著教學的不斷深入，要逐漸加強學生對服裝本質的認識，注重功能、結構、實用性等方面的引導。使學生在服裝作品和服裝產品兩個方面，都具有很強的設計應變能力。

盲點三
服裝設計需要靈感，沒有靈感，就無法進行設計構思

服裝設計的確需要靈感，但靈感不是等來的，而是畫出來的。靈感不會惠顧消極等待它的人，靈感是對積極進取行為的特殊獎賞。

靈感，是生活中一種普遍存在的心理狀態。當人們全身心投入某項工作或是解決某個問題而遇到困難時，由於偶然因素的觸發，突然找到了解決問題的方法，即「靈機一動，計上心來」時的頓悟狀態，就是靈感的閃現。從靈感產生的心理機制上來看，靈感與人的意識和潛意識都有關聯。人們每天都會遇到各種不同的生活情境，它們絕大部分都不會被意識到，但這些經歷並未從心靈中完全消失，而是被儲藏到了潛意識當中。人的意識與潛意識，總是在意識閾限上下相互轉化。若思考主體在意識閾限上苦思冥索而又一籌莫展，在思考疲倦和鬆弛後，意識便會進入一種麻木狀態，但潛意識並沒有停止活動。某些意

識會在不知不覺中深入意識閾限下變成潛意識，並不停地活動著。一旦這些潛意識與某些從不相關的觀念串聯在一起，便會爆發靈感的火花，衝破意識閾限，喚醒意識，靈感便會產生。

由此可見，靈感的產生與設計師是否全身心投入的關係密切，絕不是消極等待得來的。越是沒有靈感越要積極的投入，才能引發靈感。在沒有想法時，更加需要多畫多看，才有可能盡快的觸發靈感。同時，時常回歸自己的設計初心，也是一個可以少走彎路的好方法。設計的潛在衝動與熱情，常常源於想要告訴別人一個他們不知道的故事、不了解的觀點、未曾想過的想法或做法、未曾有過的經歷或感受等。服裝設計重在有感而發、以情動人，只要清楚自己想要表現的內容是什麼，突出了打動自己的那些因素，其結果也同樣會感動其他人。

盲點四

服裝設計需要天賦，沒有天賦的人，就當不了設計師

服裝設計當然離不開天賦，但天賦只是前提，不是結果。無論設計師的天賦高低，成功的祕訣都是執著、努力、不斷學習，外加天賦和機遇。

服裝產業發展到今天，社會分工和設計師職業化已經確定。社會分工，是指服裝科系負責培養設計師，服裝企業負責安排就業；設計師職業化，是指這一職業的標準化、標準化和制度化。一個人適合或不適合從事設計師這一職業，大體會經過三次選擇。一是指考後的科系挑選，填志願時大多比較感性，有人誤打誤撞的選擇了服裝設計；二是畢業時應徵職缺，應徵時大多比較理性，有人因為了解而選擇了離開，也有人因為了解而選擇了留下；三是試用期後的再調整，調整是最後的抉擇，服裝企業除了設計師還有很多相關職缺可供挑選。經過三次選擇，沒有天賦的人，怕是所剩無幾了。

服裝設計教學中，也常常會遇到一種看似難以理解卻又不難解釋的現象：一些被教師認為極有天賦的學生，最終反而放棄了設計師職業；一些天賦稍弱的學生，卻堅定不移的要做設計師。原因其實也簡單，天賦超常的都是天資聰慧且處事靈活的學生，既能把這件事情做好，也能把其他事情做好。就業對他們來說充滿了更多的誘惑，避重就輕就成了首選。天賦稍弱的都是勤奮踏實且做事認真的學生，透過自己的努力，在專業學習中找到了價值和自信。他們對設計師職業充滿了渴望，喜歡就是選擇的最佳理由。

以上解釋，或許都不是令人滿意的答案，那就需要在本教材的學習過程中自己去尋找。儘管本教材摒棄了傳統的教學內容和教學方法，從學生認知事物的視角出發，從設計思考訓練角度切入，包含了服裝設計教與學的長期思考，融入了服裝設計的全新理念和教學成果，但本教材作者的感悟和思考，永遠替代不了學習者自己的體驗和收穫。從門外漢到服裝設計師，從服裝設計師到服裝設計大師，並沒有捷徑可走。只有熱愛和不懈追求、堅守和不斷學習，外加系統化的思考訓練，才能讓學習者走向理想的目標。

于國瑞

導論 服裝設計解讀

一、服裝設計與設計過程

（一）服裝設計

1. 服裝設計的概念

服裝設計，是指構想一個製作服裝的方案，並借助於材料、裁剪和縫製使構想實物化的過程。

從這個概念可以得知，服裝設計就是服裝從無到有的創造和製作過程。從理論意義來講，已經在生活當中存在的服裝，無須再去設計。除非這些服裝存在一些缺陷或是需要更新換代的產品，才有必要對其進行再次設計。

在服裝設計概念中有兩個關鍵詞，一是「構想」，二是「實物化」。構想，是指設計構思，是設計方案在設計師頭腦當中想像、思考和孕育的過程。實物化，是指將構想的設計方案用衣料製作出來的過程。也就是說，服裝設計必須經過「設計構思」和「實物製作」兩個環節，既要把它「想出來」，還要把它「做出來」，要把想法變成可以穿用的服裝成品，才能完成服裝設計的全過程。

但在服裝設計教學中，大多只需完成設計構思環節，把設計構想勾畫出來即可，並不需要完成實物製作。這是為了節省時間，以便集中精力培養學生的設計構思能力，而將實物製作環節交給立體裁剪、結構設計和縫製工藝等課程來完成。從這個層面去理解，立體裁剪、結構設計和縫製工藝等課程都是服裝設計內容的延續，也是服裝設計重要的組成部分。服裝效果圖，只是設計構思的外化表現形式而已。不要誤以為，畫出服裝效果圖，服裝設計就大功告成了。因為服裝設計不是紙上談兵，也不只是簡單的複製現有的服裝，而是要創造出新的、美的、具有一定功能屬性並能滿足人們穿著需要的服裝實物。（見圖 1）

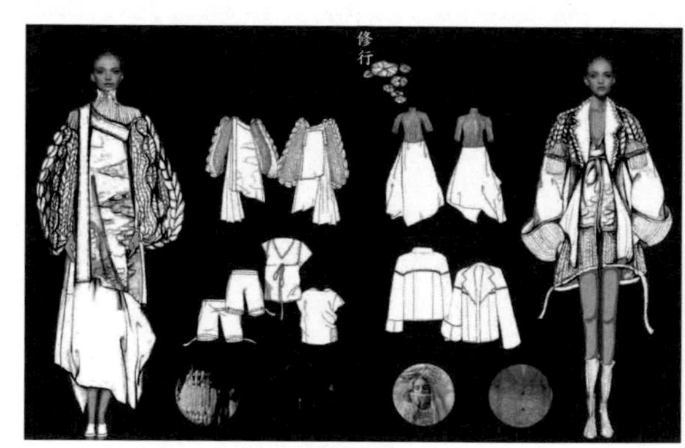

圖 1　服裝設計構想與實物化
（作者：翟歡）

服裝設計之所以十分注重和強調實物化，是因為服裝設計的實物製作，不僅是設計構思的合理性和可行性的驗證過程，更是設計構思的進一步修改和完善的過程。設計構思中的服裝，包括借助於效果圖表現出來的服裝構想，與實物製作的成衣效果往往差異很大，相互不可替代。同樣一個服裝款式構想，採用不同的衣料製作，就會呈現出完全不同的成衣狀態，也會暴露出很多最初的設計構思預料不到的問題，這些問題都需要透過實物製作環節得以解決。因此，有些設計師常常先去尋找衣料，等到對這些衣料特徵深入了解之後再去進行設計構思，或者是直接使用衣料進行立體裁剪，就是為了讓自己的設計構思與成衣效果有機結合，增加設計構想的準確性，避免出現問題。

2. 服裝設計的本質

本質屬性是決定事物之所以成為該事物而區別於其他事物的屬性。本質屬性具有兩個特點，一是事物所固有的屬性；二是與其他事物的區別性。比如能思考、會說話、能夠製造和使用生產工具進行勞動，是「人」的本質屬性。服裝設計的本質屬性，是創造和提供符合人們生活需求的穿著物品，以滿足人們參與社會活動的各方面需要。人們對服裝的需求是多方面的，既有物質層面的需要，也有精神層面的需要。

(1) 物質需要。物質需要主要包括防護功能、儲物功能、保健功能、實用功能等。所謂功能，是指物體的有用效能。防護功能，包括禦寒、擋風、遮雨、防蟲、吸汗、隔塵、阻擋輻射等功效；儲物功能，是指服裝口袋等的設計和用途；保健功能，是指護腿、護膝、護肘、護胸、透氣調溫、高彈力塑形等作用；實用功能，是指便於運動、便於穿脫、便於使用等對人的生活需要有幫助的方面。

(2) 精神需要。精神需要主要包括歸屬需要、尊重需要、審美需要、個性需要等。歸屬需要，是指服裝具有很強的社會身分、階層、群體的識別和歸屬特性，透過服裝就可以將人進行分類，比如軍人、白領、乞丐等。尊重需要，是指穿著不同的服裝可以得到不同的社會認知態度，比如穿著時尚的高級訂製服與穿著過時的廉價服裝，就會得到不同的評價和反響。審美需要，是指服裝對人具有的美化修飾作用，能滿足人的愛美之心。但這種滿足大多只是滿足一時，不能滿足到永遠，因為時尚常變常新，人們的審美也在不斷變化。人們常說，女人的衣櫥裡永遠缺少一件能讓自己滿意的衣服，就是這個道理。個性需要，是指服裝可以張揚個性、滿足個性化需求。服裝是人的「第二層皮膚」，穿著與眾不同的有個性的服裝，可以讓人標新立異而得到自我滿足。

服裝設計在滿足人們生活需要的過程中，非常注重創造和創新，缺少了創造和創新，設計也就缺少了靈魂和存在的意義。服裝設計如果僅僅是為了滿足人的物質需要，就會變得非常簡單，只需做到合理和實用就夠了。服裝設計難就難在如何滿足人的精神層面的需要上。人的精神需要是永無止境的，並隨著社會的進步和發展不斷變化。因此，服裝設計必須不斷變化、不斷創造和不斷推陳出新。設計師所從事的服裝設計工作，就如同希臘神話故事當中的薛西弗斯（Sisyphus）每天都在努力把巨石推上山頂，但每當到達山頂時，巨石就會滾下山去。於是又要不斷重複、永無休止的去做這件事情。不同的是，設計師接受的是時尚不斷變化的挑戰，每次努力都在為社會發展貢獻著力量；而薛西弗斯接受的是懲罰，從事的是一項沒有效果的事情。

服裝設計的創造和創新，一個強調初始性，一個注重新鮮感。合在一起就是，要設計出別人未曾做過、尚不存在的、讓人感到新鮮的並能滿足人們物質和精神雙重需要的服裝。其實，客觀事物本身並無所謂新與舊。新與舊，只是相對的概念。人們在給事物分類時，常把一直存在的、十分常見的事物稱為「舊」；而把尚未存在的、非常少見的事物稱為「新」。在服裝設計中，既包括可以有能直觀看到的創新，比如新形式、新造型、新形態、新結構、新衣料、新色彩、新手法、新的穿著方式等，也包括不能被直接看到，卻可以被感受到的蘊含在設計師頭腦當中的新理念、新主張、新思考、新想法、新創意、新見解等。

服裝設計的創造和創新，還要清楚地認識到服裝的「新」與「舊」，具有相互轉化和相互促進的關係。在設計師眼裡，服裝是有「生命」的。每一款新服裝的誕生，與其他新生事物一樣，都要經歷孕育、出生、成長、衰老和死亡的過程，只不過有的生命週期長，有的生命週期短而已。服裝剛一問世，可以稱之為「新」，但一旦被人普遍知曉和接受，便具有了一定的「舊」的因素，隨著時間的推移，就會被更「新」的服裝所取代，逐漸蛻變成過時的或是被時代淘汰的服裝。而新生的服裝，也不會是憑空想像出來的，或多或少會受到那些沉澱多年的「舊」服裝的影響。就是說，「舊」的不斷地在影響著「新」的，而「新」的又不斷地變成「舊」的，服裝設計的創造，就是在這種從「新」到「舊」，又從「舊」到「新」的轉化中發展的。當然，這種轉化絕不是簡單的重複和循環，而是呈現螺旋狀上升的狀態。就像「每天的太陽都是新的」含義一樣，當舊事物的再次出現，已被賦予了新的精神和意義。若是缺少了這一點，社會也就不會進步和發展了。(見圖 2)

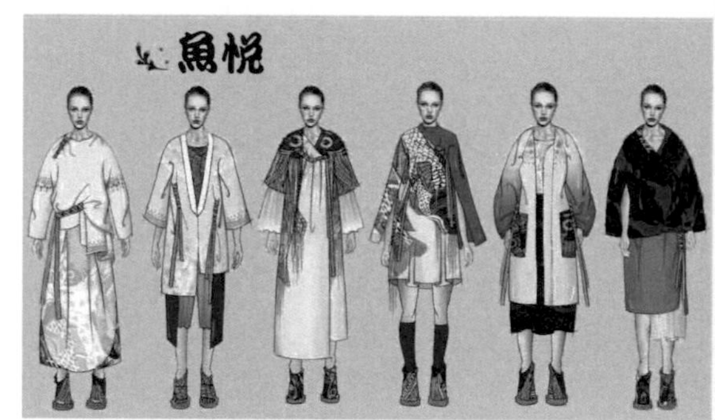

圖 2　創新是服裝設計的本質
（作者：張婭旻）

3. 服裝設計的發展

與服裝悠久的發展歷史相比，服裝設計的發展歷程比較短暫的，只有 160 多年的歷史。服裝設計能夠成為一門專業和一種職業，得益於服裝發展史上兩件事情的出現：一是縫紉機的發明；二是沃斯時裝屋的開業。

(1) 縫紉機的發明。1790 年，英國人托馬斯·山特（Thomas Saint）發明了世界上第一臺先打洞、後穿線，縫製皮鞋用的單線鏈式線跡手搖縫紉機。1841 年，法國裁縫巴特勒米·迪莫尼耶（Barthélemy Thimonnier）發明和製造了機針帶鉤子的鏈式線跡縫紉機。1851 年，美國人艾薩克·梅瑞特·辛格（Isaac Merritt Singer）發明了鎖式線跡縫紉機，並成立了勝家衣車，專門製造和生產縫紉機向各地銷售，縫紉機就此走向了世界。縫紉機的問世和普及，結束了過去全部用手工縫製服裝的漫長歷史，提高了服裝縫製的工作效率和品質，顛覆了服裝製作的傳統觀念和工作方式。儘管這些縫紉機還都是簡陋的手搖式，(見圖 3) 還不足以滿足服裝大量生產的需要，但已經成為一個轉折點，預示著服裝工業化生產時代即將到來。1859 年，勝家衣車發明了腳踏式縫紉機。1889 年，勝家衣車又發明了電動縫紉機。這些高效率縫紉機的出現，加快了服裝工業化生產的步伐，使服裝生產進入嶄新的階段。

圖 3　手搖式縫紉機
(品牌：勝家)

(2) 沃斯時裝屋的開業。1858 年，英國人查爾斯·弗雷德里克·沃斯 (Charles Frederick Worth) 在法國巴黎開設了第一家時裝屋 (見圖 4)。這家自行設計和銷售服裝的時裝屋的問世，在標誌著服裝設計師這一職業誕生的同時，也標誌著服裝設計擺脫了宮廷沙龍，跨出了鄉間裁縫的局限，成為一門反映時尚的獨特藝術。沃斯不僅自己設計時裝進行銷售，還讓後來成為他妻子的法國姑娘擔任模特兒，穿著時裝在店內走動展示，吸引顧客和促進銷售。由此，沃斯成為全世界第一位服裝設計師，他的妻子也成為全世界第一位服裝模特兒。

在此之前，從事服裝製作並兼顧設計的大有人在，但其工作內容主要是為宮廷裡的達官貴族服務或是為鄉里鄉親量身訂做，是以服務對象為中心，以單件服裝製作和設計為主，服裝設計的主體意識並不明朗，大多是對已有樣式的選擇、複製和改進。沃斯的工作方式則是以設計師為中心，以設計師的設計思想主導生產服裝產品，使服裝生產工業化、商品化，直接用於市場銷售。這就為現代服裝設計奠定了基礎，開創了服裝設計工作的基本模式。沃斯也因此成為世界公認的「高級時裝之父」。

圖 4　時裝屋的時裝設計
(作者：沃斯)

服裝設計在臺灣發展時間更為短暫，以服裝設計專業的創建為標誌。實踐服裝設計系成立於 1961 年，是當時國內第一所服裝設計系。隨後，幾乎所有的藝術學校、高職學校如雨後春筍般地開辦了服裝設計專業，國內的服裝設計教育從此正式起步。

這些院校培養的設計人才，在臺灣服裝產業發展中發揮了不可估量的作用，極大地促進了服裝產業的發展。

目前，臺灣服裝企業經過不斷地學習、探索和轉變，已經逐漸步入品牌化運作的國際化軌道。所謂品牌化運作，是指企業的一切行為都以品牌建設為核心，努力打造個性鮮明、定位準確、品質一流的品牌形象，以增加產品的市場競爭力，滿足消費者的消費需求。品牌化的根本就是創造差別而使自己與眾不同。品牌化是賦予產品和服務一種品牌所具有的能力，而支撐這種能力的是隱藏在品牌背後的一整套品牌構成體系，包括開發系統、生產系統、形象系統、傳播系統、行銷系統、服務系統和管理系統等。在服裝企業的品牌化運作中，不受市場歡迎的滯銷產品很快就會被淘汰。加盟商是否訂貨，是決定產品是否生產的關鍵因素，服裝市場擁有產品生產的決策權。服裝設計在其中扮演的是龍頭角色，雖然只是眾多環節中的一個環節，卻具有引領方向、提升品質、塑造形象的重要作用。設計師和其所從事的服裝設計，成為服裝企業品牌建設不可或缺的中流砥柱。

（二）設計過程

服裝設計的目標不同，就有不同的設計要求，也會產生完全不同的設計結果。就市場分工而言，有什麼樣的服裝市場需求，就有什麼樣的服裝設計，比如女裝設計、童裝設計、運動裝設計、戶外裝設計、內衣設計、原創設計等。就服裝設計目的而言，又有服裝作品設計、服裝產品設計的區別。

1. 服裝作品的設計過程

服裝作品，是指設計來用於訓練、參賽、展示等，以表現設計師思想為主體的設計作業或作品。此類服裝大都不參與銷售和生活穿著，只用於表演、展示和學術探究，比如設計教學中的學生作業、參賽作品、畢業設計作品、個人服裝發布會的設計作品等。服裝作品的設計過程，主要包括查閱資料、尋找切入點、完善構思、效果圖表現、實物製作等環節。

(1) 查閱資料。服裝作品的設計，大多是從收集查閱資訊資料開始的。查閱資料的過程，既是設計師調整思緒，逐漸進入設計思考狀態的過程；也是對相關資料進行分析判斷，逐漸明確設計方向的過程。查閱資料的範圍和數量，因人、因時間、因條件而定，一般多以圖片為主，文字為輔。主要包括服裝款式細節、成衣工藝細節、衣料再造效果、流行色資料、設計主題、時尚資訊等資訊。資料收集的渠道主要有圖書資料、網路資訊、自拍照片、平時的累積等。

查閱資料，最重要的是從中找到自己的「興奮點」，即找到自己最感興趣的題材，確定一個或多個設計主題，為設計的深入構思明確方向。設計主題一旦確定，還要環繞著這些主題，查閱與主題密切相關的各種資訊，使資訊的收集變得更加集中、更加準確和更有效用。比如設計主題是「自由海洋」，就會涉及海浪、沙灘、礁石、海鮮、海底生物、海的傳說、海的神祕、海的精神等相關資訊。(見圖 5)

(2) 尋找切入點。在有目的地進行設計主題的相關資訊收集和分析基礎上，透過聯想和想像，設計師會在頭腦中構築一個全新的碎片化的設計主題形象。再經過「碎片」之間的相互碰撞，就會浮現若干個形態誘人的形象點，隨之構思這些形態延伸的各種可能性，找到設計思考的切入點。

圖 5　設計主題的相關資料收集
（作者：李如願）

所謂切入點，就是設計思考構想的線索和出發點。一般來說，找到切入點並不難，困難點是如何將形態原有的本質屬性進行轉化，轉化為服裝的形式語言，創造全新的服裝創意形象。這一個轉化的過程，有各種方式方法，比如將小的變成大的、將少的變成多的、將硬的變成軟的、將立體的變成平面的、將複雜的變成單純的、將無生命的變成有情感的等。

(3) 完善構思。在設計構思階段，採用邊想、邊畫、邊修改的方法最容易取得實效。要具有「靈感是畫出來的」的堅定信念，不要消極地等待靈感的到來，而是要積極地去創造靈感。越是在沒有想法的時候，越是要堅持去畫，要勾畫出所能想到的各種可能。不僅要從設計主題的表層形態去構想其變化，還要從設計主題的深層蘊含、內在精神、社會意義、情感態度等方面去尋求突破口，完善設計構思。

(4) 效果圖表現。繪製效果圖是服裝設計整體效果的全方位立體化的構想過程，設計在構思階段未曾深入涉及的結構、衣料、色彩、配件、服飾品、服裝與人體的關係、服裝情趣與著裝狀態等都會呈現出來。服裝設計的效果圖表現，並不是把設計構思簡單地繪製出來就了事，而是設計思考不斷深入的過程。透過效果圖表現，要將已經想過的內容再深化，將未曾想過的內容想清楚。這就如同在大腦中模擬了一次真實的服裝製作過程，將服裝按照設計構想「製作」一遍，並把它「穿著」在模特兒身上，藉以構想服裝設計的整體效果，驗證設計構想的可行性和合理性。

(5) 實物製作。實物製作是構想變成現實的最後階段，除了設計教學中的課堂作業不需要製作實物外，其他的服裝作品，比如畢業設計、參賽作品、發布會作品等都需要透過實物製作完成設計。

實物製作首先遇到的問題就是選料，布料的薄厚、軟硬、質地、顏色等方面，都不能出現偏差，應與設計主題所要營造的情調相吻合。然後遇到的問題常常是裁剪，傳統的平面裁剪一般很難解決服裝作品製作的所有問題。大多要依靠立體裁剪或是部分採用立體裁剪，才能實現較有創意的設計構想。比較穩妥的做法是，先用胚布試樣，經過反覆修改效果達到滿意之後，再用正式衣料製作。最後遇到的大多是工藝方面的問題，比如縫製工藝、染色工藝、裝飾工藝等。這樣的問題也應該經過一些試驗來解決。先用小塊衣料或是替用料做一些試驗，待試驗取得理想效果之後，再用在正式製作的服裝上。

2. 服裝產品的設計過程

服裝產品，是指能滿足人們生活需要的工業化生產衣著用品。服裝產品既是產品，又是商品和消費品。在工廠叫產品，在商場叫商品，到了消費者手中就是消費品。作為服裝產品，大都具有批量化、標準化和市場化三個基本特徵。身為設計師也必須具備較強的產品意識，才能勝任服裝設計工作。

產品意識具體包括商品意識、用戶意識、創新意識和團隊意識四個方面。

① 商品意識。就是要思考這個產品好不好賣。產品不是為自己做的，如果產品賣得不好，就不能借助於產品為公司帶來收益，設計師的價值也就難以實現。

② 用戶意識。就是要知道用戶是誰、知道用戶需要什麼、知道用戶怎麼樣使用自己的產品。

③ 創新意識，就是要為用戶提供品質超群的新產品。產品的創新，未必就是顛覆性的創造，也許只是把一些細節做得更加完美、更具人性化，也許只是把另外一種理念引入產品之中，給用戶一種不一樣的感受等。

④ 團隊意識。就是要依靠團隊合作的力量，將恰當的產品在恰當的時機交給用戶。產品往往不是設計師一個人完成的，從產品誕生到用戶使用，需要經過設計、生產、物流、銷售等多個環節。因此，這就需要設計師將自己融入整個企業團隊當中，與企業各個部門密切合作，才能順利完成設計工作。服裝產品的設計流程，主要包括產品企劃、產品與市場分析、設計構思與表達、樣衣製作與確認、產品訂貨與生產。（見圖 6）

(1) 產品企劃。產品企劃是指企業為了使產品及其構成要素滿足目標顧客需求所制定的產品研發規劃和過程。在競爭越來越激烈的服裝市場，僅僅依靠打折促銷等行銷手段是遠遠不夠的，只有透過產品企劃，才能確實地提升產品的市場競爭力。因為，產品企劃可以使產品的研發更加貼近消費者需求，使設計和生產變得更加客觀，避免和減少盲目性。產品企劃已經成為衡量一個品牌在經營管理方面是否趨於理性和走向成熟的標誌。

產品企劃是一項長期的、持續的、動態的相關資訊情報收集和研究工作，就像天氣預報需要定期監測天氣變化一樣，企劃部門要在密切監控自己的產品銷售狀態的同時，定期監視競爭品牌的行銷狀態，收集目標消費者相關資訊、行業資訊、時尚焦點等情報，並適時更新資訊和存檔資料。在此基礎上，每年要定期研究制訂少則兩次（春夏和秋冬兩大季）、多則四次（春夏秋冬四季）的產品企劃方案，以供設計師研發當季新產品。產品企劃方案的制訂，一般是由企劃部負責，由設計部、行銷部、採購部等部門人員參與共同討論完成的。既要保持品牌風格的延續，又要根據目標市場的變化，提出下一季產品設計的新主題和新概念。具體包括主題概念、色彩概念、衣料概念、元素細節概念、產品架構

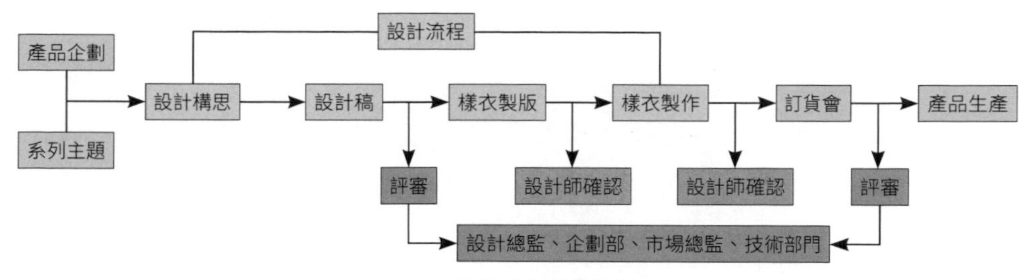

圖 6　服裝產品設計流程

規劃、產品上市時間波段等內容。(見圖7、圖 8)

圖 7　產品企劃主題概念版
(作者：呂星)

圖 8　產品企劃色彩概念版
(作者：王雲帆)

(2) 產品與市場分析。在品牌運作的服裝企業，產品企劃方案一經確定，就成為各個部門必須認真執行的生產計畫，產品研發的設計工作也會隨之展開。首先，設計師要對現有產品的銷售狀況進行分析，了解哪些是消費者喜歡的和為什麼喜歡；哪些是消費者不喜歡的和為什麼不喜歡。然後，結合企劃方案中的設計主題概念，分析和思考「下一個產品」。正在暢銷的產品，往往為設計師提供了直觀的參考依據，它們常常距離「下一個產品」更近，但它們肯定不是「下一個產品」，「下一個產品」一定要比它們更時尚，更具新鮮感和誘惑力。

設計師的市場分析，要以平時的觀察和累積為基礎。設計師每年都有市場調查的工作任務，調查的範圍也較為寬泛，比如市場實地走訪、布料市場調查、目標消費者調查、行業學術會議、展銷會觀摩等，這些活動都是設計師平時所要做的「功課」，是產品設計工作的重要組成部分。產品設計之前的市場分析，會比平時的分析思考內容更加集中、目標更加明確。

(3) 設計構思與表達。產品設計的構思並不是等到設計任務下達後才開始的，一般是在平時或是在參與產品企劃的過程中，就已經在設計師大腦中醞釀了。當設計任務下達時，設計師要做的就是根據產品企劃中的各個主題情境，將成熟和尚未成熟的構想勾畫出來落實在紙面上。最後挑選出自己滿意的設計草圖，再採用電腦繪製服裝平面款式圖的表現形式，在公司所提供的設計規格圖表中繪製正式的設計稿（見圖 9）。

服裝產品設計的難度在於時間緊、任務重，要在規定的時間裡完成整季貨品的設計。服裝產品的設計構思，要掌握好四個方面：

① 功能是重點。產品設計十分注重服裝產品的功能，即產品「用」的性能，強調適用和實用。要求穿脫簡便、行動方便和使用便利，對穿著者具有美化和修飾作用。

② 細節是關鍵。細節是服裝產品品質的具體體現，包括衣領、口袋、衣袖、門襟、圖案裝飾、結構工藝、染色工藝、色彩搭配、拉鏈扣子等，都是產品設計不容忽視的地方。產品設計常常是於細微之處見精神，細節決定成敗。

③ 內涵是目標。好的產品都是有內涵的，內涵既體現了服裝各部分組合的和諧關係，也體現了服裝所具有的文化蘊涵及社會意義。服裝產品的時代感和時尚感，也是服裝內涵的具體表現。

④ 用戶是上帝。服裝產品的設計，並不單單就是一件服裝的設計，它還是設計師與用戶之間心靈的一種交流方式。要讓用戶感受到，這就是為我設計的產品。設計界所倡導的人性化設計，推崇的就是這樣的一種人文關懷。

設計稿完成後，必須經過設計總監、企劃部、市場總監、技術部等相關部門組成的評審組的審查，才能決定哪些設計稿可以一次通過，哪些設計稿需要部分修改，哪些設計稿將被全盤推翻。一般情況下，評審一次通過的設計稿很少見，多多少少都需要修改和補充，才能進入樣衣製作環節。

(4) 樣衣製作與確認。設計師交給打版師的設計稿，一般是以技術資料完備的樣衣生產通知單的形式下達的。樣衣生產通知單的內容，包括成衣正面款式圖和背面款式圖、工藝細節標註、設計說明、產品名稱、商品編號、型號規

附表 1......樣衣生產通知單

款號：WS-0618　名稱：翻領水洗牛仔夾克

下單日期：2021.12.01　完成日期：2022.12.7

規格表（M 號 版型）　單位：cm

部位	尺寸	部位	尺寸	部位	尺寸
衣／褲／裙長	76	肩寬	42	掛肩	
胸圍	86	領高	12	前腰長	42
腰圍	79	前領深	7	後腰長	40
臀圍		前領寬	14	下擺寬	
袖長	60	後領深	6	褲腳口寬	
袖口圍	20	後領寬	22	立襠深	

款式圖：

工藝說明：裁片分割線相接處壓裝飾線，寬度為 0.6cm，接領要服貼且領子硬挺對稱，下擺與袖口裝飾線同寬，寬度為 2cm，完成樣衣要縫線平整，壓線寬窄一致，整潔無汙垢，線頭剪乾淨。

款式說明：此款為翻領水洗牛仔夾克，版寬鬆富有彈性，前後對稱設計，整體衣身共有四個多功能口袋，腰帶束腰。袖子為一片袖，雙層袖口，有小袖章臂章，袖側有兩個插袋。門襟左側有拉鏈裝飾，後背有拉鍊分割裝飾。

布料：

副料：
藍色針織牛仔布 180cm
幅寬 160cm
1.5cm 銅扣 10 顆
金屬腰帶扣 1 個
42cm 金屬拉鍊 2 條
配色牛仔聚酯纖維線

改樣記錄：
1. 袖窿降低
2. 領口加深
（樣衣試穿後的改樣記錄）

繡花印花：無

水洗：做舊處理

設計：　製版：　樣衣：

圖 9　設計圖紙中的設計稿
（作者：丁雲）

格、表布裡布小樣、設計師簽名、交稿日期等資訊。(見圖 9)

樣衣製作是在樣衣樣板確認之後，採用正式衣料試製成衣樣品的過程。打版師、樣本師將根據設計圖稿中的工藝需求進行打版和樣衣實物製作，樣衣製作完成後，需要設計師簽字確認。倘若樣衣成品不符合設計師的設計要求，設計師必須與打版師或是樣本師協商進行修改，直到設計師滿意並確認為止。

(5) 產品訂貨與生產。一年兩次的產品訂貨會，是檢驗設計成果的關鍵環節。參加產品訂貨會的主角往往是代理商、經銷商、賣場銷售主管及銷售人員，他們多年來與顧客打交道，對顧客的購買心理和需求非常了解，擁有豐富的行銷經驗，他們的評價常常是比較客觀的和非常挑剔的。因為，訂購哪些貨品和訂購多少都與他們的銷售業績、經濟效益息息相關，來不得半點虛假和客套。

產品訂貨會之後，企業的設計總監、企劃部、市場總監、技術部等相關部門組成的評審組，往往還要根據訂貨會的訂貨情況進行第二次評審，決定哪些樣品先投入生產，哪些樣品修改之後再投入生產和哪些樣品不能生產。也會對第一批生產的產品數量、上市時間等細節問題進行討論和決策。

3. 服裝作品與服裝產品

法國服裝設計師克里斯蒂安·拉克魯瓦 (Christian Lacroix) 說過：「時裝是一種藝術，而成衣才是一種產業；時裝是一種文化概念，而成衣是一種商業範疇；時裝的意義在於刻畫觀念和意蘊，成衣則著重銷售利潤。然而，時裝設計的最高境界在於如何使藝術實用化，使概念具體化。」服裝作品與服裝產品具有不同的本質屬性，因此很難將兩者混為一談，但兩者之間又具有千絲萬縷的內在關聯，是同屬於服裝設計範疇的各有側重的設計表現方式。服裝作品設計與服裝產品設計的主要差別是：表現的主體不同、設計的側重點不同、設計的目的不同。

(1) 表現的主體不同。服裝作品設計的表現主體是設計師，抒發的是設計師自己的思想、情感和主觀意願，表達的是設計師對生活、對社會、對服裝的理解、感受和思考。稱為「作品」的服裝，已經不是遮身蔽體、保暖防塵的生活用品，服裝的性質已經發生了「質」的轉變，變成了設計師藉以傳情達意的物質載體。服裝作品中的服裝不是用來穿的而是用來看的，是用來觀賞的。設計師面對的只是觀眾，需要的是與觀眾之間思想和情感的交流。此時，服裝是否實用、是否適合季節、穿著是否舒適，都已經不是評價設計品質的標準。人們關注的是：設計有無創意、形象有無美感、結構是否新奇巧妙、細節是否貼切合理、營造的情境是否引人入勝等。這樣的服裝，就如同是一首詩、一幅畫、一首歌。觀眾從中感受的是震撼、深情和哲理，得到的是愉悅、驚喜和滿足。

服裝產品設計的表現主體是消費者，滿足的是消費者的生理和心理方面的訴求，傳達的是設計師對服裝穿著者的人文關懷。作為「產品」的服裝，一定是能夠滿足人們生活需要的品質優秀的生活用品，要讓人感到有用、實用和好用，並能滿足人們精神方面的多種需要。服裝產品的設計，要處處為消費者著想，要在消費者如何穿著、如何使用、如何對穿著者提供幫助等方面思考問題。因此，功能是否實用、穿著是否舒適、穿脫是否便利、效果是否美觀、外觀是否時尚等，就成為設計品質評價的標準。

(2) 設計的側重點不同。服裝作品設計的重點主要表現在原創性、審美性和思想性三個方面。

① 原創性。強調原創和與眾不同，在創新立意、衣料再造、色彩搭配、形式表現、方式方法等方面都要具有新鮮感。

② 審美性。要具有視覺的衝擊力、觀賞的感染力和審美價值，要好看、耐看，能給人以美的享受。

③ 思想性。要有思想、有情感、有內涵，要以情感動人、以理服人，要讓人思緒萬千、回味無窮。

服裝產品設計的重點主要表現在功能性、商品性和時效性三個方面。

① 功能性。強調產品「用」的效能，要做到品質優良、物有所值。

② 商品性。必須透過市場的銷售通路，將產品交付給消費者，產品才有價值。購買的決策權在消費者手中，消費者不滿意的就不是好產品。

③ 時效性。產品具有很強的時效性，錯過了適銷的時間或是時尚關注的焦點，就將被時代所淘汰，產品的品質再好也會被降價處理。

(3) 設計的目的不同。服裝作品的設計不是為了銷售，設計的目的與服裝市場無關，不需要將作品變成商品。因此，設計無須考慮市場和穿著者的感受，只要作品能夠展示自己的設計才華，打動和感染觀眾，促進服裝的發展也就成功了。

服裝產品的設計就是為了銷售，設計的目的與服裝市場關係密切，必須接受市場的檢驗。因此，產品設計必須注重市場和滿足消費者的需求。只有透過產品銷售為企業實現利潤的最大化，設計師才有價值和意義。當然，注重市場，並不等於盲目地跟隨流行和被動地迎合市場，設計師必須有引領時尚、主導市場、創造流行的責任和擔當，才能更好地勝任設計師工作。

儘管服裝作品與服裝產品之間存在諸多差別，但也存在著承上啟下的密切關係，服裝作品的設計對於服裝產品的設計發展具有非常重要的啟迪、引領和促進作用。這樣的作用主要表現在豐富設計語言、提升衣著品味、開發創造潛能三個方面。

(1) 豐富設計語言。服裝作品的設計，具有很強的創新性、探索性和試驗性。由於服裝作品設計可以不受服裝的穿著功能、著裝狀態、製作材料、季節場合的限制，可以更加充分地發揮人的想像力和創造力，可以隨心所欲地抒發個人的情感和審美理想，可以自由地探索和嘗試服裝構成的各種可能性，其結果就會極大地豐富服裝的構成形式，不斷為服裝注入新的樣式和新的活力。而這些創新和創造，必然會對不斷尋求創新的服裝產品設計，產生直接或是間接的影響。服裝作品中的很多新形式、新結構、新手法，都會被產品設計不同程度地採納、接受或是借鑑。

(2) 提升衣著品味。無論是設計師，還是消費者，都需要在時代的發展變化中不斷地提升自己的衣著品味，才能不被時代所淘汰。衣著品味，是指人在服裝穿著以及衣著鑑賞方面的趣味和修養。人們的衣著品味，需要多觀察、多比較、多體會才能逐漸提高。服裝作品的展示和發布，在讓人們不斷開闊眼界觀賞到更新、更美、更富於活力的服裝樣式的同時，也承擔起了傳遞美的資訊、引領時尚生活理念、提升人們衣著品味的社會責任。

(3) 開發創造潛能。服裝產品的設計，是戴著「枷鎖」在跳舞，要受到服裝穿著功能和市場銷售的層層束縛，設計的創造必然是打折扣的和受到約束的。因此，服裝設計的教學和設計師的培養，絕不能一步到位直接進入產品設計教學。如果服裝設計教學從產品設計入手，學生的創造想像就會受到產品設計條條框框的限制，創造潛能就得不到發揮。沒有見過大川大海，心胸怎麼能夠開闊。如果服裝設計的教學從作品設計起步，學生的創造想像就會得到盡情的表現和釋放，學生願意去嘗試服裝構成的各種新形式、新材料、新手段等，即便是不成功，也能收獲經驗和教訓。最重要的是，學生創新意識和創造精神的培養，可以讓學生受益終身。因此，服裝作品設計在開發人的創造潛能方面，具有不可替代的意義和作用。

二、服裝創意與設計理念

(一) 服裝創意

1. 服裝創意的概念

服裝創意，是指服裝設計中富於創造性的意念、想法。

創意，是指具有創造性的意念。也可以簡單理解為「一個主意」或是「一個想法」。但又不是一般的主意和想法，必須具有鮮明的創造性和創新性，要前所未有、與眾不同。創意概念中的「意念」，心理學的解釋是，主觀對客觀事物伴隨著想像和情感的反映。就是說，意念反映的雖然是客觀的外界事物，但會帶有很多主觀的因素，會加入思考主體豐富的想像和情感，並借助於語言或形象等表達符號將其傳遞出來。

1986 年，美國著名經濟學家保羅·羅莫 (Paul Romer) 曾預言：「新創意會衍生出無窮的新產品、新市場和財富創造的新機會，所以新創意才是推動一國經濟成長的原動力。」1990 年代，知識經濟逐漸受到世界各國的重視，而創新又是知識經濟的靈魂。1997 年，英國政府聽從了經濟學家約翰·霍金斯 (John Hawkins) 的建議，提出了創意產業的新概念並開始扶持這一產業，將廣告、建築、表演藝術、藝術品和古玩、影視音樂、軟體、出版、電視廣播等 13 個行業確認為創意產業。創意產業在英國得到迅速發展。霍金斯因此被譽為「世界經濟之父」。

將創意用於產業，內涵過於龐大，可以歸屬為宏觀創意。宏觀創意與我們所要研究的微觀創意有關聯也有促進作用，但不能相互替代。服裝設計方面的創意，屬於個體創意和應用創意的範疇。個體創意，是指僅限於孤芳自賞的個人的創作行為。強調個人的內心體驗，不太在意外在評價，注重自我滿足和自我欣賞，是個體創造才能的自我實現，與服裝作品設計的目的相近。應用創意，是指不限於單純的個人欣賞而將創意與產業相連繫的創作行為。強調創意的產品性能和應用價值，努力使創意走向產業，實現產業化、商品化，使其具有很強的實用性和功利性，與服裝產品設計的目的相近。

創意與設計，始終具有千絲萬縷的連繫，兩者之間你中有我、我中有你，難以區分。既沒有無設計的創意，也沒有無創意的設計，所不同的是創意的含量有多有少、創意與設計的出發點各有不同。服裝創意的出發點，往往離不開顛覆傳統的理念和提倡打破常規的哲學思考，注重情感與理性的實踐，以解構的、叛逆的，甚至是破壞性的想法激發創造的靈感。而服裝設計的出發點，往往離不開服裝使用功能的制約，以滿足生活和消費者需求為目標，強調服裝內在的品質和外在的精神，希望能把傳統、文化、情感、環保等觀念一起融入服裝裡，使之成為人們美好生活及人類文化的一部分。

在臺灣，服裝創意經歷了一段由感性認識到理性認識的過程。但人們最初的認識，常常流於表面，以至於在比賽當中出現了一些「戲裝化」傾向的創意作品。戲裝化，是指過於強調服裝表演效果的設計追求及其結果，其狀態近似於中國傳統京劇中的戲裝（見圖 10）或是巴西狂歡節中的表演服裝。如今，人們已經認識到，服裝創意肩負的是引導服裝發展潮流，探索服裝構成的各種可能性，促進服裝文化和時尚生活多元化以滿足服裝不同層次需要的責任，絕不是為了譁眾取寵。為此，服裝創意可以自由創作，但必須尊重服裝的本質屬性，必須順應人的衣著需要。服裝離開了對人的「包裝」，忽視了人的主體地位，改變了人類創造服裝的初衷，也就失去了存在的價值和意義。

圖 10　第二屆「兄弟杯」金獎作品《秦俑》
（作者：馬可）

從服裝創意視角創造的服裝，也是服裝，不是其他物品。是服裝，就必然是給人穿的，而且一定是給現代人穿的。不管設計靈感或是設計主題源自何方，是古代還是未來，是神話還是宗教，是鄉間田野還是大海深處，都要具有功能性、現代感和時尚感，並被現代人所認可、所接受。服裝創意的構成元素可以來自各方面，表現手法可以五花八門，創意主張可以各抒己見，審美標準可以因人而異，但服裝的本質屬性不能改變，也不應該改變。這既是現代人對服裝創意的理性認識，也是服裝創意所應遵循的基本原則。

2. 服裝創意的應用

(1) 服裝作品的創意。創意是服裝作品的靈魂，有了靈魂，作品才會具有生命和靈性。服裝創意並不是簡單的設計創新，還需營造一種情境、創設一種氛圍，或是講述一個引人入勝、耐人尋味的童話般的故事。服裝作品的展示，之所以大都採用系列設計的形式出現，並伴隨著主題、主題音樂和主題說明等構成元素，就是為了將觀眾帶入一個特定的情境當中。真實的故事通常是由人物、情節、環境等要素構成的，而服裝作品講述的故事則不可能那般詳盡，常常是把人物、環境等要素模糊化，重點闡釋故事情節發展的某一狀態。其他方面，則需要觀眾憑藉自己的理解、聯想和想像去彌補。

創意在服裝作品設計中的應用，主要有先破壞後建立、先感性後理性、先細節後整體三種方式。

① 先破壞後建立。不破不立，不打破常規，思考就很難具有創造性。破壞，也就是顛覆和否定。可以從否定現有服裝的結構形式、構成狀態和設計觀念等方面入手，對傳統的服裝進行質疑、解構或破壞，再構建一個全新意義的服裝形象，創意也就生成了。

② 先感性後理性。設計師若想讓設計作品感動別人，就要先感動自己。生活是設計靈感的泉源，在服裝以外的世界當中汲取靈感，也是激發創意最常用的方式。面對生活的豐富多彩，設計師一定會被其中的某些事物所感動，並想把這一份感動運用到自己的作品當中，成為作品設計的原動力。設計創作需要熱情，但只有熱情和感性還遠遠不夠，在設計構思的後期，必須有理性的參與，才能使設計更加深入並得到完善。

③ 先細節後整體。服裝細節是設計師最為看重的，輕視細節的人永遠不能成為優秀的設計師。因為，服裝是由各部分細節所構成的，細節設計代表著設計的深入度、完成度和服裝的內涵。無論是多麼好的創意構思，缺少了細節，也就變成了飄浮在創意表層的浮雲，必然是曇花一現。很多服裝創意都是從對細節的研究開始的，再經過想法的延伸和拓展，進入單套或是系列服裝的整體，最後又回到細節，進一步充實和完善細節內容，創意才會真正地完成。

(2) 服裝產品的創意。以電腦網路為特徵的資訊化社會改變了人們的生活方式，也改變了服裝產品設計的內容和方法，產品設計的形式和內涵都在發生變化。在現代社會，不管是設計師還是消費者，都不再把設計簡單理解為只是製作一件對生活有用的服裝。人們在購買一件服裝產品時，還希望得到一些時尚以及全新的生活方式方面的資訊，借此改變自己的生活狀態，提高自己的生活品質。因此，設計師也不會把服裝設計看作是一件衣服的以新換舊，而是要在提供給消費者一件有用的產品的時候，也希望能夠在其中表達自己的創造性和個性，並以全新的觀念、方法和形式創造全新的服裝形象，引導和刺激消費。

服裝產品的創意，一般很少出現過於浮誇的款式形態和不方便肢體活動的服裝造型，儘管這樣的創意有原創性又很有氣勢，但這樣的服裝往往缺少應有的內涵，很難經受時間的檢驗，需要消費者具有足夠的勇氣去選擇它和穿著它。因此，服裝產品的創意一般不會是驚世駭俗的大舉動，而是細微之處見精神，往往體現在結構、工藝、配件、裝飾等細節的巧思妙想上。(見圖 11)

圖 11　服裝產品的創意細節

創意在服裝產品設計中的應用，主要體現在三個方面：

① 創意是一種思考方式。創意是設計師必須具備的基本素養，設計師必須習慣以創意的思考方式解決設計所遇到的各種問題。不守舊，不保守，不帶有偏見，願意接受新事物，願意嘗試各種可能。

② 創意是一種設計精神。在服裝產品設計中，如果缺少了創意的思考和創新的理念，就會缺少好奇失去率真，所設計的產品必然是平淡無奇、老氣橫秋的，久而久之就會被淹沒在服裝產品的汪洋裡。當然，創意一定要適度、適當、適合品牌風格，不能為所欲為。

③ 創意是一種設計主張。國外服裝設計大師通常都是借助於服裝作品的發布，帶動其品牌產品的銷售，其作品發布與產品銷售相互促進、相得益彰。臺灣的服裝企業也會在每一季服裝產品上市之前，推出少量的品牌形象款，用於發布或展示。這些形象款不是為了賺錢，只是為了突顯自己的品牌個性和設計主張，成為展示品牌實力、突出產品賣點的宣傳媒介。

3. 服裝創意的原創

原創，是指初始的前所未有的創意。

原創從本意上來講，包含著首創和引領兩層內涵，既是新的創造，又具有開啟未來、影響未來的潛力和可能性。原創一經出現，就意味著它是一個新的起點、新的開端，已經脫離了現有的傳統，並創建了一種全新的理念、物態和樣式，成為後者學習、延續和發展的原型。原創的作品或是產品，一定要啟迪後來者，被世人所接受所認可，才能具有其原創價值和社會意義。

就服裝創意而言，創意與原創的共通點是都具有創造性，原創是創意的一種極端表現形式，強調創造的原創性，而創意則側重於創造意念的表現。一般說來，真正意義上的原創較為罕見。原因就是原創必須滿足前所未有、被人認可、影響未來三個基本條件。

① 前所未有，是服裝原創的前提和本質屬性，比較容易做到，在服裝大賽作品中經常可以見到。

② 被人認可，是服裝創意的社會屬性所決

定的，因為服裝創意的目的，要不是想促進服裝的發展，不然就是要給人們的生活提供著裝，很少有完全脫離人類社會的原創。即便是有，也與我們所探討的原創本意大相逕庭。原創既然不能離開社會而存在，就需要得到世人的接受和認可，不被認可的原創，也就不會具有久遠的生命力。

③ 影響未來。能影響服裝發展的未來，是服裝原創的最高境界和終極目標。儘管在原創的當時，人們未必知曉對未來是否有影響，難以馬上做出判斷。歷史通常是由後人進行檢驗和評說的，能沉澱下來並不被人們所遺忘的才會是真正的原創經典。(見圖 12)

1990 年代初期，服裝市場出現了一種奇怪的現象：服裝企業常常為了產品的供大於求而發愁，而消費者卻又常常感到買衣困難。究其原因，就是因為服裝企業生產的都是風格相近、等級相同的大眾化產品，而消費者的需求已經發生了變化。過去人們為了追隨流行穿著相同的款式，叫「時髦」，會讓人感到榮耀；後來的人看見穿著相同的服裝，則叫「撞衫」，會讓人感到尷尬。於是，一些有志向的設計師從中看到了商機，他們根據市場區隔理論，將服裝市場劃分為大眾市場和小眾市場，將目光和產品定位在小眾消費群體，利用自己的設計優勢，為小眾目標消費群提供富於原創力的個性化服裝，並逐漸站穩了市場。其中，代表品牌有江南布衣（JNBY），設計師李琳（見圖 13）；DOUCHANGLEE，1995 年成立於臺灣，為設計師竇騰璜和張李玉菁共同創立的品牌；周裕穎為臺灣最火紅的跨界設計師，於 2014 年創立街頭時裝品牌 JUST IN XX，是臺灣第一個獲選登上紐約官方時裝週發表的品牌，至今已於紐約發表五季。JUST IN XX 取名自設計師英文名稱 Justin，兩個 X 代表像是繩結能連繫一切、也像是無限的符號，意涵創造未知與完美。臺北故宮、NIKE、嘉裕西服等知名品牌都與 JUST IN XX 聯名。

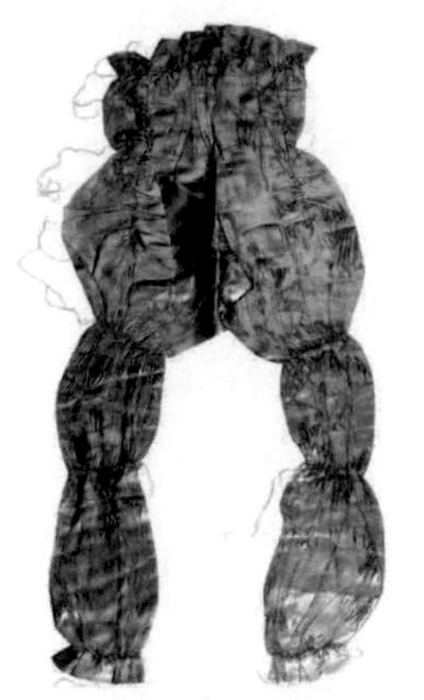

圖 12　影響服裝發展未來的原創作品
（作者：三宅一生）

圖 13　原創設計師實體品牌服裝產品
（品牌：江南布衣）

客觀來說，這些本土服裝品牌立足於原創，數年堅守自己獨特的產品風格，堅持去做自己喜歡的設計非常不容易。因為，目標市場的大小也客觀決定了這個品牌的未來發展空間，越是原創和個性鮮明的設計，就意味著它的受眾群體越狹小。然而，市場的大與小是相對的，小眾市場若是做好了也會變成一個大市場。原創，貴在堅持，貴在持久，貴在不斷接受市場的檢驗和不斷在檢驗中完善自己。在服裝市場的競爭中，也常有一些原創品牌耐不住寂寞，經不住眼前利益的誘惑而做出讓步，要不是減少原創的稜角，不然就是在原創當中混搭一些非原創等，結果就是慢慢淡出了原創品牌隊伍。堅持還是不堅持原創，是一個原則問題，會直接影響目標消費群對品牌的忠誠度。原創的設計理念一旦動搖，弄不好的話不僅拓寬的市場站不穩，已經占領的市場也會因此而丟掉。原創的產品設計，需要與市場的不斷磨合和改進，但改進的應該是增強功能和提升品質，而不是動搖原創這個根基。在原創品牌的實踐探索和不斷被市場改造的過程中，人們對服裝產品原創的理解也在悄然發生著變化，逐漸形成了具有商業內涵的產品「原創」新概念，即設計師首創的、非抄襲模仿的、內容和形式都具有獨特個性的設計。其中的「首創」，通常也不是指向全部，而是指服裝構成的某些部分。只要服裝構成的某些元素運用是前所未有、獨具匠心的，人們也會接受這樣的原創。

2005 年，PPG（上海批批吉服裝網路直銷公司）作為中國服裝 B2C（商家對客戶）行銷的先行者，在沒有一家實體門市的情形下，透過網路直銷男襯衫，依靠廣告的投放和客服的推動迅速崛起。經過一年多的運作，每天可以賣出 1 萬件襯衫，在不到兩年的時間裡，就達到銷售額 2 億元的規模，創造了商業神話。這一種網路行銷模式驚人的成長速度給服裝企業帶來了極大震動。儘管 PPG 由於過快的擴張、過高的廣告投入以及售後服務不完備等原因而失敗，但 PPG 在中國服裝產業中率先實踐了一種輕公司和網路直銷的經營模式。它前期的成功，對服裝 B2C 行業的發展具有啟示意義，讓現代人了解、接納和快速普及了這種簡單、便捷、實惠的網路行銷模式。隨後，網路行銷吸引了越來越多的實體品牌進駐到 B2C 網路平臺，它們力求透過實體店面和網路商店並行的經營方式，實現企業的資訊化升級和快速發展。同時，網路行銷也催生了原創設計師虛擬品牌的異軍突起。由於成立網路商店的門檻較低，只需要設計部、技術部、市場部、客服部即可，是名副其實的「輕公司」。很多剛剛畢業的大學生、海外留學生因此成就了創業夢想，一些原創設計師虛擬品牌如雨後春筍般成長起來。其中，代表品牌有：裂帛（LIEBO），2006 年成立於北京，同年在淘寶開業，設計師大風、小風；妖精的口袋，2006 年成立於南京，同年在京東開店，由設計師團隊設計（見圖 14）。芥末（RECLUSE），2009 年成立於北京，2010 年在淘寶開業，設計師大芥、老末；有耳（U ARE），2010 年成立於廣州，同年在淘寶開業，設計師聶郁蓉；非魚（nononfish），2013 年成立於深圳，在淘寶、天貓均有旗艦店，由設計師團隊設計。

圖 14　原創設計師虛擬品牌服裝產品
（品牌：妖精的口袋）

隨著原創設計師虛擬品牌的迅猛發展，「原創設計」、「原創設計師」和「原創設計師品牌」等廣告用語也遍布於網路，成為吸引消費者眼球的主要「賣點」之一。應該說，在為數眾多的自稱是「原創」的網路商店當中，既有真正兢兢業業地做原創的設計師和產品，也有很多虛假的只把原創當招牌的設計師和網路商店。真實的原創設計網路商店，定位目標也是小眾市場，但主要面對的是大眾消費群體，與本土原創設計師實體品牌占據的中高階小眾市場並不在一個層面上，搶占的是低階大眾市場的市占率。但由於面對的都是小眾消費者，原創設計網路商店對中高階小眾市場產生的影響也不可小覷，一部分中高階小眾消費者也大有向低階網路商店轉移的傾向，只要原創設計網路商店的產品款式新穎、品質可靠，就會具有誘惑力和吸引力。因為，網購所具有的便捷、低價和送貨上門等優勢，是實體店所不能及的。然而，網路商店的原創也存在著一些問題，比如原創成本過高與產品售價過低的矛盾、產品生產量過小與品質要求過高的矛盾、衣料花色過少與顧客需求過多的矛盾等。

不管原創設計師實體品牌和原創設計師虛擬品牌在發展過程中遇到了怎樣的問題，本土設計師的原創已經呈現出它的獨特魅力和商業價值，並已經在廣大消費者的心中生根、開花和結果。只要解決好原創在發展中遇到的問題，相信本土服裝設計師的原創，一定會走出國門，享譽世界。

（二）設計理念

1. 設計理念的概念

設計理念，是指蘊含在設計師頭腦中的設計觀念和信念。

理念，是指人們對某種事物的觀點、看法和信念。在大多數的情況下，理念和觀念都是可以互用的，理念和觀念都是意識的產物。觀念是人們在長期的生活和社會實踐中，形成的對事物的整體認識。它既反映了客觀事物的不同屬性，又帶有強烈的主觀色彩。理念與觀念的區別就在於，理念是透過理性思考得到的，是對觀念的一種再認識，是從觀念之中所提取出來的理性觀念。

在服裝設計過程中，設計理念是蘊含在設計師頭腦中對服裝設計的整體認識和理解，儘管看不見、摸不到，卻時時刻刻在發揮著指向標的作用，對設計思考和設計結果影響重大。有句古語叫「相由心生。」意思是說，一個人心裡怎麼想，他眼裡的世界就是什麼樣。設計師有著什麼樣的設計理念，就會朝著什麼樣的方向努力。設計師認為服裝應該是怎樣的，就會設計出怎樣的服裝。人們常說：「文如其人。」設計師創作的服裝設計作品，也同樣是他的設計觀、價值觀和生活觀在某一階段的具體反映。(見圖 15)

然而，設計師的設計理念並不是固定不變的，否則服裝設計的教學也就沒有了意義。設計理念是隨著設計師對服裝設計認識的提高而不斷變化的，又會隨著時代的進步而發展。設計理念的變化和形成，有一個先快後慢、從沒主見到有主見的過程。初學服裝設計，設計理念通常是模糊的和概念化的。透過學習，就會加深對服裝設計的理解和認識，設計理念也會隨之發生巨大變化，從而顛覆最初的粗淺認知，逐漸形成較為清楚的和具有獨特見解的設計理念。設計師這種設計理念一旦形成，要再去轉變它，就會變得緩慢而艱難。

圖 15　「移動的建築」設計理念的服裝創意（作者：皮爾·卡登）

對一個成熟的設計師而言，適時更新自己的設計理念儘管很難，但又是必須努力的事情。否則，就很難勝任服裝設計師工作。服裝行業是時尚產業，要不斷受到人們時尚生活方式變化的衝擊，而設計師就應該是生活時尚的領頭羊，要時時感知和及時捕捉時尚的變化資訊，更新自己的設計理念，創造具有時尚感的服裝產品。人們時尚生活方式的發展和變化，又常常是整個社會發展的一個縮影，需要收集大量的社會資訊，再根據分析辨別或是直覺判斷才能得出具體的結論。促使設計師設計理念更新的社會資訊，主要源自設計思潮、時尚生活和科技進步三個方面。

(1) 設計思潮的影響。思潮，是指在一定的歷史時期和一定地域內形成的，與社會經濟變革和人們的精神需求相呼應的，反映一些人共同願望的思想潮流。思潮要比思想寬泛得多，它不是個別人的想法，而是許多人的思想傾向。它往往透過各式各樣的方式，自發地實踐某種共同的綱領，形成一種遍及全社會的思想特徵。設計思潮，是指在設計領域出現的群體思想傾向。設計思潮形成的最主要因素，就是社會經濟形態的變化和由此產生的新的生活主張。新的設計思潮的出現，就會產生新的設計思想和設計主張，形成新的設計理念。

(2) 時尚生活的興起。時尚的生活方式，往往代表了某一群人在某一階段的一種來自內心的認同與處世態度，常常具有很強的吸引力和歸屬感。以喝咖啡為例，小資群體由喝可口可樂改為喝茶，又由喝茶改為喝咖啡，這在過去是一種時尚，但不是現在的時尚。當下的時尚是「坐在星巴克里喝咖啡」。星巴克總裁霍華·舒茲（Howard Schultz）的一句話道出了玄機：「星巴克出售的不是咖啡，而是對於咖啡的體驗。」坐在星巴克喝咖啡，喝的不是咖啡，而是體驗，這種體驗是坐在家裡體驗不到的。認同了這些消費者的群體特徵，設計師的設計理念也會隨之得到提升。

(3) 科技進步的促發。現代科學技術的發展日新月異，每年都會出現很多新技術、新材料和新產品，都會促進全新的設計理念的生成。尤其是「互聯網＋」的快速發展，對設計師和每一個現代人的影響，都是驚心動魄和刻骨銘心的。與服裝設計最直接相關的有新布料的問世、舊布料的更新換代、衣料後處理技術的提高、染色工藝的改進、縫紉技術的升級和特殊設備的多樣化等；與服裝設計間接相關的有新建築、新家電、新電影、新廣告、新遊戲、新玩具、新食品、新飲料等。前者對人們的生活乃至對服裝的需求產生直接影響，後者則產生間接影響。

2. 設計理念的取向

設計理念形成或更新變化之後，還須落實在具體的設計行為當中，成為引導設計的正能量，如此才能體現其價值和意義。設計理念反映在服裝設計之中，具有不同的價值取向。價值取向，是指主體基於自己的價值觀，在面對或處理各種矛盾關係時所持的立場、態度以及所表現出來的基本傾向。服裝設計理念，主要有功能、情感和社會三種不同的價值取向。

(1) 功能價值取向。功能價值取向是指注重發現和表現服裝功能價值的設計傾向。注重功能的作品設計，經常是把服裝對人的有用的效能作為創意的重點，認為人才是服裝表現的主體，服裝不能脫離穿著它的人而單獨存在，只有「衣人合一」，才能構成一個完整的形神兼備的服裝形象。因此，即便是強調創意的作品，也絕不能削足適履，同樣要注重功能方面的表現。

注重功能的產品設計，經常是從款式、衣料、性能、品質等方面突出個性，並把這些個性作為獨特的賣點吸引顧客。產品的賣點，大多出自產品功能的與眾不同，是產品行銷的一個非常重要的概念，是給消費者一個購買產品的理由，並以此突顯自己產品與競爭產品的差異性。服裝產品形成獨特的賣點，一般要具備三個條件：

① 賣點是特徵鮮明的或是獨有的；
② 賣點是競爭品牌沒有的或是沒有提出的；
③ 賣點是可以持續的或是品質有保證的。

(2) 情感價值取向。情感價值取向是指注重能使受眾產生某種情緒或是情感體驗的設計傾向。注重情感的作品設計，大多源自設計師對生活的某種情感體驗，借助於服裝的表現形式抒情達意，達到以情感人、情感共享的目的。設計師的情感體驗與詩人的觸景生情十分相像，都有一個先感動自己再去感動別人的過程，同時，還都迫切地需要能夠有人去欣賞和接受，以使自己心理的緊張情緒得以釋放並獲得平衡。

注重情感的產品設計，常常體現在設計師將對消費者的關心傾注在產品設計的細節裡，除了要滿足服裝的基本功能以外，還要多一分細心，多一點溫情。比如一粒扣子的恰到好處、冬裝口袋裡溫暖的絨布、夏裝腋下的透氣網孔、頑皮幽默的卡通圖案、產品的一個有趣名稱、標籤上的一個浪漫故事等，都能讓消費者體驗到關懷和感動。儘管服裝產品的情感表達比較隱蔽和含蓄，但它永遠是設計師所要追尋的目標。產品為消費者帶來的情感體驗，是產品取得消費者認同、獲得顧客忠誠度的主要驅動力，可以直接影響一個品牌的銷售或是左右一個品牌的生死存亡。

(3) 社會價值取向。社會價值取向是指注重發掘和宣揚服裝社會價值的設計傾向。注重社會價值的作品設計，看重的是服裝所蘊含的社會影響力，並力求以此展示自己的設計思想和創作主張。因為服裝不僅能夠直觀地表明穿著者的身分、地位、群體、職業、性格愛好、經濟條件等社會屬性，還能間接地傳達設計師的生活態度、生活方式、設計主張、社會道德、社會責任等隱性資訊。服裝設計作品與其他形式的藝術作品一樣，可以讓受眾得到真、善、美的薰陶和感染，從而潛移默化地引起思想感情、人生態度、價值觀念等方面的變化。同時，每一件服裝作品都會表明設計師積極或是消極的人生態度，都會不同程度地影響人們的生活態度和價值觀。

注重社會價值的產品設計，倡導的是透過現象看到本質，主張不要被產品設計和產品應用的表面現象所迷惑，要把目光放在更深層次的人們購買服裝的本源思考上，找到影響產品銷售的社會根源和本質原因。比如人們購買服裝不只是為了保暖護體，本質是對自己的關心、關愛和尋求美好；購買運動裝不只是為了方便運動，本質是對年輕、活力、健康的追求；購買休閒裝不只是為了休閒，本質是對舒適、隨性、無拘無束的嚮往。各種產品購買行為的背後，都隱藏著更深層的本質目的。因此，設計師應該努力發掘產品背後所能代表的社會價值意義，破解隱藏在產品銷售背後的消費者行為「密碼」，將產品設計與產品所蘊含的內在社會價值連繫起來，設計能滿足消費者生理和心理雙重需要的服裝產品。

3. 設計理念的更新

每個設計師，在每個不同的設計階段都會有不同的設計理念，這是不因個人意志轉移的客觀存在。設計理念既有新與舊之分，也有超前與落後之別。有些設計理念，也許設計師自己覺得是新的甚至是超前的，但在別人眼裡卻是舊的是落後的。因此，就出現了一個問題，究竟是由誰來評定設計師的設計理念的新與舊。答案顯而易見，要由作品或是產品的受眾說了算。若是課堂作業，要由任課教師來評判；若是參賽作品，要由評委來評判；發布會作品，要由業內同行或是觀眾來評判；服裝產品，要由市場和消費者來評判。

常變常新和順應時代發展的設計理念，大多是不循規蹈矩、不安於現狀的學習和思想的結果。21 世紀，環保設計與綠色設計、以人為本與人性化設計、時尚創造與個性化設計、設計文化與設計藝術等設計主張，都在衝擊著服裝設計的發展。服裝設計經過了後現代社會思潮的洗禮，已經進入一個多元化的時代。在提倡多元化、多樣化和個性化的今天，設計理念已經不再有統一的標準和固定的原則，而逐漸呈現一種開放包容的、各種風格並存的、各種知識交匯融合的全新狀態。同時，服裝設計已經成為人們生活方式的重要組成部分，人們在欣賞一件服裝作品時，不再會為它奇形怪狀的華麗外表而驚奇，會更關注它的內在品質、精神和文化方面的蘊涵，更希望看到設計師的精湛技藝和哲學思考。消費者購買一件服裝的動機也許不是「我需要」，而是「我喜歡」，就像他們選擇自己的生活方式和愛好一樣。（見圖16）

圖 16　以「人體雕塑」為設計理念的服裝創意（作者：川久保玲）

三、服裝企業與設計師

（一）服裝企業

1. 服裝企業的特徵

服裝企業與其他企業有所不同，這種不同主要取決於服裝是人們生活的必需品，與每個人的日常生活息息相關，並占據了人們衣、食、住、行的首位。然而，有需求也並非就意味著服裝企業具有多麼大的優勢，服裝企業常有「吃不肥、餓不死」之說。原因就是，生產每件服裝的利潤相對較低，新產品的研發又很辛苦，不可能憑藉幾款新穎服裝的生產就能致富，但又由於人們對服裝的需求是剛性需求，服裝這一行業也不會被社會所拋棄。因此，服裝企業與其他企業相比具有以下基本特徵。

(1) 投資較少，見效較快，風險巨大。與其他產品相比，服裝企業由於技術門檻較低，需要的資金投入較少，產品的生產週期也較短，是一個投資少、見效快、市場大的專案。這樣的專案，必然會吸引很多投資者的目光，其中有躍躍欲試的服裝行業外的投資人，也有剛剛畢業的服裝科系畢業生，還包括擁有服裝生產經驗的外貿加工企業等。

服裝業外投資人，大多具有很好的企業管理經驗、品牌理念或是行銷資源。他們轉行到服裝企業看中的是服裝市場的潛力，認為服裝市場商機無限而管理決定成敗。而服裝系的畢業生，大多具有很好的專業素養、設計能力或是創業精神。服裝網路商店和網購的蓬勃發展，為他們提供了實現創業夢想的契機。他們依靠網路銷售平臺，以自己獨有的產品特色和獨特的網路商店風情，開拓著屬於年輕人自己的生存空間，認為只要有活力、熱情和拚搏精神，就一定會贏得同樣年輕的消費者的青睞。外貿加工企業，大多已在服裝加工中淘到了第一桶金，擁有了一定的服裝生產技術。由外貿加工轉向品牌經營，既有企業發展轉型的主觀意願，也有外貿加工遇到阻礙的無奈。他們認為近水樓臺先得月，產品的品質是贏得市場的關鍵，自己所擁有的服裝技術和生產管理經驗都會在企業的轉型當中占有優勢。然而，商機與風險是並存的，參與服裝市場的競爭，不僅需要熱情和決心，更需要具有抵禦風險的能力和勇氣。只有立足於優良的產品品質、長遠的發展目標、準確的市場定位，並能揚長避短、合作共贏，才能走上一條可持續發展之路。

(2) 品牌眾多，種類複雜，競爭激烈。1990 年代中期，服裝產業進入品牌時代。經過 20 多年的品牌運作和快速發展，臺灣的服裝產業已經進入一個較為繁榮的發展時期。目前，臺灣大大小小的服裝品牌多得數不清，發展已經形成規模，但在產品的層次方面，大多還偏向於中階和低階市場。大部分高階市場和奢侈品市場被法國、義大利、美國等歐美品牌所占有。中階市場也有一大部分的市場占有率被香港以及韓國品牌所搶占。而且，品牌的構成成分也非常複雜，有國際品牌、國外品牌、本土品牌、合資品牌、設計師品牌、掛著國外品牌商標的國產品牌等。有著這樣眾多的服裝品牌的國內服裝市場，競爭的激烈程度可想而知。由此，也就造成了每年都有新品牌在進入，同時也有很多老品牌在退出或是被淘汰的服裝市場常態。

(3) 季節性強，生產週期短，勞動強度大。服裝產品是季節性很強的當季商品，一年當中春夏秋冬四季都要變換新的品種。因此，整個服裝品牌的設計、生產和行銷都要根據季節的變化進行運作，每個企業都有自己的產品設計、上市計畫和生產時間表，每個季節的產品生產都必須按照上市計畫規定的時間嚴格執行，既不能提前也不能延後。因為，服裝的銷售時不待我，產品如果不能趕在季節變化之前上架，就錯過了產品銷售的最佳時機。那麼，再好的產品也會成為過季產品，很難再有良好的銷售業績。除了每個季節要變換服裝品種之外，每年的同類產品，也絕不能存放到第二年再去銷售。過季的服裝屬於過時產品，已經缺少了應有的時尚感和新鮮感，只能降價銷售或是以低於成本的價格甩賣，以利於企業的資金流動和資源利用。因此，若想使自己的產品具有持久的生命力和市場競爭力，就必須不斷研發新產品以避免產品的老化。另外，隨著市場多樣化需求的不斷增加，產品生產量越來越小，服裝的生產週期越來越短，新產品的研發時間越來越緊，工作的強度也就越來越大。

(4) 時尚性強，市場變化大，產品過時快。在服裝產品設計中，不能滿足服裝功能的設計，是最不成功的設計。然而，僅僅滿足於服裝功能的設計，肯定又是愚蠢的設計，因為，人們缺少的常常是具有時尚感和新鮮感的服裝。時尚是服裝產品設計的風向標，服裝產品設計要最大限度地滿足消費者在功能、審美、情感上的需求，才能抓住消費者的購買慾求，走在市場變化的前端。

2011 年，以快時尚著稱的西班牙服裝品牌 ZARA 進駐臺灣，它以快速反應、低廉價格、買手模式而聞名世界。截至 2020 年，在臺據點有包含 9 家 ZARA 門市，位於包含臺北 101、京站、臺北東區統領、高雄漢神巨蛋等，連同其他子品牌包含 ZARA Home、Bershka、PULL & BEAR、Massimo Dutti 等，也都有在臺展店，共有 23 家店舖。(見圖 17)。ZARA 的進駐，很快出現了「鯰魚效應」，快時尚的經營模式引領臺灣服裝企業進入經營節奏的快車道，從而加快了服裝產業的快速發展。其中有些女裝企業，已經可以做到每天生產 10 餘款新產品，並最快可以 48 小時內上貨架，一年內可以有 5000 款新款產品面市。從設計師萌生創意到服裝穿在消費者身上，只需短短的 20 天時間。目前，這樣的服裝設計生產速度，大多數的服裝網路商店也幾乎都能做到。過去是每季有新款，現在是每週都有新款。服裝的設計生產提速了，服裝市場的變化也必然會隨之加大和變快。

圖 17　快時尚運作模式的服裝產品
（品牌：ZARA）

2. 服裝企業的現狀

臺灣的服裝企業，也包括全世界的傳統服裝企業，都面臨被衝擊、被顛覆和被迫升級改造的境地，這個衝擊波就來自網路購物和網路商店的迅猛發展。服裝網路商店對實體店的衝擊主要有三個特點：一是來勢迅猛，波及面廣。網路購物的衝擊針對的不是某一個品牌，而是整個傳統的服裝產業和傳統的行銷方式，是每個服裝品牌都不可迴避的挑戰。二是曠日持久，愈演愈烈。這個衝擊不是暫時的，而是長期的、持久的，並且是強度不斷加大的。三是傷筋動骨，動搖根基。這是一次需要重新洗牌和重新建立秩序的發展變革，整個傳統的服裝產業布局和服裝市場格局正在重新劃分。網路商店對實體店的衝擊之所以具有如此大的破壞力，就因為它顛覆了傳統的服裝經營理念，動搖了傳統實體店的根基，目標顧客大量流失，實體店經營所擁有的經濟實力、行銷經驗以及品牌影響力等方面的優勢已經不復存在。

服裝網路商店之所以能夠對實體店構成衝擊，是因為它具有實體店難以比擬的多方優勢，這些優勢主要體現在價格成本、時間成本、空間成本、個性化服務和資訊透明五個方面。

(1) 價格成本優勢。服裝網路商店採用的是 B2C 電子商務行銷模式，這是一種借助於網路開展的在線銷售活動，是企業直接面向消費者銷售產品和提供服務。這種廠家對客戶的產品直銷模式，可以減少實體店的經營成本和行銷中間環節，降低銷售成本。所以，網路商店可以用更低的銷售價格與實體店競爭，並能保證自己的利潤額。同樣的服裝產品，網購模式的銷售，可以將實體店經營和中間環節的成本全部讓利給消費者，同時還可以保障自己的利潤；實體店模式的銷售，實體店經營和中間環節的成本都是固定的支出，如果向消費者讓利，就只能削減產品生產企業的利潤，這是實體店經營企業難以接受和承受的客觀事實。

(2) 時間成本優勢。在網路行銷情形下，網路商店可以全天 24 小時服務並進行不間斷的交易，這種連續的工作狀態是實體店無法做到的。消費者還可以在任何需要購物的時間和地點，透過手機接觸賣家提供的商品資訊進行交流和交易。在快節奏的現代生活中，消費者悠閒漫步在實體店之間的購物時間會變得越來越少，時間就是成本、時間就是金錢的觀念，也會逐步加深並得以蔓延。網購的省時、高效、便捷，恰好迎合了上班族消費者的普遍心理，她們可以把購物節省的閒暇時間用在睡覺、健身、交友、吃飯和看電影等方面。

(3) 空間成本優勢。隨著網路購物空間的不斷擴展，人們借助於網購足不出戶就可以隨意挑選千里之外，甚至是國門之外的任何商品。這一購物方式打破了傳統商品交易的地域和空間限制，可以自由選購任何地點、任何國家的商品。在網購交易中，商品資訊在網路中快速傳播著，極大地拉近了廠家和顧客之間的心理距離。消費者可以在世界各地透過網路進行交流，討論和發表自己的購物心得，或是進行款式及價格的對比，或是進行付款交易。如果買到了自己不稱心的商品，還可以享受 7 天之內無理由退貨的待遇。同時，消費者還擁有給予網路商店評價的消費者權益。

(4) 個性化服務優勢。網路商店可以隨意布置展示和隨時更換店鋪的商品資訊，廠家可以充分利用數位網路技術，對網路商店進行獨具匠心的設計，突顯自己商品的個性化和賣點。網路商店透過客服一對一的語音服務，可以隨時解答消費者的提問，提供貼心的個性化服務。同時，隨著網路數字化技術的發展和不斷完善，網路商店還可以隨時記錄、收集、儲存消費者的購買意向、交易數量、售後反饋等資訊，利用雲技術進行統計和分析，以使自己的產品設計更準確、售後服務更貼心。此外，網路商店還可以提供符合消費者特殊需求的個體定製、網路虛擬試穿展示、新款式的小批量預訂、VIP 會員聚會等個性化服務，真正實現以消費者為主導的行銷理念，在更大程度上滿足消費者多元化的消費需求。(見圖 18)

圖 18　具有競爭優勢的服裝網路商店網頁
（品牌：芥末）

(5) 資訊透明優勢。傳統的實體店經營，企業與消費者各自擁有的產品資訊是不對稱的，消費者無法知曉產品的生產成本、銷售狀態和其他買家的評價等資訊。而網路購物，利用平臺提供的文字和圖片搜尋功能，消費者可以十分便捷地搜尋到產品相關的各種資訊，包括不同賣家的銷售價格，以及同款服裝的銷量和買家反饋評價等，還包括一定時間段裡商品價格的變動情況，從而選擇最合理的價格和購買時機。這樣，企業的產品資訊基本是公開透明的，消費者可以做到明明白白地購物、清清楚楚地消費。

3. 服裝企業的發展

服裝網路商店網路行銷的優勢，常常就是實體店經營參與市場競爭的劣勢。然而，網路商店經營模式並未改變服裝企業經營的實質，即以消費需求為核心，以產品品質取勝。網路行銷模式下，企業也要及時了解市場行情，注重產品品質的提高，不斷研發適合銷售的產品，並根據需要進行市場分析，掌握市場的未來需求，將消費者的需求轉化為具體的產品。此外，網路商店經營同樣需要進行品牌形象建設、品牌文化建設、設計團隊建設、網路技術升級、店鋪更新維護等。

傳統的實體店經營儘管面臨快速發展的網路商店的挑戰，但也擁有網路商店不可替代的一些優勢。首先，實體店可以提供實地試衣的購物體驗。一邊逛街一邊購物，既是一種傳統的生活方式，也是一種網路購物不可取代的生活體驗。如果時間充裕，不管是老年人還是年輕人仍然不願意放棄逛街購物的樂趣。其次，在實體店購物可以馬上拿到稱心的商品。儘管網購可以在很短的時間裡送貨上門，但畢竟還需要等待一兩天或是更長的時間，倘若出現了尺寸、顏色或是品質等問題，需要換貨或退貨，等待的時間則會更長。在實體店，第一時間就能體驗到商品的價值，即便是換貨，也是十分簡單和便利。最後，實體店購物可以為消費者提供安全的交易環境。對於年齡偏大的消費者來說，在實體店購買商品更加具有安全感，面對面交易要比網路支付風險更小。從網路商店經營和實體經營的優勢對比中，人們不難判斷服裝行業未來的發展走向。

(1) 實體店與網路商店由衝突發展為互補。傳統的實體店在網路商店的猛烈衝擊下，已經失去了往日的輝煌，變得搖搖欲墜。於是，也就出現了實體店是否能夠繼續存在的擔憂。這種擔心也不是杞人憂天，如果實體店不轉變傳統的觀念，繼續抱殘守缺以僵化不變的態度去經營，必然會被時代所淘汰。然而，如果實體店經營能夠與時俱進，及時轉變經營理念，同樣可以揚長避短殺出一條血路。這就如同現代人的生活方式正在逐漸變化一樣，當電腦網路進入人們生活並成為辦公、寫作、繪圖的得力工具時，人們也同樣擔心傳統的生活方式會被取代掉。但經過 20 多年的社會實踐，人們發現完全可以同時擁有兩個世界，可以同時生活在現實和虛擬兩個空間裡。現實和虛擬兩個世界也完全可以做到和平共存與相互彌補。

(2) 服裝企業開始雙管齊下。就服裝行業現狀而言，服裝企業必須放下架子，克服畏難心理，嘗試和參與網路行銷，努力在競爭中學會競爭，在時尚大海裡學會游泳。用實體店和網路商店並行，才能讓自己在時代發展中站穩腳跟。現在已經有很多敢於探索的服裝企業「潮牌」，在參與網路行銷中搶占了先機，嘗到了甜頭。以太平鳥為例，太平鳥公司 2007 年組建了電子商務部，2008 年成立了負責電商的魔法風尚公司。電子商務由三個部分構成：一是獨立官方網站，以品牌宣傳為中心，提供相關服務；二是自營體系，比如天貓商城的官方旗艦店、淘寶的女裝官方店和男裝官方店，負責產品的銷售營運；三是加盟體系，在各知名的 C2C 平臺上，擁有很多分銷組織。憑藉自身的品牌效應和近 20 年的實體店行銷經驗，在 2015 年「雙十一」當天，旗下的五大品牌就突破3.83億元的銷售額。

(3) 差異化是企業發展的主流。服裝行業再經過幾年的發展，傳統的實體店經營模式必將會被全新的實體店經營模式所取代。與此同時，網購平臺的空間也終將會被瓜分完畢，新的實體店與網路商店共存互補的經營態勢就會逐漸形成。此時，傳統的木桶「短板理論」將不再成立。以前的服裝企業總在彌補自己的短處，認為自己的短處限制了企業的綜合水準，致使企業的包袱越來越重，變成名副其實的「重」公司。此後，服裝企業將會不斷延展自己的長處，因為企業的長處代表了企業真正的水準。服裝企業需要將自己擅長的方面發揮到極致，不擅長的方面可以透過合作來解決，使自己越做越輕，變成真正意義的「輕」公司，這便是「長板原理」。倘若將來的服裝企業都去發展自己的特長，就會拉大服裝企業之間的產品差距，服裝行業也就會呈現差異化發展的趨勢，品牌之間錯位競爭，產品多樣化，設計以人為本，消費者的多樣需求會得到更大程度的滿足，市場競爭也將是有秩序的、多層次的和多方位的競爭。

(4) 電子商務進化為電子商業。在服裝電子商務發展的初期，曾經遇到過很多困難和問題，比如退貨過多，企業負擔過重；批量過少，製作成本增加；消費者差評過於偏激；網路支付缺少安全性等。經過發展和進步，這些問題都得到了解決，電子商務在解決問題的同時自身也得到了進化和成長。此後，隨著網路技術的發展和企業經營理念的提升，電子商務將會進化為電子商業，成為商品行銷的又一道風景。在服裝企業，設計師有可能由原來的企業員工轉化為一種自由職業，一個相對的獨立體；由傳統的「公司＋員工」的從屬關係，變成「企業＋平臺＋個人」的三角形合作關係。工作的程序是「創意—表達—展示—訂單—生產—客戶」，即設計師有了創意後，可以先用設計稿或是樣衣將其表達出來，然後放在公司的銷售平臺上展示，吸引喜歡的人去下單，拿到訂單後再由企業負責生產，最後送交到消費者手中。這樣，設計師與企業之間就變成了一種合作關係，借助於網路平臺進行運作，銷售的利潤按比例分成。有能力的設計師可以同時簽約幾個企業，企業也無須為設計師的培養和賣不出去的設計買單。可以預言，今後的服裝企業一定是精準化和訂製化的小批量生產。隨著設計師僱傭時代的結束，設計師必須主動思考和解決問題，並竭力發揮自己的特長為社會和他人創造價值。同時，服裝品牌的影響力和號召力也會被動搖，將會出現設計師的「核心粉絲」競爭，企業的話語權開始裂變，普通消費者開始具有決策權。服裝企業將會真正的按照消費者需求進行生產，或者是根據消費情形再生產。

(二) 服裝設計師

1. 設計師與設計工作

身為服裝設計師，對自己要有一個清醒的認知，就是設計師並不是藝術家，絕不可以恣意妄為、我行我素。設計師的職責所在，就是設計暢銷的服裝產品，為企業創造利潤，從而實現自己的價值。儘管在服裝院校的教學或是服裝設計大賽中，都十分注重設計師的個性表現和服裝作品的創意表達，但在服裝企業，設計必須創造價值。設計工作的性質、目的、狀態等都已經發生變化，設計工作的內容和形式也就完全不同了。

在服裝企業，設計師的身分首先是一名員工，是員工就要服從公司的管理，遵守公司的規章制度，也包括要服從於品牌定位的產品風格。設計師的創造才華，是在既定的品牌風格定位的框架內，提升其品質和設計特色。倘若設計師發現自己的設計主張和創作思想與品牌格格不入，解決問題的方法只有三種：一是改變企業，與企業主管協商，讓其允許按照自己的想法進行試探性的產品生產和銷售；二是改變自己，根據企業的需要調整自己的設計理念，服從企業發展的大局；三是另覓他處，再次尋找適合自己發展的企業或是自己創業。

當然，在服裝企業，設計師的工作也的確具有一些不同於一般員工的特殊性。這種特殊性在於，設計師不可能整天坐在設計辦公室裡閉門造衣。因為，服裝產品並不是可以簡單複製的一成不變的產品，要隨著時代的發展常變常新，才能滿足消費者的需求。怎樣變化和如何創新，又取決於設計師具有怎樣的眼界和思考方式。設計師若想設計出適合銷售的服裝產品，就需要去做大量的收集資訊蒐集、走訪市場、聯絡衣料廠商並參與產品企劃、產品訂貨會等前期工作，成為一個閒不住的特殊人物。在設計師的內心深處，又肩負了企業發展的巨大責任和壓力。

由此可見，勝任設計師這一職業的人，一定是熱愛這一職業，並具有一定專業能力、肯吃苦、愛學習和有責任心的人。設計師在學校期間，就要掌握好款式設計、結構設計和工藝設計等基本技能；來到企業之後，還要透過自學或是培訓，補足相關業務知識，比如衣料資訊、行銷方式、品牌運作、訂單管理等。與此同時，設計師還要逐漸培養四種綜合能力：

① 學會學習的能力。能夠最迅速、最有效地獲取資訊、處理資訊和運用資訊。

② 學會做事的能力。懂得處理人際關係和解決矛盾，具有敢於承擔風險的精神。

③ 學會共處的能力。善於在合作中競爭，在競爭中合作。

④ 學會發展的能力。可以適應環境以求生存，改造環境以求發展。因此，服裝院校的畢業生到企業工作，大多先從助理設計師做起是有其道理的。

2. 設計師的工作職責

在大型服裝企業，服裝設計師一般有設計總監或首席設計師（為整個企業把關定位）、設計主管（為某一品牌的發展掌舵）、設計師（負責組織新產品的研發）和助理設計師（協助設計師工作，提供產品設計樣稿）等不同職位。設計總監或首席設計師大多由具有 10 年以上設計工作經驗的設計師擔任；設計主管要具有 5 年以上產品設計或行銷工作經驗；設計師一般由有 2~3 年以上設計工作經驗的助理設計師擔任；助理設計師也要由大學或高職服裝設計系的畢業生擔任。在中小型服裝企業，服裝設計師的分工一般沒有這樣精細，應屆畢業生可以直接被聘任為設計師，但設計主管一定要由具有 3 年以上設計或行銷工作經驗的人擔任。

不管是哪種職位的服裝設計師，其工作職

責內容主要有以下八個方面。

(1) 借助各種媒體和參加博覽會收集時尚流行資訊，包括時裝發布會、服裝博覽會、服裝流行色會議、服裝社群等。

(2) 有針對性地進行區域市場調查、商場調查、專賣店調查、目標品牌調查、目標消費群調查，並提交圖文並茂的市場調查報告。

(3) 有計畫地聯絡相關衣料經銷商，參加衣料副料展覽會，收集流行布料樣卡、副料樣品，熟悉和掌握布料成分、價格、供貨時間和生產量等資訊。

(4) 結合市場調查結果和流行資訊，與企劃部門共同商定產品開發主題，制訂產品企劃方案，確定設計師個人負責項目的產品開發時間表和企劃書。

(5) 根據產品企劃方案確認設計任務，設計構想下一季度服裝款式，並確定布料和副料，接受設計總監（設計主管）的整體調控和修改建議。

(6) 與打版師、樣本師交流設計想法，溝通解決技術難題，控管樣衣版型、工藝效果和樣衣品質，對樣衣製作提出修改意見，完善樣衣製作效果。

(7) 在服裝產品訂貨會上，向訂貨商介紹樣衣的設計主題及設計思路，虛心接受訂貨商的提問和建議。

(8) 根據服裝產品訂貨會所收集的建議，進一步調整、修改和完善樣衣，為產品批量生產提供準確的技術數據，填報各種相關資料表格，以便統計資料和存檔。

3. 設計師的職業化

隨著服裝產業的快速發展，服裝設計師的職業化已經形成，它標誌著由服裝學校培養的設計師已經與服裝企業並軌並形成了合力。設計師已經成為服裝企業品牌建設的有力力量，在服裝企業的發展中發揮著不可或缺的巨大作用。

(1) 服裝設計師職業化。服裝設計師職業化是指這一職業工作狀態的標準化、標準化和制度化，包括職業化素養、職業化行為和職業化技能三部分內容。職業化素養，是職業化最根本的內容，包含了設計師的職業道德、職業意識和職業心態等；職業化行為，是職業化的顯著標誌，包含了設計師的職業操守、職業觀念和職業規範等；職業化技能，是勝任這一職業的專業技術要求，包含了設計師的職業技術、職業標準和職業能力等。

職業化的核心就是要求設計師具有職業操守，時時處處能以企業大局為重，能按照行業標準和企業文化進行自我管理、自我約束，不因個人情感影響工作，把工作當作自己的事情來做，以高度的責任感對待工作。在服裝企業，設計師就是一個職場人士，自身要具備較強的專業知識、技能和素養，能夠透過為社會創造物質財富和精神財富而獲得合理的報酬，在滿足自我精神需求和物質需求的同時，實現自我價值的最大化。

(2) 職業化的發展進程。服裝設計師職業化的進程，並非是一蹴而就的。在 1978 年之初，設計師與企業是分離的，設計師都不願意到企業去工作，即便去了也難以得到企業應給予的重視。設計師與企業的密切合作起始於 1996 年，杉杉公司以每人年薪 100 萬元聘請張肇達、王新元擔任設計師，這一舉措在服裝行業一石掀起千層浪。隨後，雅戈爾、七匹狼等眾多服裝企業紛紛效仿，一大批設計師也快速加盟，1996 年和 1997 年成了設計師與企業的簽約年。但隨之又不斷傳出設計師快速離開的消息，兩三年以後，能堅持與企業長期合作的設計師已經是鳳毛麟角。

當時，導致設計師離開企業的原因主要有三點：一是高薪。設計師年薪過百萬，就是在今天也是一個很高的數目，更何況又是在 20 多年前。因此難免會讓企業的其他員工出現心理不平衡，進而百般挑剔，讓設計師的自尊很受傷害。二是放不下架子。當時的設計師大多將自己定位為藝術家，強調藝術多於技術，十分重視自己的個性，這樣就很難與企業同舟共濟、步調一致。三是市場不成熟。服裝市場的不成熟、不健全和不規範，為設計師設計的產品銷售帶來阻礙，難免會出現產品滯銷的現象。形成這樣結果的原因是多方面的，卻常常需要設計師個人承擔責任，因此會讓設計師感到委屈。儘管設計師與企業的這次密切合作，大多以失敗告終，但透過這次設計師與企業零距離的接觸和磨合，促使設計師與企業雙方都進行了深刻的反思，並提高了認識，極大地促進了服裝設計師職業化發展的進程。

(3) 職業化更需要堅守。當初服裝企業高薪聘請設計師，大多是出於感性，表明了企業對設計師的渴盼心情，而設計師進入職業化時代之後，無論是企業還是設計師，都會更加理性地思考問題。高薪是設計師的期盼，但也是一把雙刃劍，高薪也意味著高付出、高壓力和高風險。職業化後的設計師薪水大多是公平的、合理的和透明的。就目前狀態而言，剛畢業的大學生實習期間月薪一般接近 30,000 元；一年之後轉為助理設計師月薪會在 31,000 元左右；到了 3 年以上，轉為可以獨當一面的設計師，薪水一般會增加到 36,000 元左右，外加年底紅包；倘若累積了 5 年以上工作經驗，並能操控某一品牌產品企劃與設計管理，成為企業的技術核心成員，薪水則會成倍增長。當然，各地的薪水標準並不均衡，但設計師職業由於具有一定的技術含量，在同等條件下薪水待遇大都會高於一般員工。由此可見，職業化之後的設計師待遇，已經變得更加理性，更需要設計師對職業的熱愛和堅守。

在現代服裝企業，服裝設計師這一職位，既是企業品牌運作的龍頭，也是專業技術人才培養的搖籃。經過幾年服裝設計工作的實踐和鍛鍊，有些人成長為能夠獨當一面的設計主管或設計師，承擔一個品牌或是某一品項產品的研發任務；有些人成長為業務主管，負責企業某一部門或是某一方面的運作和管理。還有很多相關的職位可供選擇，比如企劃師、打版師、產品陳列師、櫥窗陳列師、銷售主管、採購等，這些職位都需要具備一定的設計知識和能力，也同樣可以成就事業，實現理想。

關鍵詞：服裝　衣服　成衣　款式　造型　功能　B2C

服裝：是人們衣著裝束的總稱。服裝是一個較大的概念，它不僅包括了上裝和下裝、內衣和外衣，還包括了鞋、帽、包、手套、襪子等可以隨身佩戴和攜帶的服飾品。狹義的服裝概念，常常不包括服飾品而與衣服同義。

衣服：是指附著於人體外的遮蔽物。衣服的概念要比服裝小，它不包括任何服飾品，僅指上裝和下裝，比如內衣、襯衫、馬甲、風衣、大衣、裙子、褲子等。

成衣：是指按服裝行業標準，批量生產的服裝。有別於單件手工製作的服裝。

款式：是指樣式。服裝款式，是指構成一件服裝形象的特徵的具體組合形式。

造型：是指占有一定空間的、立體的物體形象，或是創造立體形象的過程。有動詞和名詞兩種詞性，作為動詞是指創造的過程，作為名詞是指創造的結果。

功能：是指服裝的效能。服裝的功能，主要有遮羞保暖、防風擋雨等實用功能；修飾、美化等審美功能；表明身分、地位、職業等社會功能。

B2C：是店家對客戶（或用戶、消費者），是指企業借助於網路直接面向消費者銷售產品和提供服務。其中的「B」是英文 business（商業機構）的首字母；「C」是 consumer（客戶）的首字母；「2」要讀英文發音，代表「to」。因此，要按照英文的讀音「B-to-C」來表達。

課題一
設計思考能力

思考，是服裝設計創造活動的核心和根本，是服裝設計行為的內在驅動力。思考是每個人與生俱來的一種基本能力，但並不是具備了一般的思考能力，就能夠勝任服裝設計工作。設計師就應該獨具一雙「慧眼」，具備一些普通人所不具備的特殊思考能力，才能創造出超出常人想像的設計佳作。

一、設計思考的特徵

思考，心理學的解釋是，人腦對客觀事物的間接、概括的反映，是人的認知過程的高級階段。

心理學的解釋有些晦澀難懂，但若慢慢品味，也能知曉其中的一些道理。對客觀事物的「間接反映」，是指人憑藉已有的知識、經驗或其他媒介，間接地推知事物過去的進程，認知事物現實的本質，預知事物未來的發展。比如透過一個人的衣著裝扮，可以大致判斷出她的職業、性格以及經濟狀況；看到天空烏雲密布，便能預知天要下雨了等。對客觀事物的「概括反映」，就是把同一類事物共同的本質特徵或事物之間規律性的連繫，提取出來加以概括，以求解決所遇到的問題。一般來說，人們思考大多是為了解決問題，問題解決是思考的目標狀態。因此，有的心理學家曾把「思考」定義為解決問題。

思考之所以能夠解決問題，是由於思考是人的心理行為，可以擺脫客觀事物的束縛，能夠超越時間和空間的限制，不但可以了解現在是什麼，還可以推測過去是什麼，預知將來是什麼。

思考的基本構成形式分為兩類：抽象思考和具體思考。

① 抽象思考，是指運用概念進行判斷和推理的思考形式。概念，是對事物本質屬性的反映，是在感覺和知覺基礎上產生的對事物的概括性認識。也可以理解為，把所感知的事物的共同本質特點抽出來加以概括，就成為概念。概念的具體表現就是語言文字當中的詞彙、數字等，只要知道了這些詞彙所指稱的事物，就能明白這些概念的含義。概念又分具象和抽象兩類，比如山、水、服裝、飛機等是具象的概念，動、靜、思想、學習等是抽象的概念。抽象思考是人們日常生活中運用最多的思考方式，比如想到學習，大腦就會出現上課、教室、老師、同學等概念，並由這些概念聯想到其他的概念，構成思考的意識流。

② 具體思考，是指運用形象進行判斷和推理的思考形式。形象是具體思考的基礎，通常是由眼睛所看到的或是大腦裡浮現的事物形象（清晰的、模糊的或是稍縱即逝的）引發的，聯想到其他相關

的事物形象，構成思考的意象流。

抽象思考和具體思考，是每個人都具備的兩種思考形式。科學研究表明：人的左腦和右腦在處理資訊時各有分工。左腦主要處理文字、資料等抽象資訊，具有理解、分析、判斷等抽象思考功能，有理性和邏輯性強的特點，所以被稱為「文字腦」、「理性腦」；右腦主要處理聲音、圖像等具體資訊，具有想像、創意、靈感等具體思考功能，有感性和直觀的特點，所以被稱為「圖像腦」、「感性腦」。(見圖 1-1)

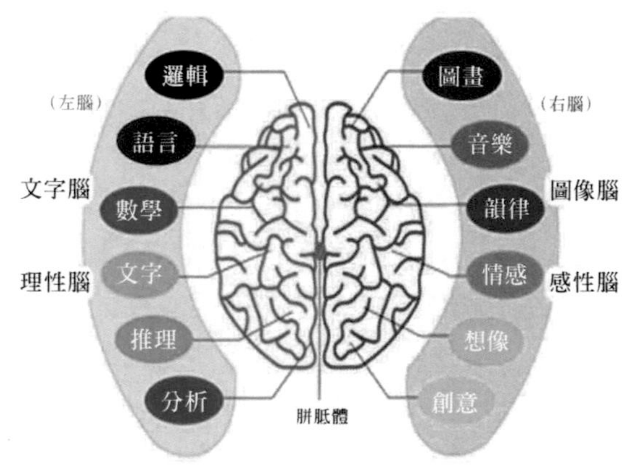

圖 1-1　左腦和右腦的不同思考功能圖解

人們在日常生活中用得最多的是左腦，左腦具有語言功能，擅長邏輯推理，主要是儲存人出生以後所獲取的資訊；右腦具有具體思考能力，但不具有語言功能。右腦的資訊來源：一是人出生後憑直觀感受直接獲取的；二是經過左腦反覆強化的資訊轉存的。生活中的普通人，使用左腦的頻率遠遠大於右腦，一般只有在左腦的興奮鎮靜下來後，右腦才有表現的機會。

右腦是透過圖像進行思考的半球，即具體思考，側重於處理隨意的、想像的、直覺的以及多感觀的影像。右腦不僅能夠將語言變成圖像，還能把數字變成圖像，把氣味變成圖像。右腦能將所看到、聽到和想到的事物，全部轉化為圖像進行思考和記憶。當右腦分析一個「魚」的詞彙時，會自動在右腦的影像庫中搜尋關於「魚」的形象，然後將「魚」這個詞與它的形象、感覺、狀態關聯在一起。在分析一句話，比如「魚兒在水中游」時，頭腦中就會映現出一條魚兒在魚缸裡或是在河流中歡快游動的圖像。

人的思考儘管分為抽象思考和具體思考兩種不同的形式，但在思考進行時，抽象思考和具體思考並非是機械化分開的，而是相輔相成、相互補充的。通常是以一種形式為主、另一種形式為輔的狀態進行著，也常常有兩種形式瞬時變換、交替進行，或是同時發揮作用的狀況出現。

服裝設計思考與普通人思考的不同，主要體現在形象性、創造性和意向性三個方面。

(一) 設計思考的形象性

形象性，是指服裝設計思考需要借助於形象進行思考。形象，是服裝設計構思最基本的表現語言，就算是隨手勾畫出的再簡略的服裝草圖，也比運用文字語言描述的服裝樣式更加直觀和準確。這些形象包括：點、線、面等形態的構成，布料、款式、色彩、紋理、圖案等內容的構成狀態，服裝零件、服飾整體、人體與服裝等體態的構成關係，所採用的縫製工藝、裝飾手法、布料加工等技術的手法及效果等。也就是說，服裝設計思考是一種以具體思考為主的思考形式，不僅思考構想的內容是與服裝構成相關的形象，就是設計靈感也

大多來源於生活中形形色色事物形象的啟迪。(見圖 1-2)

圖 1-2　來源於生活中植物形象的設計靈感

臺灣設計師大多採用一邊構思、一邊勾畫草圖的思考方式，其優點在於靈活、簡便，可以在翻閱圖書資料的同時，及時捕捉和記錄自己的所思所想；西方設計師通常採用一邊構思、一邊在人檯披掛衣料的思考方式，其優點在於直觀、準確，可以透過真實的布料感覺立體的衣著狀態，直接感受服裝形象的變化效果。這兩種設計構思方式，目前已經成為人們的共識，被全世界的設計師所接受並被普遍運用（見圖 1-3）。這樣的設計構思方式之所以行之有效，是因為具體思考中的形象在大腦當中浮現的狀態並不穩定，具有飄忽不定、稍縱即逝的特點。因此，設計師需要相關形象的不斷刺激和誘發，才能促使自己的具體思考保持穩定性和連續性。只有時時看著形象、想著形象，才會緊緊地捕捉到大腦中的形象，使其不斷浮現而避免其他因素干擾自己的設計構思。當然，也不排除一些設計經驗豐富的設計師，既不看資料也不使用人檯，就能進入自由暢想的設計思考狀態之中，僅憑大腦的想像也能成竹在胸。

圖 1-3　勾畫草圖和人檯披掛是設計構思的兩種基本方式

儘管設計思考有其特殊性，但設計師也與普通人一樣，需要有一個相對安靜的環境和一種平和的心態，外加一定的壓力（來自外界或是自己施加的壓力）才能集中自己的注意力，大腦中出現的服裝形象才能保持清晰和穩定，才有可能進行更加細緻的思考。服裝形象在大腦中的穩定，並非是形象的永久停留，而是指所構想的服裝形象經常可以浮現在大腦當中的狀態。倘若大腦中總是空空如也，或是出現的服裝形象稍縱即逝，就說明自己還沒有進入設計思考狀態之中。

(二) 設計思考的創造性

創造性，是指服裝設計思考必須具有創造的特質。創造是服裝設計的本質，如果設計師大腦中出現的服裝形象只是生活中已有服裝的再現，這樣的思考結果也就失去了設計思考的初衷和意義。在設計構思過程中，設計師大腦當中出現的形象要時時伴隨著具有創造性的思考，要按照設計師自己的主觀意願對形象進行變形、轉化、分解、重組、衍生等方面的改變。按照「眼前沒有完美，完美永遠是下一個」的設計理念，進行各種可能性的變化嘗試，構想各種變化後的結果，直到找到令自己滿意的答案。這樣的創造努力和思考，常常要伴隨設計構思的始終和涉及形象的各方面，比如形態、狀態、構成形式、表現方式、技術手段等方面的變化構想。(見圖 1-4)

圖 1-4　服裝的各種可能性變化構想和創造嘗試

然而，服裝設計的創造與其他藝術形式的創造活動又存在著本質區別，這個「本質區別」主要有三個方面：

① 服裝設計的創造離不開服裝的功能。服裝從它誕生之日起，就被賦予了為人禦寒保暖、遮風擋雨的基本功能，這也是服裝的本質屬性。倘若服裝失去了它的基本功能屬性，也就不能稱之為「服裝」了。即便是用於伸展臺展示的服裝設計作品，也同樣不能忽視其功能性的存在，區別只是在於功能含量的或多或少而已。

② 服裝設計的創造離不開人體這個衣著主體。服裝是為人的穿著所服務的，服裝的構成形式和狀態倘若不適合人去穿，而只能是掛在牆上或是放在地上，也就不能成為真正意義上的服裝了。因此，人永遠是服裝的穿著主體，服裝創造不能忽視服裝與人體相互依存的密切關係（見圖 1-5）。

③ 服裝設計的創造離不開服裝製作技術。服裝設計是創造「物品」的過程，服裝不是「畫」出來的，而是用材料「做」出來的。這就如同建築設計圖永遠不能等同於建築物一樣，服裝畫也不是真正的服裝。具有真正意義的服裝離不開製作它的材料，也離不開把材料變成服裝的製作技術。因此，服裝設計創造無論如何發展，都離不開功能、人體穿著和製作技術等方面的限制。

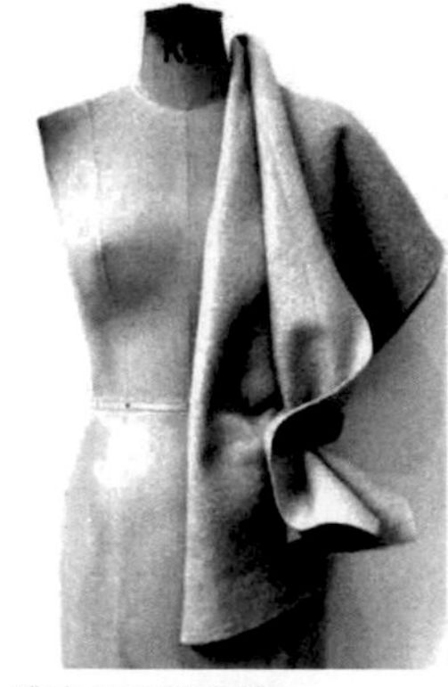

圖 1-5　服裝設計創造離不開人體這個衣著主體

人們常把設計師的創作比作「戴著枷鎖跳舞」，服裝設計的創造也不例外。「枷鎖」是指限制，「跳舞」是指創造。設計創造的確存在著很多外在因素的限制，但對設計師來說，設計創造的最大障礙不是來自外部，而是來自自己的內心，常常是自己在限制自己。比如在設計構思開始時，有人常常是先勾畫服裝的外形，再去構想衣領什麼樣、門襟什麼樣等。這樣的思考肯定不會具有創造性，因為隨手勾畫的服裝外形是對已有服裝的概念化認知，先把它們確定下來就等於畫地為牢，只能在劃定的條框裡面打轉轉。正確的思路是：先找到一個思考構想的切入點，就如同埋下一粒思考構想的種子，然後讓構想逐漸變化發展，經過一個生根、發芽、開花、結果的過程，最後才去決定適合做什麼款式，或是既像上衣又像裙子的新樣式，或是什麼都不像的新樣式。創造的結果就應該是未知的，如果一切都是已知的，離創造就會越來越遠。

（三）設計思考的意向性

意向性，是指服裝設計思考要按照意圖不斷地調整和把控方向。服裝設計構想是一種較為特殊的思考狀態，進入這種設計思考狀態之中，大腦裡滿滿的都是與服裝設計相關的資訊，即便是睡覺，夢到的也是服裝設計的各種可能和各種設想。若想盡快地進入和長久地保持這樣的設計思考狀態，一般要有三個條件：一是在自己的主觀意願上，要有「我要設計」的創作慾望和衝動，並要具有一定的緊迫感和壓力；二是要努力排除各種干擾，不斷地封鎖各種與設計無關的資訊，修正自己的思考方向；三是大量接受與設計相關圖片資訊的刺激，讓圖片或是勾畫的草圖時刻提醒自己進行有意識的思考。

如果設計師已經進入設計思考狀態之中，就能感到此時此刻比平時更有效率。這是因為，人的大腦正處在創作熱情的亢奮當中，大腦機能得到了充分激發，對設計是否有用的資訊識別會變得特別敏感，無關的資訊就會被排斥。此時，見到什麼事物或接觸到什麼資訊，都能自動的與自己的設計構思進行聯想，進而對資訊進行搜尋、取捨、變化和加工，努力探索能被利用的可能性。（見圖 1-6）

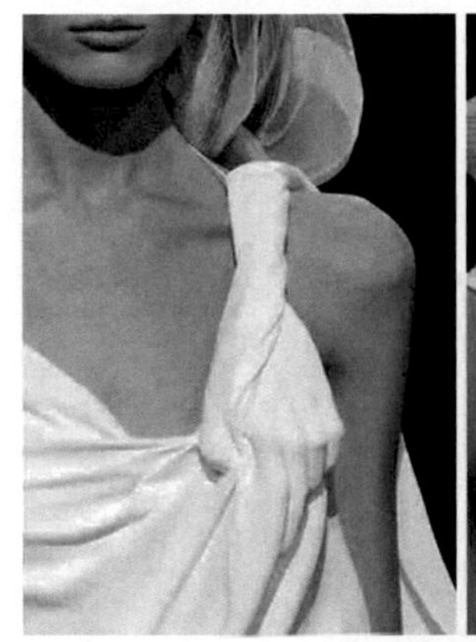

圖 1-6　「手」的形象和抓握狀態被利用到設計構想當中

然而，進入設計思考的狀態，也並不等於一下子就能找到設計構想的結果。凡事都有一個循序漸進的發展過程，人的思考發展也是一樣，越急於求成越會覺得茫然無措。當自己出現想不出來的情況時，一定不要失去信心，因為只要認真思考了，大腦就不可能空空如也。更多的情形是想出來很多，但都不夠理想，最好的解決辦法就是，把想法全部勾畫出來。在勾畫每個想法時，先不要急於否定它們的價值，也不必追求每個想法的完整，而是應該求多、求異，勾畫的想法越多越好。想法越多，思考就會在勾畫的過程中越深入，距離理想目標也就會越近。有一則寓言，講的就是這個道理：一天，有個餓漢一口氣吃了五張大餅，還沒吃飽，接著又吃了一張，這才感到吃飽了。於是，餓漢有些後悔了，自言自語道：「早知道第六張大餅就能吃飽的話，前面那五張就不用吃了。」這個餓漢的哲學，就是忽視了前五張餅的重要作用，沒有前面的鋪墊，就不會出現後面的成效。服裝設計思考也不可能一步到位，它一定是一個不斷嘗試、不斷探索、不斷改進，甚至是不斷接受失敗的思考逐漸深化的過程。只有這樣，才能獲得一個更具創新性、更有新意的設計結果。(見圖1-7)

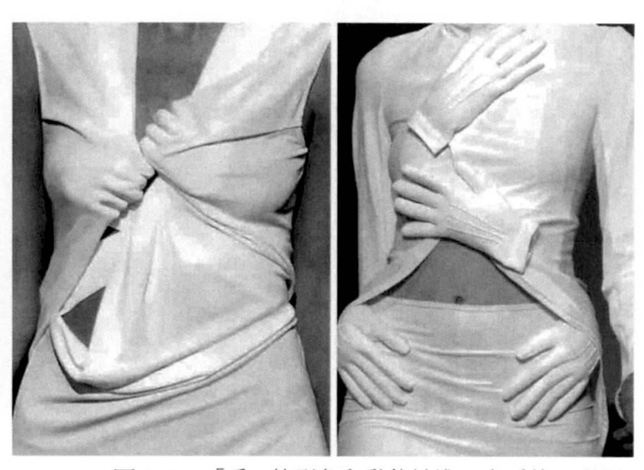

圖 1-7　「手」的形象和動態被進一步延伸、發展與利用

二、設計思考的形式

人們的思考形式多種多樣，在日常生活當中無須計較自己的思考究竟應該歸屬什麼形式，只要能夠解決生活中出現的問題，方便自己的生活，採用何種思考形式並不重要。但就設計思考而言，強調不同思考形式的作用，非常有利於在設計思考的不同階段提高思考的效率和強化思考的效果。服裝設計經常運用的思考形式有以下四種。

(一) 發散思考

發散思考，就是從已經明確或被限定的某些因素出發，進行各個方向、各個角度的思考，設想出多種不同方案的思考方式。由於這一思考方式呈現散射狀態，又稱「多向思考」。(見圖 1-8)

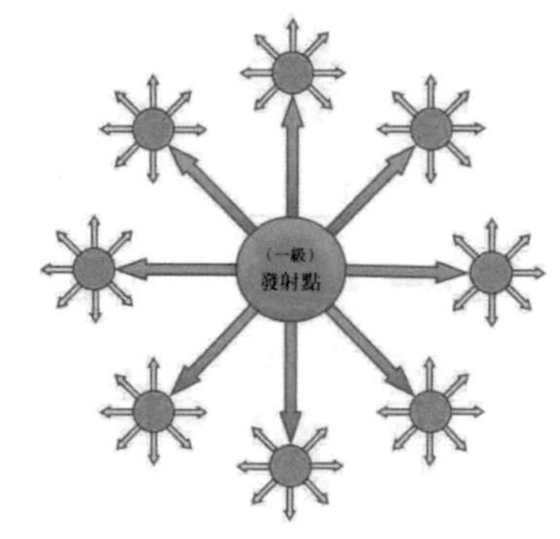

圖 1-8　發散思考是從一個目標出發，進行多方面思考

人們平時運用得最多的思考方式，通常是從生活的某一點出發，進而聯想到第二點，再從第二點聯想到第三點、第四點，呈現點與點相連接的曲折發展狀態。思考結束的點與出發的原點之間經常會相差甚遠，一般不會也沒有必要去探究或是回歸到原點。但發散性思考的方式與人們慣常的思考形式有所不同，它需要設計師在思考構想之時，要經常回歸到思考出發的原點。當第一個想法略有結果或是這一想法停頓、終止時，就要把這個想法放一放，不再去深究它。採取「打一槍，換一個方向」的做法，即時常回歸到原點，調整一下思路，更換一個方向或角度重新構想。第

二個想法出現後，再回到原點，構想第三個、第四個，並一直這樣構想，讓思考逐漸展開，從而形成了以原點為中心的思考發散狀態。但這只是發散思考第一階段，這個原點只是一級發散點。當第一階段的各種構想竭盡所能之後，再進入發散思考第二階段，即以其中幾個具有發展價值的想法為二級發散點，運用相同的做法繼續進行發散構想。由於有了第一階段發散構想的思考累積，第二階段的發散構想無論是效率還是效果，都會得到明顯的提升。

初次運用發散思考，會感到很機械也會很不適應，但在服裝設計構思的初期，最忌諱的就是思考構想「一條路走到底」，這樣很容易走進死胡同。而運用發散思考的構想形式，可以避免思考的僵化。久而久之，就能養成從事物的多個方面去思考問題的思考習慣。

運用發散思考有兩個關鍵點：一是尋找發散點。一般是從那些被限定的因素或是預定的目標中尋找，還可以從所掌握的材料或是感興趣的事物中發掘。比如參賽主題、靈感形態、某一種狀態、某一表現手法、某一結構形式、某一裝飾手法、某一打結方式等，都有可能成為引發聯想的發散點。二是變化思考方向。由發散點產生的想法，一定要把它隨手勾畫記錄下來，可以潦草和不求完整，只畫出一個意向即可。然後，回歸原點，轉換思路，去構想其他解決方案的可能性，比如在形狀、大小、層次、數量、功能、結構、材料、工藝等方面，都可以嘗試著變化一下，以產生另外一種或是多種設想和方案。

發散思考主要用於設計構思的初期，是展開思路、發揮想像，尋求盡可能多的設計想法的有效手段。發散思考十分注重想法的數量，想法越多越好。發散思考的運用，可以按照靈活、跳躍和不求完整的原則進行。「靈活」就是要尋求變化，不鑽牛角尖，不在一個思考上走到底；「跳躍」就是要尋求差異和不同，要讓想法與想法之間有差異感，差異的幅度越大越好；「不求完整」就是對每個想法都不過早予以否定，不管想法行不行，先想出來、畫出來再說。

(二) 聚合思考

聚合思考，就是在掌握了一定材料和資訊的基礎上，對其進行資源整合，朝著一個目標深入思考，以使方案更加完善的思考方式。由於這一思考方式呈現聚斂狀態，又稱「集中思考」。(見圖 1-9)

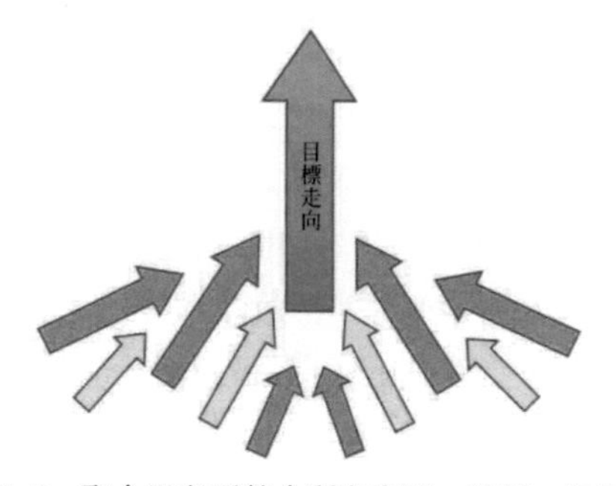

圖 1-9　聚合思考要整合所有資源，朝著一個目標思考

聚合思考與發散思考的思考狀態恰好相反，一個注重理性，思考要求「收攏」；一個強調感性，思考要求「開放」。就服裝設計思考而言，理性和感性兩者都不可或缺，但理性的出現要掌握好時機，不宜過早地使用。如果在思考構想的初期，就運用理性去分析和評判，就會出現這個想法

不行、那個想法不對的處處否定的判斷，創作的熱情就會隨時熄滅。因此，在思考構想之初，一定要強調感性丟掉理性，要把思考放開，要「跟著感覺，努力抓住夢的手。」但這樣構想出來的想法，畢竟是不完善的，因此就需要經過聚合思考的深入構想，透過理性的分析和判斷，甚至要經過試驗的驗證，才能把構想做到盡善盡美。理性的參與，主要體現在透過冷靜地分析提出問題，然後去思考和解決問題。比如功能是否合理、比例是否適當、穿著是否方便、衣料是否合適、技術是否能實現、想法是否具有獨特性等。在理性的參與和控制下，聚合思考具有很好的整合作用，可以讓思考不斷得到深化，並逐步趨於完善。聚合思考一方面調動了設計師所儲存的所有生活經歷、設計經驗和創造潛能；另一方面也利用了與此相關的所有知識、資訊和製作技術。

運用聚合思考有兩個關鍵點：一是否定。要以一個旁觀者的視角，否定現有想法的所有方面，尤其是過去一直認為沒有問題的地方，都要努力找出問題；二是否定之前的否定。發現問題並不是目的，目的是解決存在的問題，透過解決問題，去否定之前的否定，去完善自己的構想。聚合思考一直會被延續到服裝的製作階段，在製作階段，同樣會出現這樣或那樣問題，當所有問題得到解決，聚合思考才會宣告結束。聚合思考主要用於設計構思的中後期，是深入思考、完善構想，使設計盡善盡美的必要過程和手段。如果說發散思考反映了一個人的靈性、悟性和想像力的話，聚合思考則體現了設計師的藝術造詣、審美情趣和設計經驗。聚合思考的運用，可以按照否定、肯定、他人參與的原則進行。「否定」就是利用人體體態、裁剪技術、結構工藝等方面的知識去驗證和改善設計；「肯定」就是不迴避問題，要找到解決問題的方法或是回答問題的理由，自己要說服自己；「他人參與」就是發揮旁觀者清的作用，傾聽他人意見或是從他人的視角審視自己的設計構想，以便擺脫自己的思考局限。

（三）側向思考

側向思考，就是利用服裝之外的資訊，從其他領域或是其他事物中得到啟示而產生新思路、新設想和新創意的思考方式。由於這一思考方式的靈感誘因並非來自服裝，而是來自服裝以外的事物，又稱「橫向思考」。（見圖 1-10）

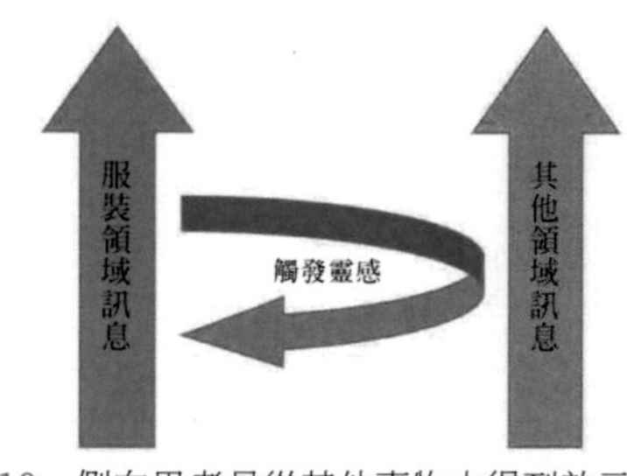

圖 1-10　側向思考是從其他事物中得到啟示而產生新思路

生活是藝術創作取之不盡用之不竭的靈感來源，服裝設計也不例外，很多設計靈感都源於生活、源於大自然、源於設計師對生活的體驗和感悟。側向思考就是這樣的思考方式，它是以來自生活的山石、植物、動物等自然形態或是器皿、建築、雕塑等人造形態為靈感，誘發服裝設計的創作意念，創造獨具匠心的服裝設計作品。

從廣泛的意義來講，生活中任何美好的事

物，都能給人以美好的想像和啟迪，也都能轉化為服裝設計的形式語言，表達服裝設計的思想。但就具體的創作方式而言，若想運用側向思考體現服裝創意，設計師自己首先要被生活的「美」所感動、被生活的「情」所感染，因此才能有感而發、情不自禁。有感於生活的情形大致上有兩種：一是直接被事物的形象或是細節所感動，很想把它用於服裝設計創作。思考創意的方法是，首先要把這些形象進行陌生化處理，忽視它們現有的內容，不去管它的內容是什麼，而只是注重它的外在形式，並對其進行聯想和再創造。要從服裝構成的需要出發，尋求事物形態被利用的多種可能性。既可以對形態進行誇張變形加工處理，也可把形態打散分解重新組合。二是被事物內在的氣質或精神所感染，湧現出創作的情緒和衝動。思考創意的方法是，首先要將對事物的感受具體化、形象化，把抽象的情感借助於直觀的形象去表達，比如「美得像是一朵玫瑰花」、「純潔得像是一個小天使」等類比運用。具體的形象也可在與事物相關的物品當中去尋找，細節當中見精神，從而以小見大，進行符號化的傳情達意，比如佛教故事代表佛教精神、龍鳳形象代表中國傳統文化、卡通形象代表天真爛漫、貨幣符號代表社會經濟狀況等。

運用側向思考有兩個關鍵點：一是要善於發現美。設計師要善於發現生活之美，這種美的發現，在於平時的細心觀察和累積，而不是現學現用。生活之美，重在細節，重在聯想，重在巧妙運用。二是要有質的改變。物就是物，服裝就是服裝，若想把生活當中的其他物品應用在服裝上，一定要有一個再創造再加工的質的轉化過程，比如傳統建築是美的，但若是簡單地將它安放在人的身上，就不會是創造。只有讓原有的事物改變屬性，且不能還原，才有可能轉變為服裝的形式語言，變成服裝構成的組成部分。

側向思考的運用，要按照提煉、質變、拉開距離的原則進行。「提煉」就是對原有形象進行簡化處理，使其符合服裝構成的需要；「質變」就是使其原有屬性發生變化，轉變為服裝的構成元素和形式語言；「拉開距離」就是服裝創意並不是某一事物的直白解釋或是某些元素的簡單相加，而是按照設計師情感抒發的需要、創意主題的需要、審美表現的需要，重構另一個世界，設計要源於生活而高於生活，要與生活本身拉開距離，要給觀眾留有想像的空間。

（四）逆向思考

逆向思考，就是按照人們習慣的思考走向進行逆向思考，從而打破慣性思考的束縛，構想一些出乎人們意料的新方案的思考方式。由於這一思考與一般思考的方向恰好相反，又稱「反向思考」。（見圖 1-11）

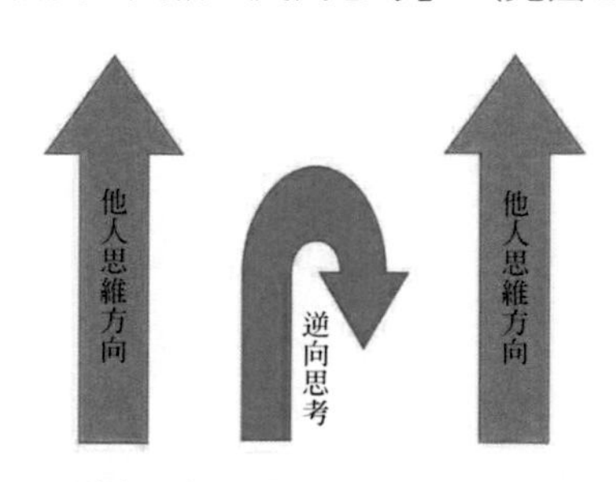

圖 1-11　逆向思考是從人們習慣的思考走向進行逆向思考

德國著名服裝設計大師卡爾·拉格斐（Karl Lagerfeld）說過：「我想要隨時得到各種資訊，知道所有的事情，看見所有的東西，讀到所有的資料。你把這一切都綜合在一起，然後完全忘記它們，用你自己的方式設計。」生活的日積月累，會使每個人形成自己獨有的知識結構、生活經驗和思考習慣，從而形成認知事物的固定傾向，並直接影響對問題的分析和判斷，這就是通常所說的慣性思考。慣性思考對人們的生活具有非常重要的積極意義，它能使人憑藉以往的經驗和運用已掌握的方法，快速解決所遇到的新問題。但在設計構思過程中，慣性思考的作用常常是消極的，慣性思考的慣性經常會把人的構想不知不覺地導入陳舊的模式當中，讓人總是擺脫不了已有條框的束縛。

生活中的每個人，其實都生活在一個無形的被各種限制束縛的圈子裡，各種各樣的不行、不允許和不可能時刻環繞在腦海裡，既有外界限制，也有自我約束。現實生活中，這樣的約束並非壞事，可以讓人減少很多傷害，但在設計構想中，必須掙脫這樣的約束，要敢於嘗試一些不合常理的「壞想法」。逆向思考倡導的就是這種叛逆精神和做法，要敢於逆流而上，人們都這樣想，我偏不去這樣想；其他人都走大路，我偏要走小路。運用逆向思考，就要敢於質疑一切，包括服裝已有的樣式、狀態、功能、材料、穿著方式、設計理念、審美標準等，凡是被人們認為理所當然或是習以為常的各個方面，都可以作為逆向思考的依據和線索。同時，還要以變化的眼光看待與服裝有關的一切事物，服裝構成中的一切都不是固定的，都是可以變化的。要多提出一些假設並進行嘗試，要經常變換幾種角度去思考問題。

運用逆向思考有兩個關鍵點：一是要有反叛精神。逆向思考是勇敢者的「遊戲」，既要勇於面對挑戰，又要敢於面對失敗。運用逆向思考，各種新奇、獨特、別具一格和不落俗套的想法會被釋放出來，新想法的數量肯定會增加，但品質也一定會下降，如果不去堅持和完善自己的想法，就很容易導致失敗。二是要能自圓其說。要努力解決所遇到的所有問題，要為自己的創新創意找到令人信服的證據，要用事實來證明自己的想法同樣是可行的。在有些方面，也可適當地吸納常規元素、常規構成方式的優點，對創意進行改進和完善，以使服裝具有更加寬泛的適應性。

逆向思考的運用，要按照新奇、合理、重建秩序的原則進行。「新奇」就是想法一定要具備新鮮感，要見人所未見，思人所未思，想法一定要有創造的價值，不能是為了創新而創新；「合理」就是要把想法落實於現實，內容要豐富，要使服裝各個部分的存在都具有合理性或是具有關聯性；「重建秩序」就是要顛覆一個舊世界，還要建設一個新世界。要創建全新世界的新形式、新秩序和新面貌。

三、設計思考的能力

設計思考能力，並不是單一的某一種能力，而幾乎涵蓋了與人的智力相關的各種能力，是多種能力的有機結合共同發揮作用的一種綜合能力。人的設計思考能力和水準，與平時的觀察力、聯想力、想像力和創造力的關係最為密切。

(一) 觀察力

觀察力，是一種有意識、有目的、有計畫的知覺能力。它是在一般的知覺能力的基礎上，根據一定的目的觀察和研究某一事物的外在特徵、內在本質及其構成規律的能力。

法國藝術大師奧古斯特·羅丹（Auguste Rodin）說過：「所謂大師，就是這樣的人：他們用自己的眼睛去看別人見過的東西，在別人司空見慣的東西上能夠發現出美來。」任何思考創造活動，都是從觀察開始的。觀察是智力活動的大門，是開啟思考的鑰匙。觀察，是每個人都具備的基本能力，但又不是每個人都能做到像藝術家一樣去觀察生活。因為，普通人的觀察，大都僅僅限於「觀看」，而藝術家的觀察，則是既要「觀看」，還要「洞察」，要在觀察中尋找到對自己的藝術創作有所幫助的內容，也就是要在生活當中「發現出美來」。（見圖 1-12）

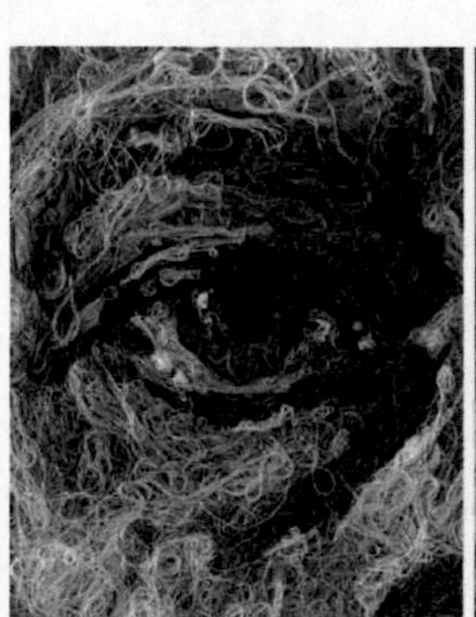

圖 1-12　既要觀看還要洞察，要在觀察生活中發現出美來

藝術家或是設計師的觀察與普通人的觀察，的確存在很多的不同。一是觀察的對象不同。設計師關注的對象主要有四個方面：

① 美的事物。自然形態的美、人造物態的美、藝術作品的美。

② 新的事物。新鮮獨特的形式、新潮時尚的方式、新穎別緻的行為等。

③ 有文化底蘊的事物。傳統老物件、陳舊老房子、民間手工藝等。

④ 能觸動內心情感的事物。一山一水、一草一木、一磚一石、一縷陽光、一片雪花、一個眼神等。

二是觀察的方式不同。設計師觀察的重點主要是事物的細節，也稱「細節觀察」。不僅要觀察，還常常需要進行記錄和累積，要不是用畫筆寫生，不然就是用相機或手機拍照。三是觀察的目的不同。設計師觀察生活帶有很強的目的性，是為了累積設計創作的素材。細節觀察，是為了發現構成事物美感的本質所在，也是為了捕捉能夠表現事物美感的形象特徵。就是說，設計師在觀察事物細節的同時，也在思考這一形象具有怎樣的意義，能傳達什麼樣的情感內涵，以及如何將其轉化為服裝設計語言應用到自己的設計當中。（見圖 1-13）

人之觀察力的形成，有其先天因素，但主要還是在於平時的自我培養。自我培養源自三個方面：一是對服裝設計的濃厚興趣。人的觀察與興趣密切相關，對什麼東西感興趣就會特別關注什麼，大腦也會一直處於警覺狀態，與興趣有關的事物一旦進入視野，就會引發神經細胞的興奮，引起有意識的注意。只要保持對服裝設計的興趣，並具備一種好奇心，久而久之就會形成一種職業敏感度。二是他人的創作經驗。要向有經驗的設計師學習，既要收集大量的優秀的服裝設計作品，還要深入研究這些設計作品，努力還原和解析他們的設計心路歷程，學會他們的觀察方式和如何將觀察應用於設計的經驗，可以少走很多彎路。三是專業學習和訓練。專業學習的過程是一個設計經驗的快速累積過程，透過不斷地學習和實踐，觀察力也會得到迅速提升。

圖 1-13　設計師的觀察注重的是事物的細節，目的在於應用

（二）聯想力

聯想力，是人腦中的記憶表象之間迅速建立起關聯的能力。聯想，是因某人或某種事物而想起其他相關的人或事物，由某一概念而想到其他相關概念的思想過程。

聯想，是每個人都具有的基本能力，否則就難以進行日常的思考活動。生活中的聯想，基本分為自由聯想和限制聯想兩種形式：

① 自由聯想。是一種缺少主觀意識控制和約束的聯想形式，所想到的事物常常是自由放任並時常變化方向的。

② 限制聯想。是一種有目的、有意向，並在主觀意識控制之下進行的聯想形式，是一種有意識的、自發的心理行為。

意識與無意識理論，源於奧地利精神分析學家西格蒙德·佛洛伊德（Sigmund Freud）的精神分析學說，他把人的心理分為意識與潛意識兩個層面。這兩個層面就像一座冰山，浮在水面上的是意識，潛在水下的是潛意識。潛意識的上面與意識相連的部分叫前意識。在這三個層級中，意識，是與外界接觸所能直接覺知到的心理部分；前意識，是潛意識中經過努力即可變成意識的經驗；潛意識，是被壓抑的無從知覺的本能和慾望。（見圖 1-14）

圖 1-14　源自佛洛伊德的意識與潛意識「冰山假說」模型

根據「冰山理論」，人的意識與潛意識的比例約為 1：9，意識運用的資訊，只是每個人擁有資訊的很小部分，並且大多被社會法規、倫理道德等所束縛；潛意識蘊含的資訊，較為龐大也更具創造的潛能，但常常缺少社會規範。其中，潛意識淺層中的前

意識，更接近生活規範，蘊含的資訊常常最具被利用的潛質，需要倍加關注和深入發掘；潛意識深層由於過於接近人的本能和慾望，蘊含的資訊的應用價值大多偏低，需要對其選擇利用。如果在服裝設計構想之時，讓人放任地進行自由聯想，大多會出現兩種結果：一是被局限在常規的意識裡面打轉，產生一些平常無奇的聯想；二是在潛意識當中放任自流，如夢境般自由聯想，想法常常缺少應用的價值。因此，設計師就需要在自己的大腦當中設計一個「交通警察」，對聯想進行有目的的調控和引導，讓自己的意識和潛意識共同發揮效用，以提高聯想的數量和品質。同時，還需要掌握聯想的一般規律，才能使聯想更具有效率。

目前，人們將聯想細分為接近聯想、類似聯想、對比聯想和因果聯想四種。

① 接近聯想，是指由某一事物或現象想到與它相似的其他事物或現象，進而產生某種新設想。比如由尖角狀的玻璃、樹葉及圖案，聯想到尖角狀的衣領或是服裝其他部分的形態。

② 類似聯想，是指根據事物之間在空間或時間上的彼此接近進行聯想，進而產生某種新設想的思考方式。比如由人的負重姿態，聯想到鞋跟的承重狀態（見圖 1-15）。

③ 對比聯想，是指對性質或特點相反的事物產生的聯想。比如由沙漠想到雨林、由黑暗想到光明、由沉重想到輕鬆等。

④ 因果聯想，是指對在邏輯上有因果關係的事物產生的聯想。比如看到衣服溼了，聯想到是否下過雨；看到褲子破損了，聯想到穿褲子的人剛剛跌倒過等。

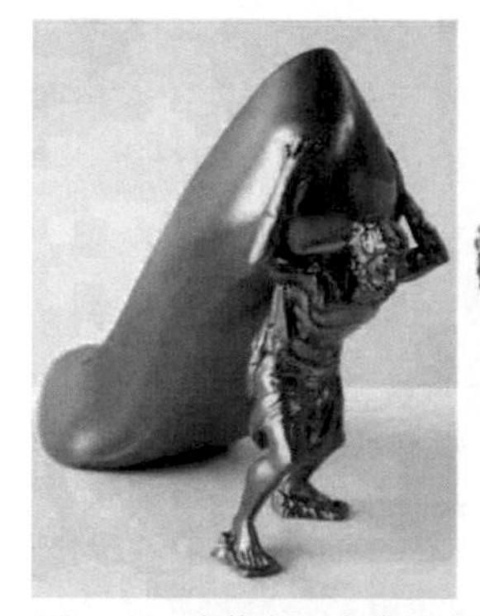

圖 1-15　事物之間在空間或時間上的彼此接近進行類似聯想

有意識地進行限制聯想，對提高聯想效率大有益處。高效率聯想的標誌是使用時間較短、聯想到的事物數量較多；高品質聯想的標誌是想法各不相同、大多具有可行性。因此，身為設計師，在思考和解決問題時，就要努力擺脫慣性思考的約束，有意識地釋放和發掘自己大腦當中的潛意識，做出不同視角、不同內容、不同形式的聯想，強化和提升自己的聯想力，這對服裝設計具有非常重要的意義。

（三）想像力

想像力，是人腦對已有的表象進行整合、加工和改造的能力，是思考的一種特殊形式。想像，之所以特殊，是因為它並非像聯想那樣只是想到已知的事物，而是能夠構想和創造出未曾知覺過的甚至是未曾存在過的事物形象，是一種創造新事物、產生新形象的心理過程。

德國哲學家伊曼努爾·康德（Immanuel Kant）說過：「想像力作為一種創造性的認識能力，是一種強大的創造力量，它能從實際的自然所提供的資料中，創造出第二個自然。」人們借助於想像，可以如臨其境般地把別人講述的或是文學作品中的故事浮現在眼前；還可以把某些事物的發展或是自己的未來，按照自己的主觀願望和美好理想去描繪。人的想像，可以不受時間、地點和空間的限制，不受客觀事實是否存在的限制，不受人類現實能力是否能夠實現的限制；可以上天入地、天馬行空、自由翱翔。心有多大，想像的世界就有多大。想像力，也是每個人都具有的基本能力。想像力的存在，會使人們的生活變得更加豐富多彩，但並不是所有的想像，都能夠成為有價值的想像。想像基本上分為無意想像和有意想像兩類。無意想像，是指沒有特殊目的、不自覺的想像，比如走神兒、做夢、精神病人的胡思亂想等；有意想像，是指有目的性和自覺性的想像。有意想像才是有助於人們創造活動的想像方式，這樣的想像又與三個因素密切相關：一是生活累積。想像是人對自己頭腦中已有的記憶表象進行加工改造而生成的，它的源頭是大腦儲存的記憶表象，而人的記憶又離不開生活的累積。因此，一個人如果缺少了生活的累積，想像力也就成為無源之水、無本之木。二是想像誘因。人們常說「日有所思，夜有所夢」，想像需要一個起點，也就是需要有個誘因，造成引發和誘導作用。三是主觀意願。有意想像中的「意」，就是人的潛在的主觀意願，造成想像的推波助瀾和調控導引的作用。

設計師若想將自己的想像力付諸設計創作，需要具備三個基本條件：一是要累積豐富的知識和形象，要擁有一定的設計經驗，這是想像立足的基礎；二是要具有好奇心和打破常規的冒險精神，要敢想敢為敢於挑戰權威（見圖 1-16）；三是要善於捕捉有創意的念頭，能夠及時對其加工改造，使之能夠具體落實並變成有價值的成果。

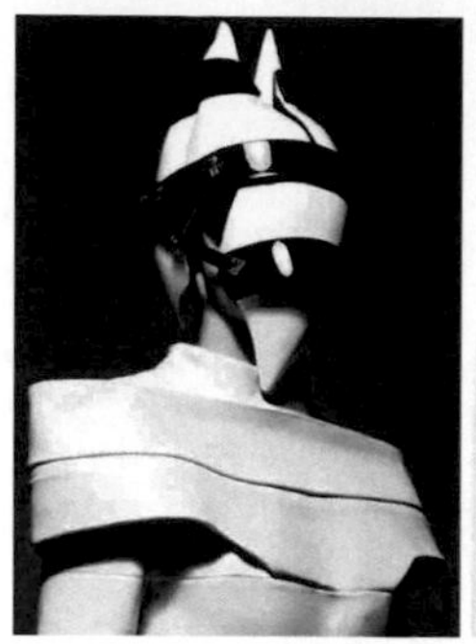

圖 1-16　設計師的想像要抱持好奇心和打破常規的冒險精神

目前，人們總結出想像有聯想式、順承式、逆向式、補充式、擴展式和借義式六種方式。

① 聯想式。就是由正在感知的某一事物而回憶起有關的另一事物，或是由想起的某一事物而又聯想起有關的另一事物，然後再把兩者相加，創造出另外一個新事物的想像方式。

② 順承式。就是運用想法的發展趨勢，順應著想法的意向對各種可能出現的結果進行判斷的想像方式。透過判斷可以提前預知結果，並構思改進方案。

③ 逆向式。就是運用想法的發展趨勢，進行逆向思考（反著想），從而對各種結果和各種可能進行判斷的想像方式。透過逆向思考，或許可以想到更好的設計方案，或許還可以驗證原有想法的正確性。

④ 補充式。就是將現有的想法再加以完

善、加以發掘、再加入更多的功能和內容的想像方式。

⑤ 擴展式。就是將現有的想法再加以拓寬、再向外延展、再加入更多的情境和意義的想像方式。

⑥ 借義式。就是進入想法的深層，發掘其內在蘊涵，使形與景重疊、讓景與情相融，進而創造出另一種新形象的想像方式。

就想像的靈活性和自由性而言，兒童的想像力往往強於成年人，這是由於兒童的想像很少受到外界束縛所致。如果成年人能夠經常有意識地擺脫慣性思考和理性的約束，想像的靈活度、自由度則會大幅度超過兒童，這是因為成年人擁有兒童所不具備的生活經驗和閱歷的優勢。身為設計師，就更應該不斷地解放自己的思想，把一切熟悉的、已知的、自然的或是人造的形象隨意調度，不管是移花接木也好，偷梁換柱也罷，利用變形、誇張、結合等手段打破常規，化腐朽為神奇，化有限為無限，使無形變有形，從而情景交融，借物抒情，創造豐富多彩的服裝形象。（見圖1-17）

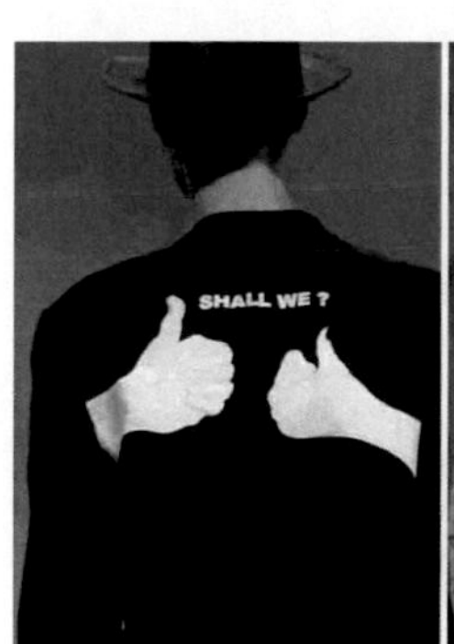

圖 1-17　兩手相對替代交流和兩手交握替代扣子的偷梁換柱設計想像

（四）創造力

創造力，是指運用一切已有資訊，創造出某種新穎、獨特、具有社會或是具有個人價值的產品（作品）的能力。它是一種心理現象，是人腦對客觀現實的一種特定反映方式。

從創造力的概念可以得知，創造具有兩個基本特徵：一是要有新穎性和獨特性。人類的創造活動，可以涉及生活的各個方面，比如產生一個新想法、新觀點、新觀念等，或是創造一種新形態、新產品、新工具、新方法、新理論、新模式等。這些新的事物，只要具有新穎性和獨特性，也就具有了創造性質。因此，新穎性和獨特性，就成為區別創造和非創造的一個顯著標誌。二是要有價值。任何一項創造或是創作，要在其相關領域內是適宜的或是適用的，要對社會或是個人具有價值意義。缺少了價值，創造就會失去意義，也就不會被人所接受。

美國心理學家泰勒（Irving Taylor）根據創造的內容和複雜程度，將創造分為由低到高共五個層次。

① 即興式創造，具有即興而發，因境而生，隨性而為等特點。比如胡思亂想、胡塗亂抹、胡編亂造等，都不具有實用價值，但卻是各種創造想像的基礎。

② 技術式創造，具有技術性、實用性、精密性等特點。能夠解決實際問題，生產完善的產品。比如各種產品的設計等。

③ 發明式創造，具有用新眼光看待舊問題，創造的產品具有創新性和社會應用價值等特點。比如電燈、電話、電腦的

發明等。

④ 革新式創造，具有能發現已有理論、原理、概念背後真理的特點。能對現有理論、產品、觀念等賦予新的內容和意義。比如設計的解構主義主張、藝術與科技融合的現代裝置藝術等。

⑤ 深奧的創造，是最高境界的創造，只有少數專家才能完成。需要處理各種複雜的資訊資料，並要形成全新的原理或學說，比如量子論、相對論的發現等。

從以上理論可以得知，服裝設計屬於一種技術式創造活動，只要具有創新意義，能為社會提供解決實際問題的盡善盡美的產品即可。具有原創意蘊的設計是發明式的創造活動，可以用新眼光看待舊問題，但要具備一定的發明性質，要有一定的技術突破並要產生廣泛的社會影響，對人們有啟迪作用（見圖 1-18）。在設計理念上具有全新的設計主張，則屬於革新式創造活動，比如解構主義設計思潮，不僅顛覆了服裝設計的傳統理念，也影響了建築、文學、電影等諸多領域。三種不同的創造活動，呈現由低向高的發展態勢，創造的難度逐漸上升，對設計師的要求也隨之加大。

圖 1-18　原創設計要具備一定的發明性質，要對人們有啟迪作用

服裝設計創造，首先，需要傾注自己的情感，沒有情感的動力，想像的雙翼就無法伸展。強烈的創作熱情猶如熱能，可以讓想像中的事物按照情感的需要演化成各種形態。其次，要學會化無形為有形，即把抽象的概念或無形的情感轉化為具體可感的形象。形象經過轉化，已經不再是純客觀的事物，已經昇華為應用於設計創作的各種原材料。最後，設計師要努力將頭腦中儲存的所有形象打散打亂，提取其中有用的部分進行改造、加工和重組，賦予它們一種「有意味的形式」，最終創造出一個或是多個全新的服裝形象。（見圖 1-19）

圖 1-19　設計師要將所有表象重組，賦予它們一種「有意味的形式」

心理學家克尼洛（G.F. Kneller）對富於創造性的人進行了分析，提出創造性人格包括 12 個特徵：

① 智力屬於中等。並不一定超常。

② 觀察力。對周圍事物的感受很敏銳，能發現常人所不注意的現象。

③ 流暢性。思路通暢，新觀念、新思想不斷出現。

④ 變通性。能一葉知秋、舉一反三、機智應變。

⑤ 獨創性。常常發表超出常人的見解，能

用特異方法解決問題、用新奇的方式處理事件，成果別具一格。

⑥ 精緻。凡是提出設想，就力求實現，經常深思熟慮，爭取精益求精。

⑦ 懷疑。對世事持懷疑態度，能超脫世俗。

⑧ 持久性。不怕困難，貫徹始終。

⑨ 遊戲性。童心未泯，表現出與年齡不一致的率真與頑皮。

⑩ 幽默感。能自得其樂，幽默成性。

⑪ 獨立性。敢於標新立異、自行其是，不隨便順從別人意見。

⑫ 自信心。遇到障礙，不改初衷，不達目的不罷休。由此可見，若想勝任服裝設計這一工作，就需要在平時不斷完善自己的創造性人格，努力培養自己的創造意識和創造能力，以滿足設計師的職業要求。

關鍵詞：意象　形態　概念化　慣性思考　服裝設計思考

意象：就是客觀事物經過創作主體獨特的情感活動而創造出來的一種藝術形象。簡單地說，意象就是寓「意」之「象」，是指用來寄託主觀情思的客觀事物。

形態：是事物內在本質在一定條件下的表現形式，包括形象和狀態兩個方面。比如點形態，是指較小的形象狀態；線形態，是指具有長度感的形象狀態；面形態，是指比點感覺大、比線感覺寬的形象狀態。

概念化：是對人和事物做簡單化的理解，用抽象的概念代替對象的個性和特殊性。概念化的作品不能揭示社會本質，缺乏具體的形象特徵和應有的感染力。

慣性思考：也稱慣性思考，是由先前的活動而造成的一種對活動的特殊心理準備狀態。

服裝設計思考：也稱服裝設計構思，是指構想、計劃或實施一個製作服裝方案的分析、綜合、想像的過程。

課題名稱：思考能力訓練

訓練項目：

(1) 觀察與想像
(2) 形態與變化
(3) 分析與發現
(4) 聯想與創造

教學要求：

(1) 觀察與想像（課堂訓練）

觀察生活並提取某一形象，進行形象延伸變化的創意想像。在一張紙上繪製 1 個原型和 5 個變化形象的手稿。

方法：觀察生活可以從身邊事物開始，並由室內逐漸向室外拓展。要努力發現那些有特點、有美感和特徵鮮明的形象，比如人頭、手腳、髮型、眼鏡、文具、書包、鞋、桌椅、燈具、飲料瓶、瓜果、蔬菜等。自然形態或人造形態均可。採用手機拍照的方式進行收集，收集的內容和數量越多越好。要改變過去一掃而過的「觀看」方式，要觀察對象的細節特徵。

將手機拍照的形象進行篩選，找到一個最有感覺的形象作為原型。先將原型畫在紙面的左上角，對其進行形象延伸變化的創意構想，繪製 1 個原型和 5 個變化形象。變化形象既可以是一種形態元素的變化，也可以是兩種形態元素的組合。要採用同一個表現手法表現，注重形象的形式美感和完整性。形象表現既不能完全寫實，也不能變成圖案，要介於寫實與圖案兩種畫法之間。採用鋼筆淡彩的表現形式，先用鉛筆打草稿，再用黑色中性筆勾勒邊線，最後用彩色鉛筆塗顏色，即鋼筆淡彩的表現形式。紙張規格：A3 紙。（圖 1-20 ～圖 1-31）

(2) 形態與變化（課堂訓練）

以一個可以自由伸展的環形為原型，進行形態延伸變化想像。要在一張紙上繪製盡可能多的變化形態。

方法：先在紙面中央畫出雙線構成的環形原型，在其四周勾畫自己構想的變化形態，要努力構想出盡可能多的不同環繞狀態，直到把紙面畫滿為止。可把原型看作一個富於彈性的可以自由伸縮的物體，利用它的彎曲、拉伸、扭轉、纏繞、疊壓、穿插等變化創造全新的形態。抽象形、具象形不限，要注意新形態構成的美觀和巧妙。採用鋼筆淡彩的表現形式，用同一表現手法表現。紙張規格：A3 紙。（圖 1-32 ～圖 1-37）

(3) 分析與發現（課後作業）

對一種水果或蔬菜實物進行分解剖析，進行形態的深入觀察和分析。在一張紙上繪製 1 個原型和多個局部形象的手稿，並用文字記錄自己的分析結果。

方法：在市場找來一種自己感興趣的水果或蔬菜實物，先將這一實物原型畫在紙面一角。再把實物進行分解剖析，將分解後的各個形象勾畫下來，並用文字記錄分析結果。整個觀察和分析的過程，既要符合對象的基本特徵，又不能被看到的形象所局限，要善於發現對象各個部分的美感特徵。分解形象數量為 5~7 個，分解實物要盡量用手掰開，不要用刀去切割，要保留形態的自然美感。採用鋼筆淡彩的表現形式，用同一表現手法表現。紙張規格：A3 紙。（圖 1-38 ～圖 1-43）

(4) 聯想與創造（課後作業）

以一種水果或蔬菜形象為原型，進行形態的聯想和創造。在一張紙上繪製 1 個原型和 5 個變化形象的手稿。

方法：在上一次水果或蔬菜實物分析的基礎上，以這一個實物形象為原型，根據原型的某些局部形態特徵，進行全新構成形式的自由聯想與創造。構想出的 5 個形態各異的變化形象，相互之間不需要有關聯，但都要以原型的局部形態為依據。要注意每個變化形象的美感和完整性，要充滿聯想、想像和創造，每個變化形像要生動、活潑，具有藝術感染力和表現力。形象表現仍然要介於寫實與圖案兩種畫法之間。採用鋼筆淡彩的表現形式，用同一表現手法表現。紙張規格：A3 紙。（圖 1-44 ～圖 1-49）

圖 1-20　觀察與想像　林心悅

圖 1-21　觀察與想像　梁振興

圖 1-24　觀察與想像　姜文惠

圖 1-22　觀察與想像　張萌

圖 1-25　觀察與想像　龔萍

圖 1-23　觀察與想像　劉佳悅

圖 1-26　觀察與想像　劉佳悅

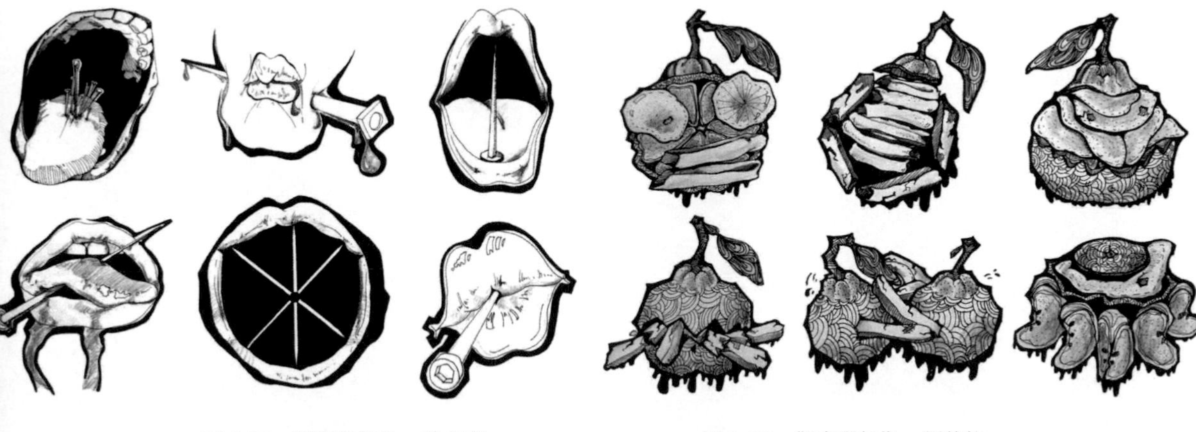

圖 1-27　觀察與想像　姜文惠

圖 1-30　觀察與想像　劉佳悅

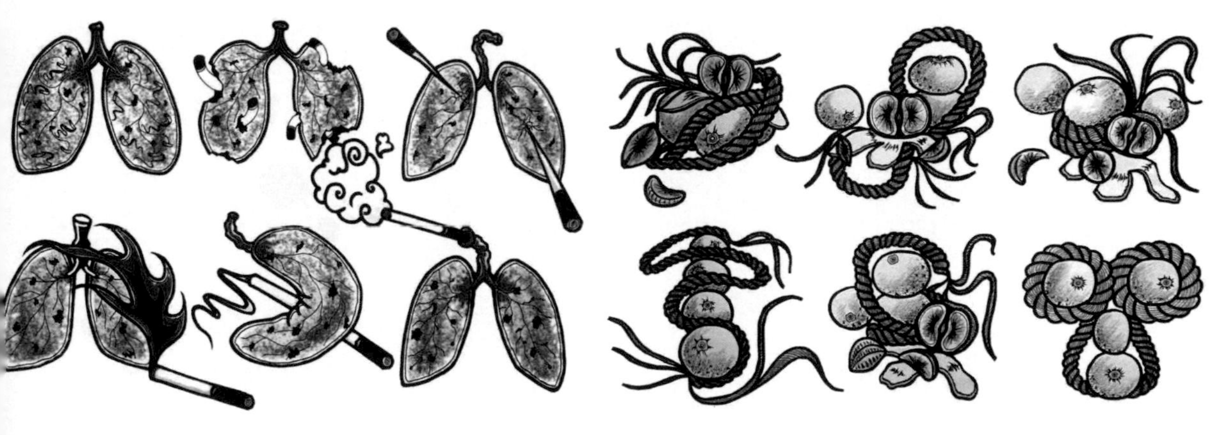

圖 1-28　觀察與想像　詹琰欣

圖 1-31　觀察與想像　詹琰欣

圖 1-29　觀察與想像　關曼玉

圖 1-32　形態與變化　陳豆

圖 1-33　形態與變化　丁藝

圖 1-36　形態與變化　王瀟雪

圖 1-34　形態與變化　王麗娜

圖 1-37　形態與變化　楊詩怡

圖 1-35　形態與變化　楊文玉

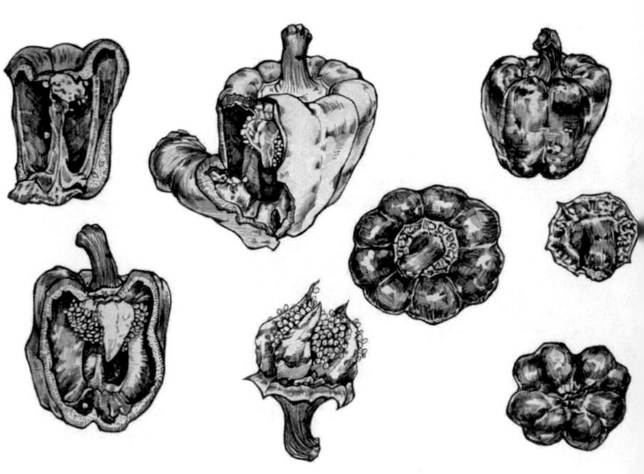

圖 1-38　分析與發現　劉佳悅

圖 1-39　分析與發現　周圓

圖 1-42　分析與發現　沈依娜

圖 1-40　分析與發現　阮明月

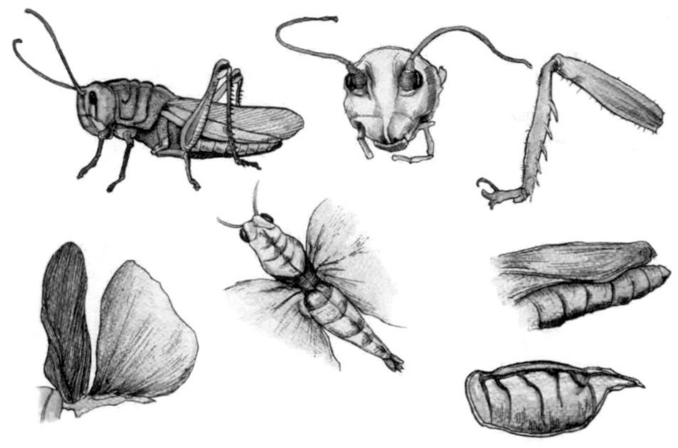

圖 1-43　分析與發現　許琳

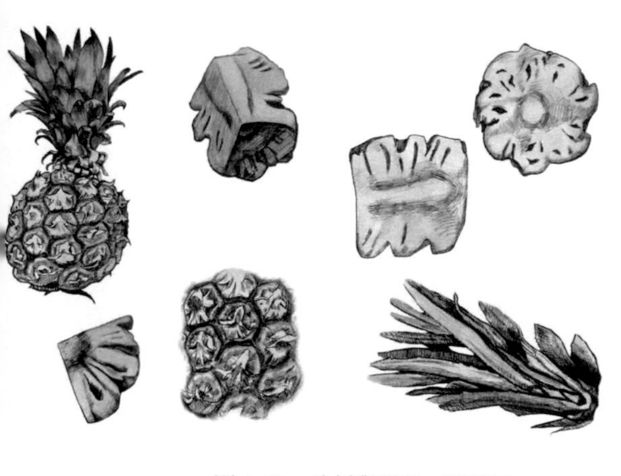

圖 1-41　分析與發現　闞曼玉

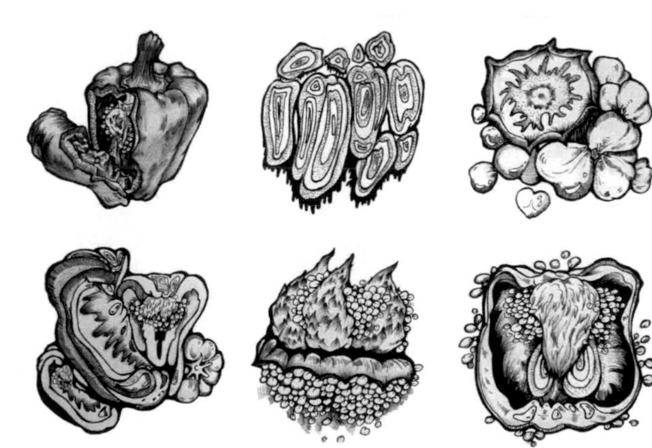

圖 1-44　聯想與創造　劉佳悅

圖 1-45　聯想與創造　周圓

圖 1-48　聯想與創造　沈依娜

圖 1-46　聯想與創造　阮明月

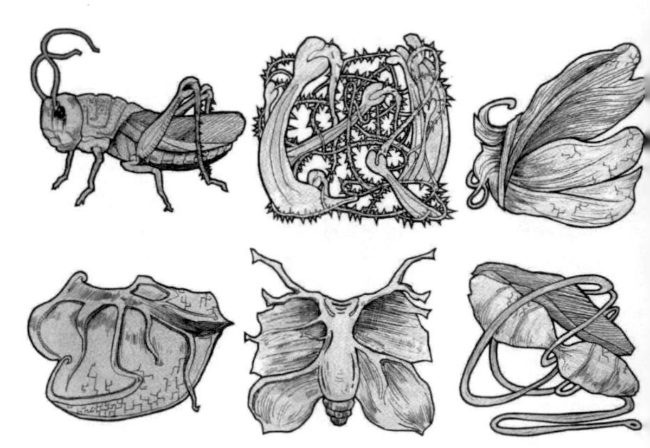

圖 1-49　聯想與創造　許琳

圖 1-47　聯想與創造　關曼玉

課題二
設計思考技法

思考技法，也稱創新技法，是創造學家根據創造思考的發展規律總結出來的一些原理、技巧和方法。思考技法的應用，既可以直接產生創新創造的成果，也可以發掘人的創造潛能，啟發人的創新思考，提高人的創造力和思考效率。服裝設計是服裝從無到有的創造活動，將思考技法應用於設計思考的開發和訓練，同樣可以幫助人們解決在設計過程中所遇到的問題。目前，人們總結出的思考技法有很多，比如腦力激盪法、5W2H 分析法、類比創造發明法等，但比較適合服裝設計思考訓練的思考技法，首推心智圖與和田思考。

一、心智圖訓練

心智圖，是英國學者托尼·布詹（Antony Peter Tony Buzan）傾數年心血發明的幫助人有效思考的工具。1980 年代，他的《心智圖——放射性思考》一書出版之後，便迅速普及，成為人腦思考研究的經典著作。借助於心智圖，人們可以進行更加有效的思考，其方法適用於生活的各個方面和各個領域。在服裝設計過程中，尤其是在設計師感到思考枯竭無助之時，心智圖便是最為便捷的可以提供幫助的有效工具。

（一）大腦思考機制

托尼·布詹在研究中發現：人的大腦，就是一臺龐大的、分枝聯想的超級生物電腦。一個大腦估計有一兆多個腦細胞（也稱神經元），每個腦細胞實際上只有針尖大小，樣子看起來像是超級章魚，中間有個身體，帶有成百或是上千根觸鬚。如果把它放在顯微鏡下放大了去看，每根觸鬚都像是樹幹，從細胞體向四周形成發散狀，因此這些觸鬚被稱為樹突。腦細胞的功能就是傳遞、儲存和加工資訊。（見圖 2-1）

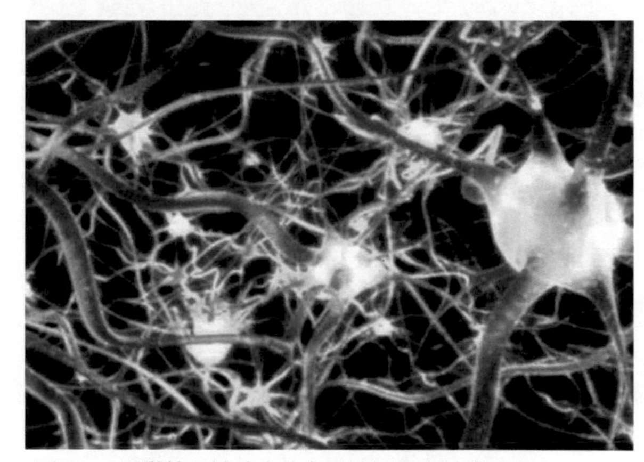

圖 2-1　顯微鏡下被放大的大腦神經細胞的構成狀態

在光學顯微鏡下觀察，可以看到每個腦細胞由細胞體和眾多的樹突兩部分構成。其中有根特別大而且長的分枝，名叫軸突，它是資訊傳遞的主要出口。每個軸突末梢都會有多個分支，最後每一小支的末端膨大呈蘑菇狀，叫做突觸小泡。這些突觸小泡可以與多個腦細胞的細胞體或樹突相接觸，形成突觸。每個突觸當中都包含一些化學物質，當一個腦細胞與另一個腦細胞連接起來，大腦電脈衝（電信號）通過時，化學物質便會「嵌入」接收表面，透過兩者之間微小的、充滿液體的空間傳遞著資訊。腦細胞每秒鐘能從相連的點上接收到成百上千個進入脈衝的資訊，它的作用就像是一臺巨大的電信交換機，以微秒為單位，快速地計算著所有進入的資訊，然後將它們導入合適的通道。(見圖 2-2)

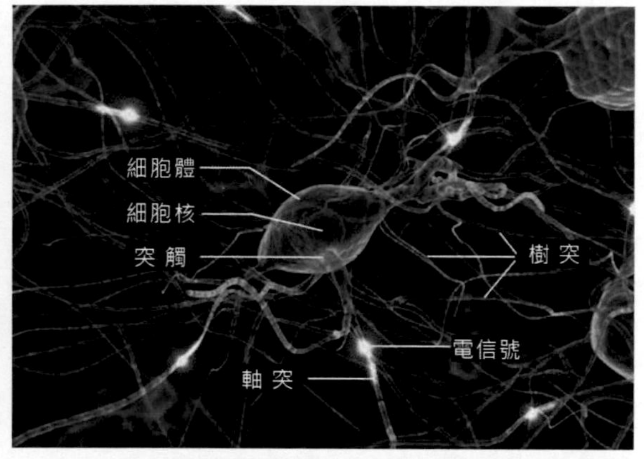

圖 2-2　電腦模擬繪製的大腦神經細胞的工作狀態

當人的大腦進入思考狀態中，大腦這臺生物電腦就開始了以某一內容為意向的高速運轉，與這一內容無關的腦細胞的接觸就相對受到抑制；與這一內容有關的資訊就容易被激活。腦細胞會不斷地進行各種連接的嘗試，不斷地刺激接收的資訊與沉澱的資訊之間的碰撞、變化和組合，以尋求新資訊的再生和新想法的出現。值得注意的是，這些嘗試的過程，常常具有先難後易的特徵。就好像是在叢林之中清理出一條小路來，第一次需要清除一些雜草纏藤，必然要費力一些；第二次走過就變得順暢容易了。經過的次數越多，遇到的阻力就會越小，再次返回的可能性就會越大，這條小路就會越變越寬，思考也就會變得越流暢。另外，這些嘗試的過程，大都是一閃而過或是在潛意識當中進行的，被意識調控和覺察到的只是其中的一小部分。就是這些部分，也大多是零散的和飄忽不定的，而且在不斷變化的。只有有意識地、及時地發現它、捕捉它，並不斷地刺激它，思考才能變得更加明瞭和富於條理。

人的意識的狀態是流動的，人們稱之為意識流或思想流。在意識流的流動狀態中，意識與潛意識不斷轉換，形成複雜、豐富的內心世界。人的意識的這種流動，決定了人的思考也是多變的、浮動的，它永遠不會滯留在一個固定的層面上。因此，在思考構想中，就需要及時運用文字或是形象，把所思所想記錄下來，否則它們就會很快地流逝過去。及時記錄大腦萌生的想法，不僅可以強化腦細胞之間的連繫，拓展聯想，同時還可以制約意識的自由流動，為思考把關定向，提高構想的速度和效率。

（二）心智圖的構成

托尼·布詹認為：人的大腦神經細胞的生態結構與大自然中眾多的植物生態結構類似，呈現放射性生物結構，就像樹木的枝幹狀態一樣，是從一點出發向四周發散生長的。(見圖 2-3)

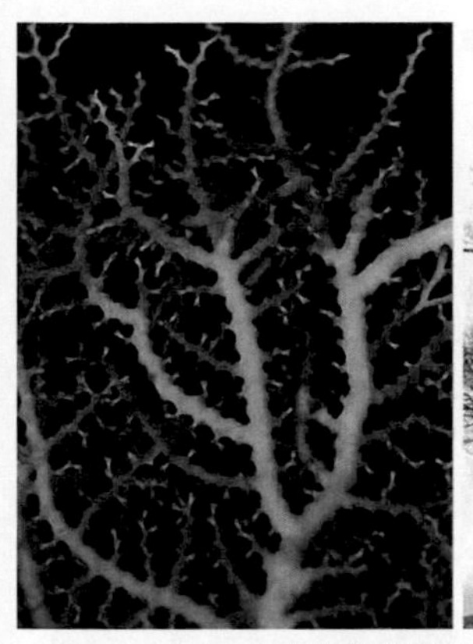

圖 2-3　大自然中眾多的植物生態結構類似，都呈現放射狀態

同時，他還發現偉大的藝術家李奧納多·達文西（Leonardo Da Vinci）在筆記中使用了許多詞、符號、順序和形態（見圖 2-4）。他意識到，這正是達文西擁有超級頭腦的祕密所在。在此基礎上，經過多年的研究和實踐檢驗，他發明了心智圖這一風靡世界的思考工具。

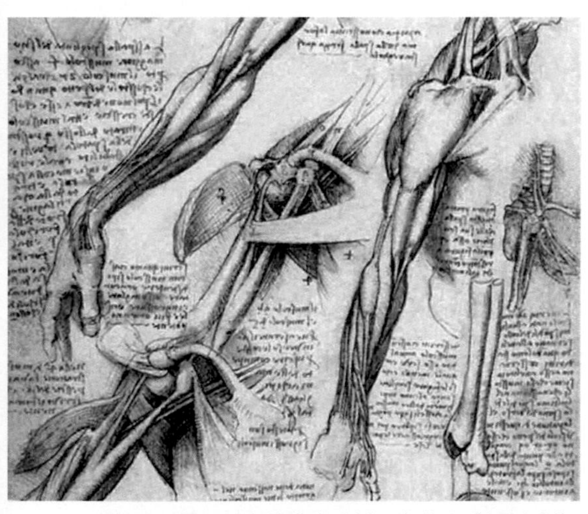

圖 2-4　運用詞和繪畫來分析思考的人體解剖手稿（作者：達文西）

心智圖的基本構架，就是仿照人的腦細胞以及樹木生長的發散結構狀態，進行主題的放射聯想，以順應大自然客觀規律，提高思考構想的效率。心智圖的製作方法非常簡便，只有以下三個環節。

1. 確定中心主題

在一張橫向擺放的紙中央寫出或畫出主題，根據主題的內容進行快速的放射聯想，並向四周畫出多條彎曲而粗壯的主幹枝條。然後，分別在每一條主幹上用文字標註由主題聯想到的關鍵詞或圖形（第一層聯想）。

主題文字或圖形一定要醒目突出。粗壯的主幹線條最好使用彩色筆塗顏色，用一種顏色表現思考的一個方面的內容。關鍵詞是由主題聯想到的與主題相關的內容，只能用字、詞或圖形標註，盡量不要用句子。

2. 添加枝幹和關鍵詞

對所有關鍵詞進行放射聯想，在每個主幹線條上畫出三、四條放射狀的枝幹線條，並分別在每個枝幹上填寫由關鍵詞聯想到的新關鍵詞（第二層聯想）。

要注意，心智圖紙面的上下方向是固定的，不能轉動或改變方向。關鍵詞仍然不能用句子。

3. 添加分支和關鍵詞

在第二層的每條枝幹線條上，再畫出三、四條放射狀的分支線條，並用相同方法在每個分支上標註新的關鍵詞（第三層聯想）。

在勾畫主幹、枝幹和分支線條時，可以想像著：每一個主幹就像是一棵正在生長的小樹，或是正在歡快地流淌並不斷分流的涓涓小河。只要脈絡清晰、思路順暢，勾畫和聯想的順序並沒有嚴格的規定。既可以一次完成一個主幹上的所有枝幹和分支，再去逐次勾畫其他的主幹；也可以同時向外發展，按照第一層、第二層、第三層的順序，一層一層逐步完成。

以上由主幹、枝幹和分支構成的三個聯想層次，是心智圖結構構成的基本框架。整個心智圖的圖形呈現出由粗到細、由少到多的枝繁葉茂的生長狀態（見圖 2-5）。就一般情況而言，勾畫到第三層就可以滿足一般的解決問題的需要了。如果問題還是沒有得到解決，可以更換一個新主題，勾畫另一張心智圖（見圖 2-6）。如果是為了思考訓練，還可以按照相同方法，讓思考繼續「生長」，畫到第四個或第五個層次，直到把紙面畫滿為止。

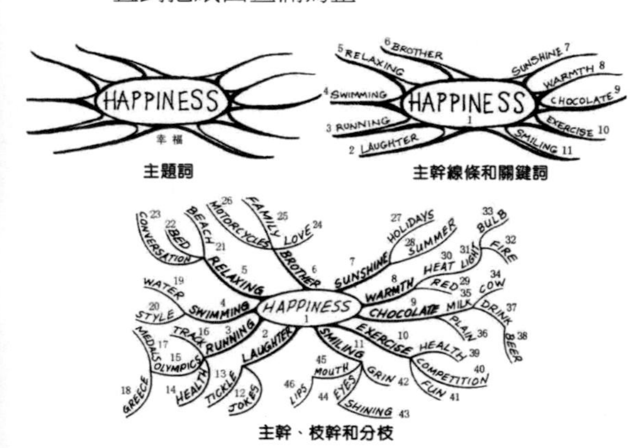

（1. 幸福　2. 大笑　3. 跑動　4. 微笑　5. 放鬆　6. 兄弟　7. 陽光　8. 溫暖　9. 巧克力　10. 練習　11. 微笑　12. 玩笑　13. 逗笑　14. 健康　15. 奧林匹克　16. 跑道　17. 獎章　18. 希臘　19. 水　20. 風格　21. 海灘　22. 床　23. 對話　24. 愛　25. 家庭　26. 摩托車　27. 假日　28. 夏天　29. 紅色　30. 熱　31. 光　32. 火　33. 燈泡　34. 母牛　35. 牛奶　36. 樸素　37. 喝　38. 啤酒　39. 健康　40. 競爭　41. 好玩　42. 咧嘴一笑　43. 閃耀　44. 眼睛　45. 嘴　46. 嘴唇）

圖 2-5　以「幸福」為主題的心智圖

（作者：托尼·布詹）

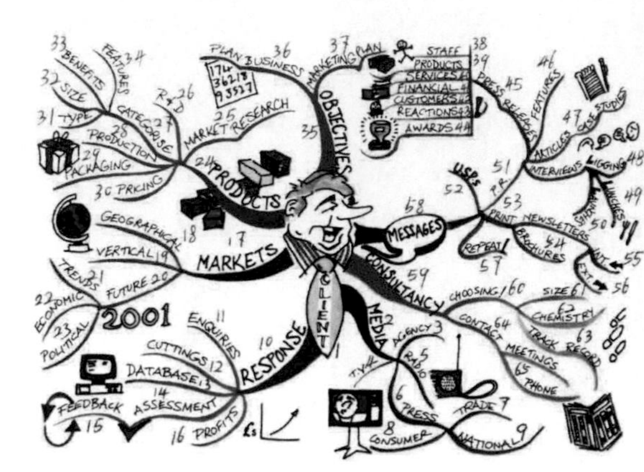

（1. 客戶　2. 媒體　3. 代理機構　4. 電視　5. 無線電臺　6. 報紙　7. 貿易　8. 消費者　9. 全國　10. 響應　11. 諮詢　12. 裁剪　13. 資料庫　14. 評估　15. 回饋　16. 簡介　17. 市場　18. 地理的　19. 垂直　20. 未來　21. 潮流　22. 經濟的　23. 政治的　24. 產品　25. 市場研究　26. 研究及發展　27. 分類　28. 生產　29. 包裝　30. 定價　31. 類型　32. 尺寸　33. 利益　34. 特性　35. 目標　36. 企劃業務　37. 行銷計畫　38. 員工　39. 產品　40. 服務　41. 財務　42. 客戶　43. 反應　44. 獎勵　45. 新聞發布會　46. 電視節目　47. 個案研究　48. 採訪　49. 午餐　50. 發動　51. P.R.　52. USPS　53. 印刷簡報　54. 產品簡介　55. 內部的　56. 外部的　57. 重複　58. 資訊　59. 諮詢　60. 選擇　61. 大小　62. 化學　63. 追蹤紀錄　64. 接觸會議　65. 電話）

圖 2-6　以「客戶」為主題的心智圖
（作者：托尼·布詹）

（三）心智圖的應用

心智圖是一種激發大腦快速聯想、快速思考和快速提取資訊的有效工具，它就如同一把開啟思考之門的鑰匙，在它的引導和幫助下，可以讓人在極短時間內獲得與主題內容相關的大量詞語或圖形，以獲得多種解決問題方案的可能性和基本資料。進而打破大腦空空如也、思考停滯不前的僵局，為思考的進一步深入化，準備好有利條件。

心智圖的應用，要按照「快速聯想、不做評價、自由勾勒」的原則進行：

① 快速聯想。就是聯想到什麼就記錄什麼，之後馬上聯想下一個。快速聯想可以讓人的意識流馬上流動起來，這樣可以在很短的時間內讓大腦開始高速運作，並進入無障礙思考狀態。快速聯想還可以集中人的注意力，將儲存在大腦裡的資訊，尤其是能迅速地捕捉和提取潛意識當中的資訊。

② 不做評價。就是不要過早地去做評價，不必探究聯想到的詞語是否有用，只要是與主題相關的詞語，不管有沒有價值都可以使用。最好能把聯想到的事物形象也一同簡略地（符號化地）描繪出來，以充分調動人的左右腦機能，激活整個大腦的創造潛能。

③ 自由勾勒。心智圖在具體的表現方式上，並沒有嚴格的公式要求，注重的只是思考的效率和結果。只要按照心智圖的由中央向四周發散生長的基本構架進行聯想，具體採用直線還是曲線、每一層次聯想幾個、勾勒到幾個層次等都是靈活自由的。當然，在思考訓練當中，畫面的形式美感和均衡布局還是需要考慮的。但在實際應用當中，需要的只是聯想的脈絡和結果。

心智圖在服裝設計中的應用，主要包括概念心智圖、圖形心智圖和問題心智圖三種形式。

1. 概念心智圖應用

以某一概念為主題的心智圖，主要有三方面用途：

① 用於服裝設計大賽的參賽。可以借助於心智圖對參賽命題進行深入的分析，以尋找設計方向和確定參賽作品的主題。

② 用於服裝企業的產品企劃。借助於心智圖，可以確定新產品的設計主題，以及對目標消費群的生活方式、生活訴求、產品需要等做出分析和判斷。

③ 用於服裝設計思考訓練。透過心智圖的教學和訓練，可以強化學生的聯想能力，開發學生的創造潛能，增強專業學習的興趣和自信。（見圖 2-7）

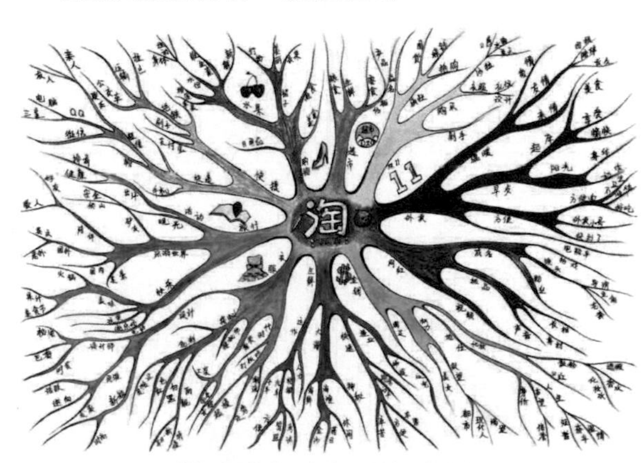

圖 2-7　以「淘寶網購」為主題的概念心智圖
（作者：張婭旻）

心智圖完成之後，若想讓這些思考聯想進一步發揮效用，最好的方法就是透過編造故事激活每一個概念，以使自己的思考進一步深化並萌生創意。具體的做法包括串聯概念、編造故事、構想情境三個環節：

① 串聯概念。在心智圖產生的眾多概念當中，挑選自己認為有用或是感興趣的五個以上的概念，並將其隨意進行連接和組合嘗試，找到有興奮感的組合。

② 編造故事。根據自己的興奮點，按照不同的思路線索，編造幾個不同於尋常的有新鮮感的小故事。故事不求完整，但一定要充滿想像力並具有新奇感。

③ 構想情境。進一步構想每個故事的情境，包括涉及的人物、衣著、服飾品、道具、場景、環境等，還有故事的發展及結局等。經過這樣的聯想和想像，心智圖所產生的概念，就會被再次激活，成為服裝設計的創意誘因和創作構想的原始素材。

2. 圖形心智圖應用

從人的視覺心理角度來講，圖形要比文字更加直觀，更能吸引人的注意力，更容易引發人的具體思考和誘發人的創造力。以某一圖形為主題的心智圖，主要有三方面用途：

① 用於輔助服裝設計的構思。邊構想、邊勾畫設計草圖，有助於服裝設計構思速度的提升，這是所有設計師的共識。如果再穿插一些以某一形態變化、某一表現手法或某一構成方式為主題的心智圖，則會大大拓展思考的寬度，提升構想的品質。

② 用於服裝某部位或服飾品的設計。服裝各個部位的構成，具有相對的獨立性和完整性，且服裝各個部位的體積都較小。因此，特別適合應用圖形心智圖引發聯想，萌生創意（參見本教材課題六中「衣領創意構想」學生作業）。同時，服飾品的設計，也是服裝設計的重要組成部分。尤其是在參賽服裝系列作品的設計中，服飾品就是烘托創意氛圍、營造主題情境和充實服裝內容的不可或缺的設計思想的外延。應用圖形心智圖進行服飾品的設計，同樣可以獲得顯著的成效。

③ 用於形態延伸構想的訓練。形態的變化、構想和表現的造型能力，是學習服裝設計必須掌握的基本能力。簡簡單單的「一張紙的變化」，就會擁有千人千面、無窮無盡的變化結果。如果具備了這樣靈活多變的造型能力，服裝設計也就盡在不言中（見圖 2-8）。如果「一張紙的變化」還不夠，還可以進行「兩張紙的變化」、「紙在人檯上的變化」等深入訓練。

圖 2-8　以「紙的變化」為主題的圖形心智圖（作者：張婭旻）

以某一圖形或是形象為主題的心智圖，構想出的結果都是圖形或形象。這些圖形或形象與服裝設計中的服裝形象，具有異質同構性，存在的只是構想的「紙面」與構想的「布料」之間的細微差別而已。其中較為生動的圖形或形象，可以喚起設計師潛在的審美經驗，完全可以將其直接或是再經加工改造應用在服裝設計當中。圖形心智圖，並不需要勾畫出聯想的脈絡，只要標註第一層聯想的關鍵詞即可。但每一區域裡圖形的變化手法必須相同，要按照關鍵詞的引導進行延伸。

3. 問題心智圖應用

在服裝設計過程中，會遇到各種各樣的問題。以某一問題為主題的心智圖，其主要用途就是解決在設計構思中所遇到的問題，比如形態與人體的關係、款式與造型的關係、結構與服裝狀態的結合、多種衣料材質的組合等。遇到類似這樣的一時難以理清思路的問題，就可以借助於問題心智圖尋找解決問題的方法（見圖 2-9）。然後，在構想出的各種解決方法中，選取一種方案直接應用或是幾種想法再經綜合，就可以得到最佳的解決方案。

在心智圖的應用中，有人會覺得勾畫心智圖的過程比較麻煩，構想出的概念或是形象，也未必就能直接應用在設計當中，因而有些為難的情緒。其實，心智圖的實際應用非常簡便，重在實用和實效。隨意地畫畫即可，並不需要顧及畫面的美感。再就是要清楚「磨刀不誤砍柴工」的道理，尤其是在參賽作品設計、畢業設計等需要成衣製作的設計過程中，心智圖是最便捷可靠的工具，它總能在你感到困惑的時候，幫助你找到解決問題的方法。

圖 2-9　以「形態與人體」為主題的問題心智圖
（作者：劉凱燕）

二、和田思考訓練

和田思考法，也稱「和田創新十二法則」，是學者許立言、張福奎在和田路小學指導學生創造發明時，在美國創造學家亞歷克斯·奧斯本（Alex Faickney Osborn）「檢核表法（Check List Method）」的研究基礎上提煉和總結出來的，並因和田路小學而得名。和田思考法是一種簡便實用、通俗易懂的用於發明創造的思考技法，對於新產品的開發設計非常具有幫助，將該方法用於服裝設計，也具有非常顯著的實效，可以幫助設計師開闊視野，拓寬思路，提高思考效率。

（一）「創造之母」的啟示

「檢核表法」的基本概念是：檢，是檢查；核，是核對；整體上是指根據需要研究的對象特點列出有關問題，形成一個檢查明細表，再按檢查明細逐項核對，從而發掘出解決問題、增加設想的思考技法。

人們創新創造的最大敵人，就是思考的惰

性。人的思考總是自覺或不自覺地沿著長期形成的思考模式去看待事物，對問題不敏感，也不愛動腦筋。即使看出了事物的不足，也懶於思考，因而難以有所創新。奧斯本發明的檢核表法，就是想用多條提示，引導人們去主動地發散性思考。檢核表法中有九大類問題，就好像有 9 個人從 9 個角度去勸導你去思考一樣，突破了人們不願提問或不善提問的心理障礙。在進行逐項檢核時，強迫人們拓展思考，突破舊的思考框架，開拓創新的思路。奧斯本在研究了大量現代科學發現、發明和創造事例的基礎上，歸納制定的檢核表，對於任何領域的創造性地解決問題都具有適用性。人們運用這種思考技法，產生了大量的發明創造，這一技法由此被譽為「創造之母」。

檢核表法的核心關鍵詞是改進，透過變化來改進。它主要用於新產品創造發明和研製開發。檢核表法共分九大類大約 75 個問題。(見圖 2-10)

	檢核項目	內容
1	能否他用	現有的事物有無其他的用途、保持不變能否擴大用途；稍加改變有無增加用途
2	能否借用	能否引入其他的創造性設想；能否模仿別的東西；能否從其他領域、產品、方案中引入新的元素、材料、造型、原理、工藝、思路
3	能否改變	現有事物能否做些改變？如顏色、聲音、味道、樣式、花色、聲響、品種、意義、製造方法；改變後效果如何
4	能否擴大	現有事物可否擴大適用範圍：能否增加使用功能；能否添加零件，延長使用壽命，增加長度、厚度、強度、頻率、速度、數量、價值
5	能否縮小	現有事物能否體積變小、長度變短、重量變輕、厚度變薄以及拆分或省略某些部分；能否簡單化、濃縮化、省力化、方便、短路化
6	能否替代	現有事物能否用其他材料、零件、結構、設備、方法、符號、聲音等代替
7	能否調整	有事物能否變換排列順序、位置、時間、速度、計畫、型號；內部零件可否交換
8	能否顛倒	現有的事物能否從裡外、上下、左右、前後、豎、主次、正負、因果等相反的角度顛倒過來用
9	能否組合	能否進行原理組合、材料組合、零件組合、形狀組合、功能組合、目的組合

圖 2-10　奧斯本檢核表法包括九大類大約 75 個問題

檢核表法的基本操作方法：先選定一個有待改進的對象（一個要改進的舊產品或是一個新方案），針對這個產品或方案，利用檢核表各個項目內容的每一個問題的思路，一個一個去核對和尋找答案，並由此產生大量的新想法。最後，再對這些新想法進行篩選和進一步思考，完善新想法，形成新的解決問題的方案。

在創新創造過程中，善於提出問題對於設計發明非常重要，因為提問本身就是一種思考的突破和創造，奧斯本的檢核表法的重要意義正是如此。它不僅設定了一個正確的導向，使人們求解問題的角度變得具體化和便捷化，還能利用檢核表所帶有的強制性思考的過程，讓人們不自覺地突破不願意提問和不願意思考的心理障礙。這一技法突出的實效性，使它能夠在眾多的思考技法中脫穎而出、聲名顯赫。但它也有明顯的缺欠，就是檢核表的內容過於繁雜，不利於記憶，使用時有機械呆板之感，缺少應有的創造熱情和活力。

(二)「十二個一」的內容

和田思考法，是「洋為中用」的一個較好的典範。創作者在和田路小學利用奧斯本的檢核表法指導中小學生開展創造發明的過程中，該檢核表存在的過於煩瑣和不易記憶等缺點更加鮮明地暴露出來，和田思考法也隨著對檢核表所存在問題的不斷改進後應運而生。

和田思考法將奧斯本的檢核表中的九大類75個問題進行了高度濃縮，提煉出了方便記憶和使用的「十二個一」，即「加一加、減一減、擴一擴、縮一縮、改一改、變一變、學一學、代一代、聯一聯、搬一搬、反一反、定一定（本書改為組一組）」。同時，也將12個項目的內容進行了最佳化和簡化，可以將使用者直接帶入思考問題階段，節省了許多中間環節，提高了思考效率。由於和田思考法既保持了奧斯本檢核表法的高效率和能把問題具體化等長處，又具有記憶方便、使用便捷等優點，所以這一思考技法得以廣泛流傳，成為思考技法中的又一經典。也可以說，這一技法本身，就是採用「十二個一」創造的成果。(見圖2-11)

和田思考法在服裝設計思考訓練中應用的構成形式和操作方法如下。

(1) 先把一張A3大小的紙張橫向擺放，再選定一個有待改進的對象，作為思考構想的原型，並把它簡略地勾勒在紙面中間。

	項目	內容
1	加一加	加高、加長、加厚、加多、附加、增加等
2	減一減	減輕、減少、削減、壓縮、省略等
3	擴一擴	放大、擴大、誇大、加倍、提高功效等
4	縮一縮	壓縮、縮小、收縮、縮短、變窄、分割、減輕、密集、微型化等
5	改一改	改進、完善、改掉缺點、改變不便或不足之處
6	變一變	變革、變形、變色、變味、互換、重組、改變方向、改變位置、改變次序、改變狀態等
7	學一學	模仿形狀、結構、方式、方法，學習先進技術等
8	代一代	用別的材料代替，用別的方法代替，用別的形態代替
9	搬一搬	換個地區、換個行業、換個領域，移作他用
10	聯一聯	原因和結果有何關聯，把某些似乎不相干的東西連繫起來
11	反一反	顛倒、反轉，能否把次序、步驟、層次顛倒一下
12	組一組	組合、重組、打散重組、部件互換

圖2-11　和田思考法的思考一覽表，內容便於記憶和使用

(2) 將紙面橫向或是縱向進行劃分，畫出12個一樣大的區域。將本書中的和田思考法思考一覽表放在旁邊，面對這個「有待改進的對象」，利用思考一覽表中「十二個一」的提示，逐一思考和構想原型變化後的形象，並將由此產生的多個不同的新形象勾畫記錄下來。

(3) 對這些構想出的新形象進行比對和篩選，將其直接或是進一步思考和完善後用於自己的設計。

(三)和田思考法的應用

和田思考法是幫助人們進行深入思考的工具，它的「十二個一」就如同12個方向標，可以讓人帶著問題進行思考，朝著目標進

行探求，不斷開拓著思考想像的空間，將人的思考逐漸引向深入。和田思考法的應用，要按照「快想快畫、改來改去、活學活用」的原則進行：

① 快想快畫。「十二個一」實際上就是 12 條思考線索，在「加一加」、「減一減」這樣目標明確具體的關鍵詞引導下，構想的思路會變得非常清晰，有助於具體思考的快速思考。快想快畫，排除雜念，更有利於擺脫理性約束，發揮感性優勢。

② 改來改去。改進，不斷改進，不斷地透過變化來改進，從而構想能讓原型發生變化的各種可能，這也正是和田思考法的核心主張。要不斷地改，不厭其煩地改，改過來再改過去。一個方面修改完了，再去修改其他方面。

③ 活學活用。向原型之外的其他事物學習，將其他事物的特徵或是優點引入，也是和田思考法慣常的做法。在學習、挪用、代替和聯結當中，活學巧用、靈活巧妙，就是出奇制勝的法寶。

和田思考法的最主要特色，就是方便於使用。「十二個一」不僅內容非常容易記憶，用過一兩次即可爛熟於心，而且，在適用性方面也具有很好的廣泛度。它既適用於所有產品的創新設計，也適合於中後期的設計構思，可以促使設計構想不斷深入和達到完善。和田思考法在服裝設計中的應用，主要有服飾品、服裝局部和服裝整體三方面用途。

1. 服飾品和田思考應用

以某一服飾品形象為原型進行和田思考訓練，可以選擇的原型主要包括鞋、包、帽子、手套、腰帶等（見圖 2-12 ～圖 2-14）。服飾品的設計訓練，重在開發人的想像力和創造力，可以不受服飾品實用功能的限制，但要考慮新穎性、完整性和美感。反過來說，新穎性、完整性和美感，是評價思考品質的三項重要標準。同時，構想出的結果，不能有相同或相近的形象存在。服飾品的設計訓練，不僅有利於服飾品的設計構想，而且對開發服裝設計思考也大有幫助。它可以讓人從服飾品的構想中，聯想到服裝設計，大大增加服裝設計的自信心，並可從中獲得很多啟迪。

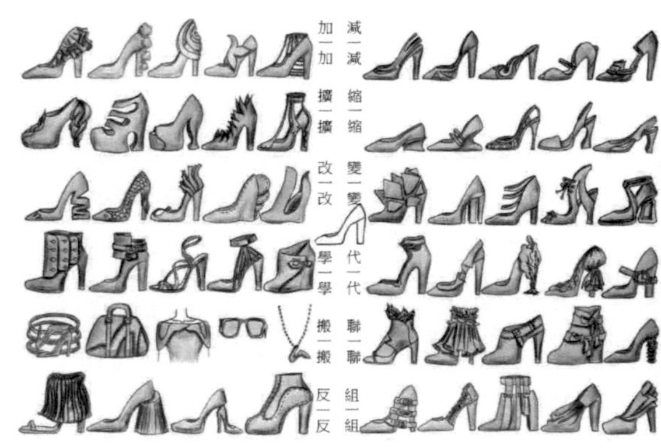

圖 2-12　以鞋為原型的和田思考訓練
（作者：胡問渠）

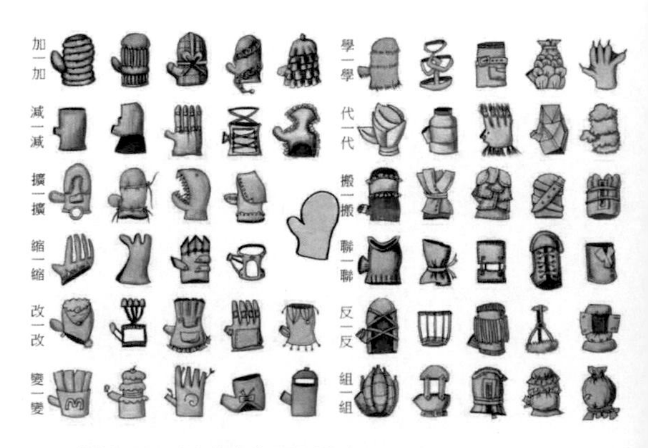

圖 2-13　以手套為原型的和田思考訓練
（作者：蔡璐妤）

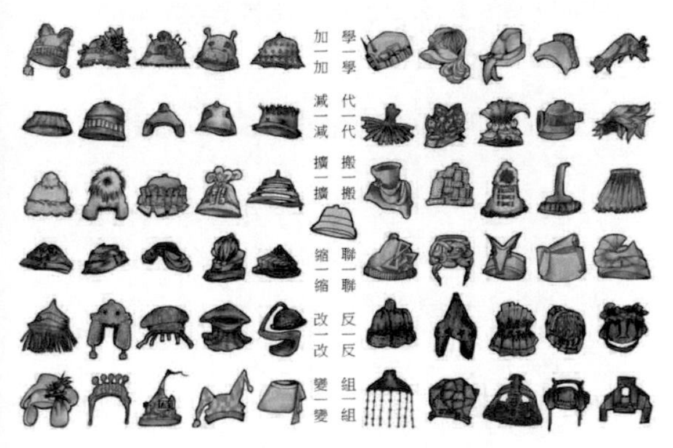

圖 2-14　以帽子為原型的和田思考訓練
（作者：麻旭迅）

2. 服裝局部和田思考應用

以服裝某一部位為原型的和田思考訓練，可以選擇服裝的任何部位或是任何局部形態作為思考構想的原型，比如衣領、口袋、袖子、袖口、門襟、褲腰、裙帶、圖案、結構、工藝、扣合方式、表現手法、裝飾手段、某一局部形態等，只要能夠構成一個相對完整的形象，就可以成為和田思考構想的原型。以服裝某一部位為原型的和田思考訓練，既可以作為單一部位的拓展訓練內容，也可以作為服裝設計的切入點。透過衣領、口袋或是某一局部形態的構想，可以將其延伸到服裝的其他部分，進而完成服裝整體形象的設計構思。

3. 服裝整體和田思考應用

以服裝某一款式的整體形象為原型進行和田思考訓練，重在突破服裝現有構成模式和常態慣性思考的束縛，以產生全新的創意構想。這樣的訓練，可以不管服裝的功能，但要顧及服裝與人體的關係，要理清形態或是布料的來龍去脈，要努力創造一種全新的樣式。也就是說，要按照依附性、條理性和新鮮感三項標準進行創意想像。勾畫的服裝形象，要盡可能把它安放在簡略的人體上，以表明服裝與人體的互為依存的密切關係，也為服裝的造型創意找到令人信服的可以存在的依據。（見圖 2-15）

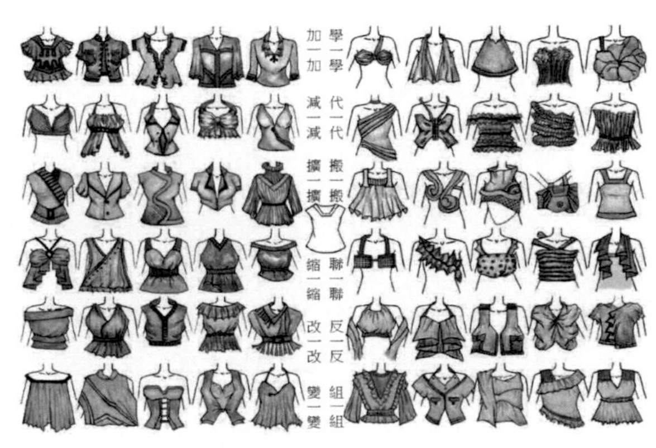

圖 2-15　以服裝為原型的和田思考訓練
（作者：韋玲玲）

關鍵詞：突觸　意識流　腦力激盪法　5W2H 設問法　異質同構

突觸：神經醫學術語，是指一個神經元與另一個神經元相接觸的部位。它是神經元之間在功能上發生連繫和資訊傳遞的關鍵部位。

意識流：由美國心理學家威廉·詹姆斯（William James）提出的心理學術語，指人的意識活動持續流動的性質。它既強調思考的不間斷性，即沒有「空白」，始終在「流動」；也強調其超時間性和超空間性，即不受時間和空間的束縛。因為意識是一種不受客觀現實制約的純主觀的東西，它能使感覺中的現在與過去不可分割。這一概念直接影響了文學創作，導致了「意識流」文學的產生。

腦力激盪法：是美國創造學家奧斯本（Alex Faickney Osborn）首次提出的思考技法，是指以會議討論的形式進行無限制自由聯想的激發思考的方法。它有四項原則：

① 追求數量：此規則是一種產生多種分歧的方法，旨在遵循量變產生質變的原則來處理論題。假設提出的設想數量越多，越有機會出現高明有效的方法。

② 禁止批評：在腦力激盪活動中，針對新設想的批評應當暫時擱置一邊。相反，參與者要集中努力提出設想、擴展設想，把批評留到後面的批評階段進行。若壓下評論，與會人員將會無拘無束的提出不同尋常的設想。

③ 提倡獨特的想法：要想有多而精的設想，應當提倡與眾不同。這些設想往往出自新觀點中或是被忽略的假設裡。這種新式的思考方式將會帶來更好的主意。

④ 綜合並改善設想：多個好想法常常能融合成一個更棒的設想，就像「1+1=3」這句格言說的一樣。事實證明綜合的過程可以激發有建設性的設想。

5W2H 分析法：又叫「七何分析法（5W2H analysis）」。它以 5 個「W」和 2 個「H」開頭的英語單詞為引導詞進行設問，從而發現解決問題的線索，尋找新的思路。內容包括「Why」（為何）、「Where」（何處）、「When」（何時）、「Who」（由誰做）、「What」（做什麼）、「How」（怎樣做）、「How much」（多少）七個大類問題。

異質同構：是完形心理學（Gestalttheorie）的理論核心，以美國現代心理學家魯道夫·阿恩海姆（Rudolf Arnheim）為代表。它指在外部事物的存在形式、人的視知覺組織活動和人的情感以及視覺藝術形式之間，有一種對應關係，一旦這幾種不同領域的「力」的作用模式達到結構上的一致，就有可能激起審美體驗，即「異質同構」。在異質同構的作用下，人們才在外部事物或藝術品的形式中直接感受到「生命」、「運動」、「平衡」等性質。

課題名稱：思考技法訓練

訓練項目：

(1) 概念心智圖
(2) 圖形心智圖
(3) 問題心智圖
(4) 服飾品和田思考
(5) 服裝和田思考

教學要求：

(1) 概念心智圖（課堂訓練）

任選一個自己感興趣的字或詞語作為中心主題，繪製一張概念聯想心智圖手稿。

方法：自擬一個詞語作為中心主題，採用名詞、動詞均可，但不能用句子。先將中心主題放在紙面中央，再根據中心主題的概念意義進行快速聯想，並將聯想到的相關詞語記錄下來，完成本練習。先用鉛筆打草稿，再用黑色中性筆和彩色鉛筆定稿。聯想要涉及主幹、枝幹和分支 3 個以上層次，直到把紙面寫滿為止。聯想的內容以文字表述為主，能圖文並茂地表現效果更好。注意：中心主題的字體表現要粗壯而鮮明。勾畫的放射線條要盡量使用曲線，並要呈現由粗到細、由少到多的發散生長狀態。紙面要橫向擺放，不可以轉動。紙張規格：A3 紙。（圖 2-16 ～圖 2-22）

(2) 圖形心智圖（課後作業）

以「紙的變化」為主題，繪製一張圖形變化心智圖手稿。

方法：先以畫面中央為中心點，劃分出 6 個或是 8 個區域。在中心點畫出一張紙的形象，寫出「紙的變化」中心主題。圍繞著中心主題，向各個區域畫出主幹走向的箭頭，並標註關鍵詞。關鍵詞可在「彎曲、撕扯、剪切、折疊、扭轉、纏繞、擠壓、鏤空、編織、縫合、立體、穿插」當中任選，也可以自擬。然後，分別按照關鍵詞的提示，勾畫所構想到的紙的變化形狀。先用鉛筆快速地勾畫草稿，再用黑色中性筆定稿。圖形要簡潔優美、大小適當，不能出現雷同，直到把紙面畫滿為止。最後，用彩色鉛筆在每個圖形的外邊著色，一個區域用一種顏色，以區分不同的構想思路。紙張規格：A3 紙。（圖 2-23 ～圖 2-28）

(3) 問題心智圖（課後作業）

以「形態與人體」為主題，繪製一張以解決問題為目的的心智圖手稿。

方法：在衣料構成的形態中任選一種形態，要具有一定的完整性、延展性和美感。關鍵詞可在「頭部、頸部、肩部、上肢、手腕、胸部、腰部、臀部、下肢、腳部」當中任選，也可以自擬。按照形態與人體的相互關係，構想兩者結合的不同形式和不同狀態。要充分發揮想像力和創造力，形態只是形態本身，與已有服裝無關。勾畫出的形象，要包括形態和人體部位兩部分。形態要著色，人體不著色。其他要求同上。（圖 2-29 ～圖 2-34）

(4) 服飾品和田思考（課堂訓練）

按照和田思考一覽表的內容，繪製一張以服飾品為原型的「十二個一」思考構想手稿。

方法：先把紙面橫向或縱向分出 12 個等大區域，在包、鞋、帽子、手套、腰帶等服飾品中任選其一，把簡略的服飾品原型勾畫在紙面中央。按照和田思考一覽表中「十二個一」的項目提示進行創意構想，並勾畫出結果。每個區域的構想要在 4 個以上。採用鋼筆淡彩的方式，先用鉛筆打草稿，再用中性筆和彩色鉛筆定稿，一個區域只用一種顏色。紙張規格：A3 紙。（圖 2-35 ～圖 2-40）

(5) 服裝和田思考（課後作業）

按照和田思考一覽表的內容，繪製一張以服裝款式為原型的「十二個一」思考構想手稿。

方法：服裝款式可以在 T 恤、外套、洋裝、裙子、短褲、長褲等形象中任選其一。其他要求同上。（圖 2-41 ～圖 2-46）

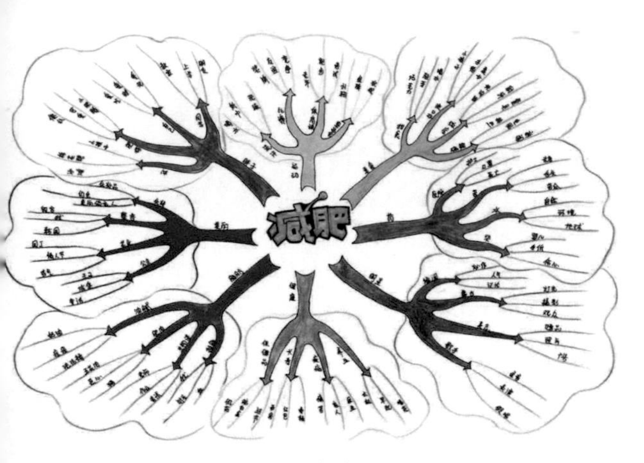

圖 2-16　概念心智圖　解玲玲

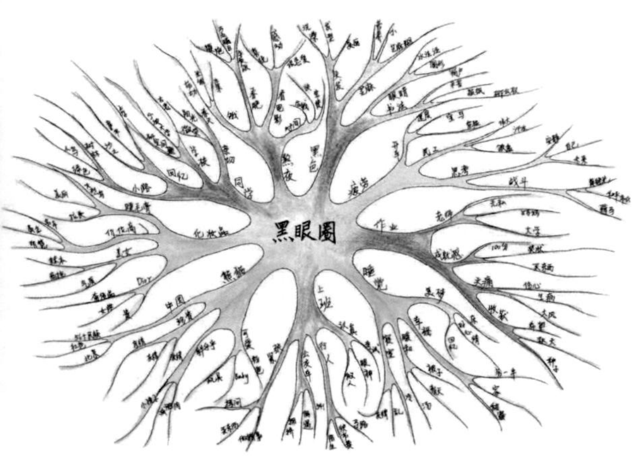

圖 2-17　概念心智圖　鍛鍊

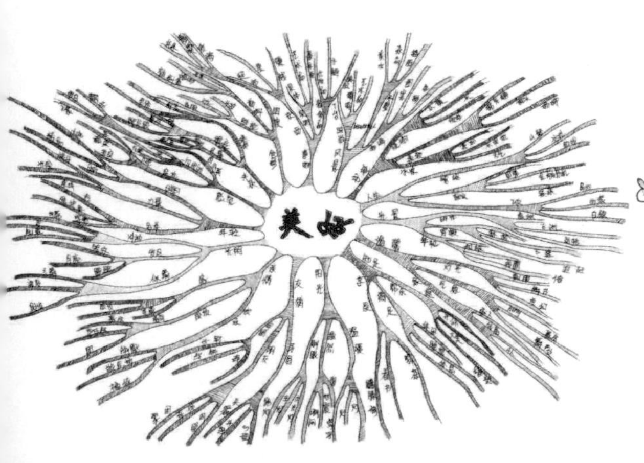

圖 2-18　概念心智圖　張樂意

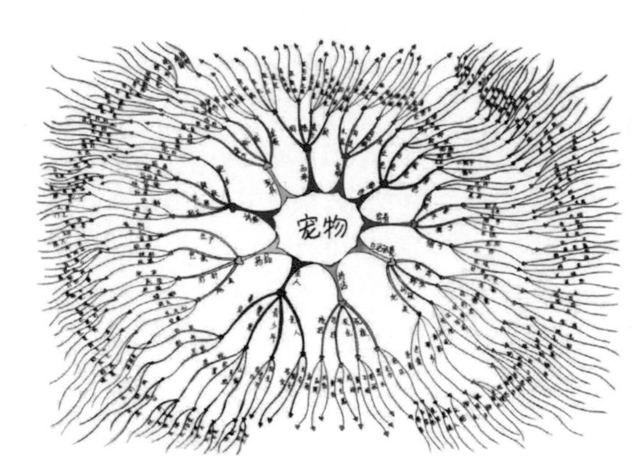

圖 2-19　概念心智圖　葉其琦

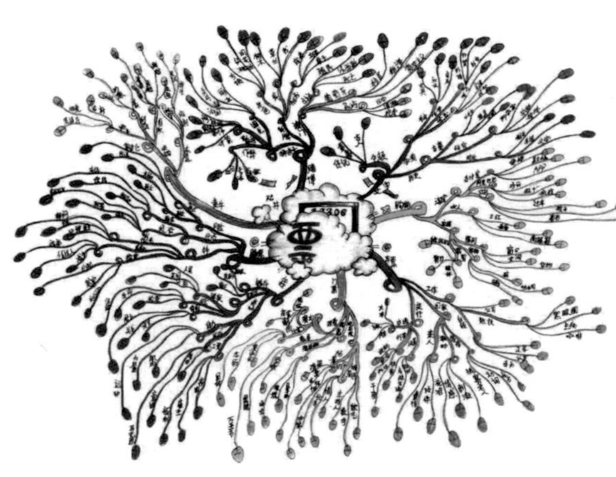

圖 2-20　概念心智圖　張琳

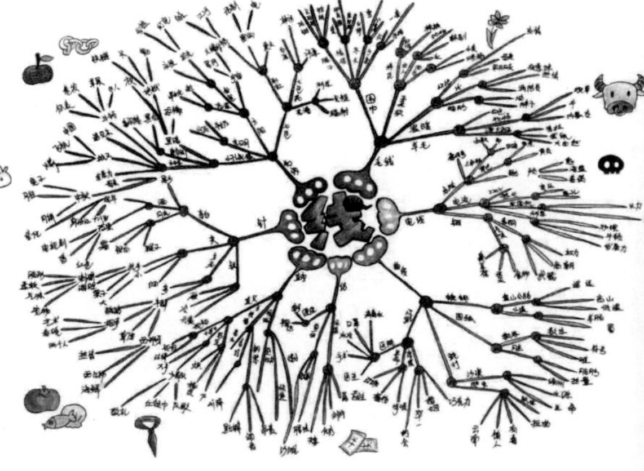

圖 2-21　概念心智圖　韓易君

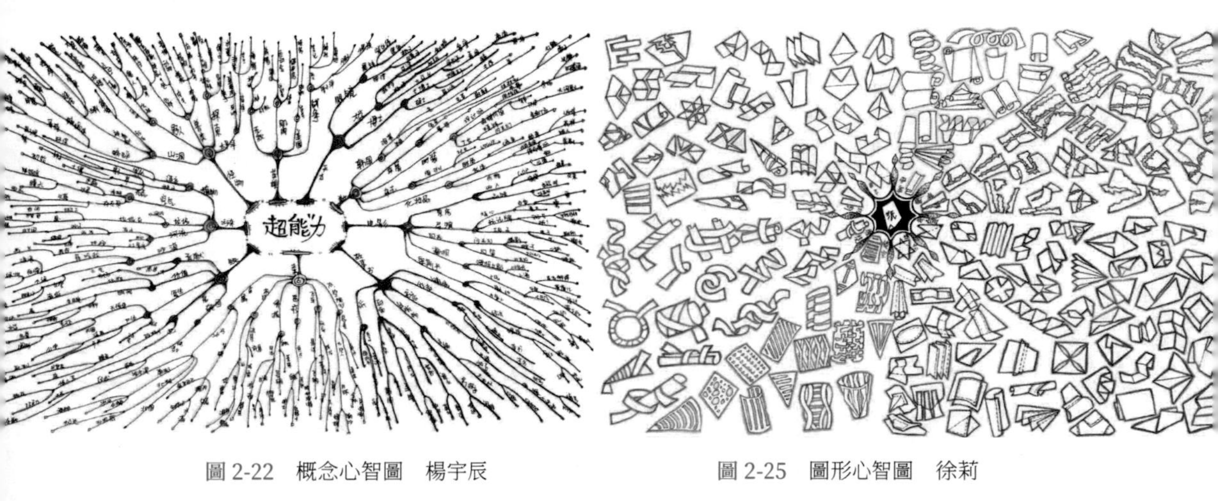

圖 2-22　概念心智圖　楊宇辰

圖 2-25　圖形心智圖　徐莉

圖 2-23　圖形心智圖　龔萍萍

圖 2-26　圖形心智圖　姚沅溶

圖 2-24　圖形心智圖　陶元玲

圖 2-27　圖形心智圖　邱垚

圖 2-28　圖形心智圖　徐曉宇

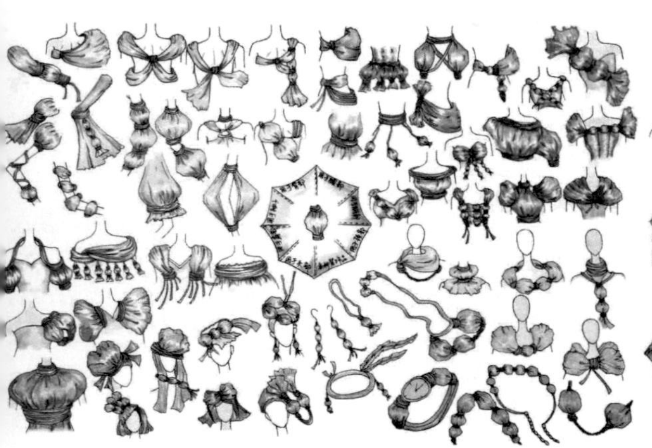

圖 2-29　問題心智圖　楊美玲

圖 2-30　問題心智圖　李咪娜

圖 2-31　問題心智圖　劉靜玫

圖 2-32　問題心智圖　李暢

圖 2-33　問題心智圖　胡問渠

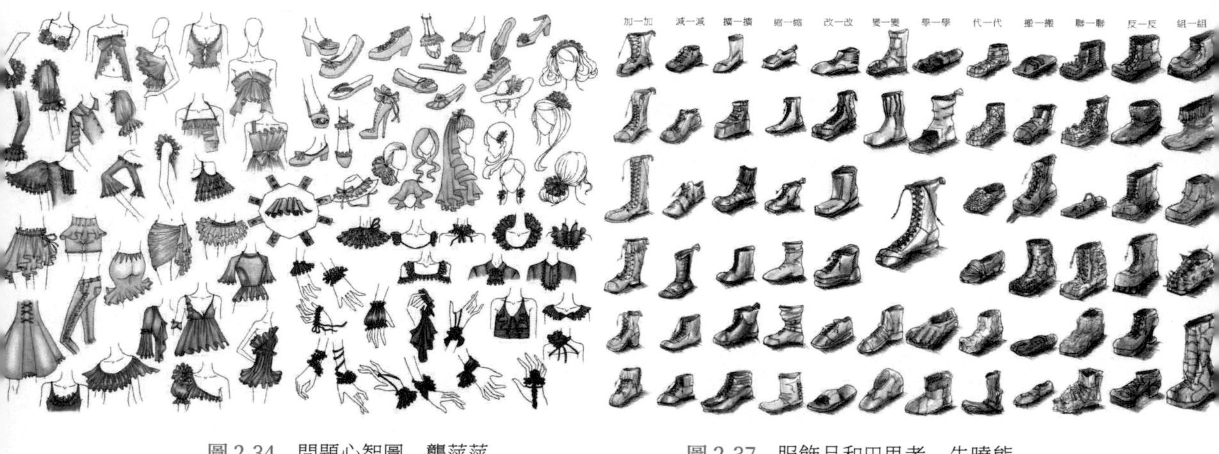

圖 2-34　問題心智圖　龔萍萍

圖 2-37　服飾品和田思考　朱曉熊

圖 2-35　服飾品和田思考　秋垚

圖 2-38　服飾品和田思考　龔萍

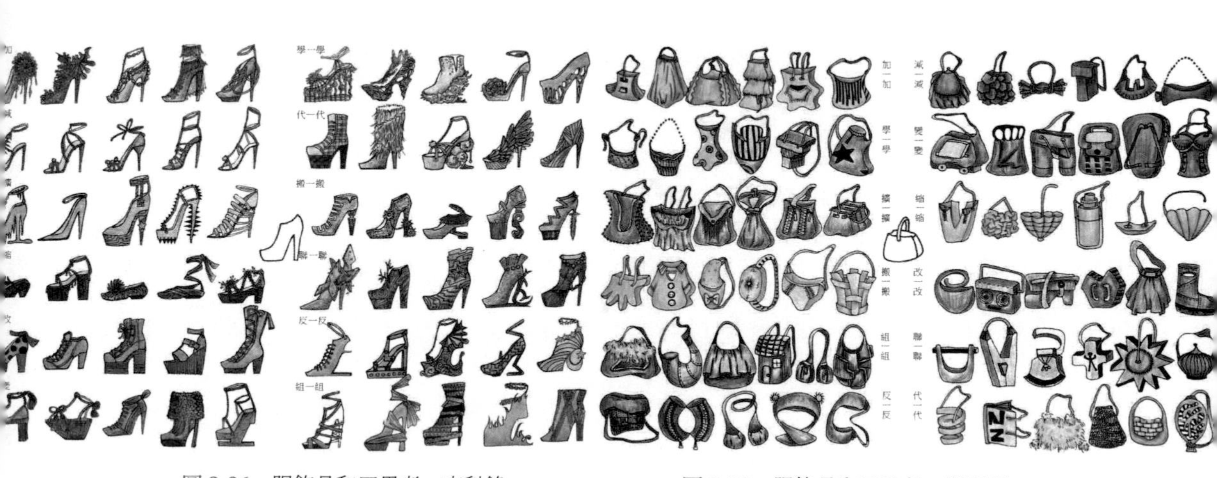

圖 2-36　服飾品和田思考　李科銘

圖 2-39　服飾品和田思考　鄭珊珊

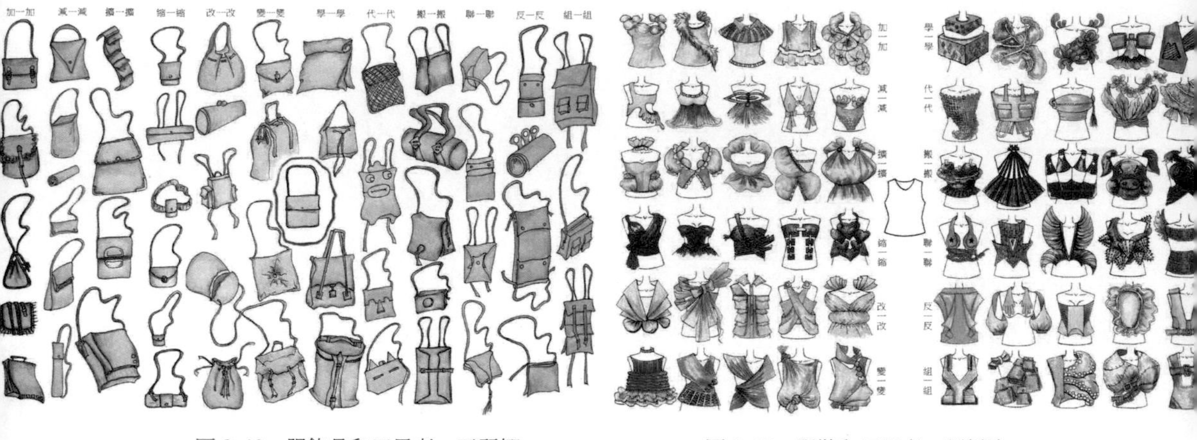

圖 2-40　服飾品和田思考　王麗娜

圖 2-43　服裝和田思考　劉靜玫

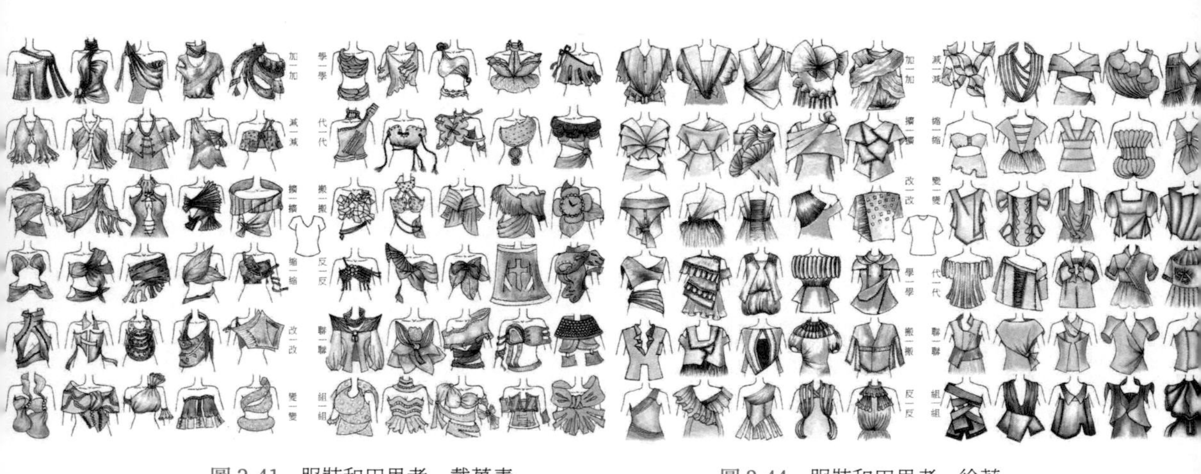

圖 2-41　服裝和田思考　戴萬青

圖 2-44　服裝和田思考　徐莉

圖 2-42　服裝和田思考　李若倩

圖 2-45　服裝和田思考　馬旭

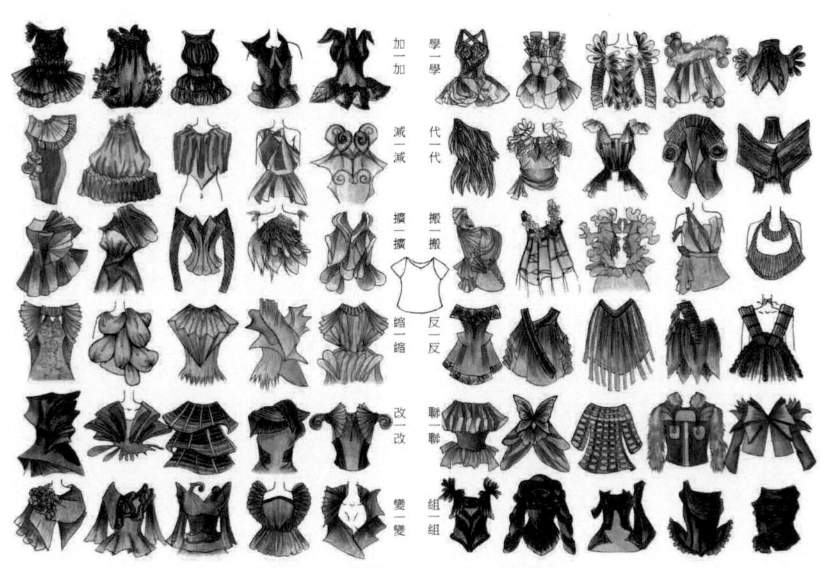

圖 2-46　服裝和田思考　蔡沅民

課題三
設計思考切入

切入點，是指思考構想的著眼點、出發點。服裝設計構思，要先為自己的思考構想找到一個切入點，有了這個點，始終飄忽不定的思緒才可以落地生根，並能夠由此及彼、由表及裡的讓思考朝著預定的目標發展。

就服裝設計的創造特性而言，切入點常常因人因時因事而異，不可能落在一個固定不變的地方。但有一點可以肯定，就是無論靈感來自何處，切入點一定要落實在具體可感的視覺形象上。而且，這個形象還必須是自己感興趣的、形態特徵鮮明的和可以延展變化的。也就是說，切入點與靈感密切相關，但又不等同於靈感，它是設計靈感來臨之後，將靈感進行轉化、落實和找到相應的表現方式的一個思考環節。就像文學創作需要將靈感轉化為文字語言一樣，設計師也要將靈感轉化為服裝的形式語言，才能借助於服裝形象表現自己的設計思想。服裝設計的切入點，運用最多的是設計手法和大師作品兩種切入方式。

一、設計手法切入

縱觀那些能夠讓人印象深刻的服裝設計佳作，人們不難發現，這些設計作品都有一個共同點，那就是它們都擁有與眾不同的鮮明特色。這些特色的形成往往需要借助於某一種特殊的服裝表現語言或是某一種特殊的表現形式才能實現。如果說，設計手法是服裝設計語言中的特殊「詞彙」，那麼由這些「詞彙」組合而成的具體的表現形式，就是服裝設計語言中的特殊「語句」，共同述說著設計師的奇思妙想和情感欲求。

（一）設計手法的形態構想

服裝設計的設計手法，也稱為表現手法，是指服裝設計表現使用的手段、方法。在服裝設計過程中，設計師為了更加充分、更加準確地表現自己的設計思想，總要找到一種最恰當、最生動和最有個性的服裝設計語言，以使自己的作品具有「這一個」服裝形象特徵，給人留下鮮明強烈的印象，達到感染人的藝術效果。(圖 3-1)

服裝設計最常見的設計手法，有重複、層次、纏繞、翻折、披掛、分割、抽皺、附加、裝飾、繫結、堆積、半立體等。每一種手法由於表現形式不同、觀察角度不同、創意想法不同、使用材料不同等因素，會創造出完全不同的結果。因此可以說，設計的手法有限，而創意的結果無窮。設計手法就如同是建造「夢想」大廈的鋼筋水泥，並非某個人的專利，人人都可以使用，都可以按照自己心中的理想和夢想，建造出完全屬於自己的夢想仙境。

在這些設計手法當中，既有使用較多較為常見的手法，也有使用較少不太常見的手法，還有不斷地被創造出來的新手法。常見的手法大多是便於掌握、易見成效、技術要求不高的一些方法，運用起來相對簡單，但設計效果也容易落入俗套，需要更加新穎的表現形式和創意。不常見的手法，大多是操作複雜、特色鮮明、技術要求較高的一些方法，運用起來雖然有難度，但設計效果也容易出人意料，可以一邊試驗一邊嘗試。新手法大多是借助於新材料、新工藝、新技術的問世，被人新發明的一些方法，運用起來常常需要依賴一些新材料、新工藝，要樹立全新的設計理念，對設計師的綜合能力有一定要求，但設計效果會具有很強的時代感和新鮮感。比如利用 3D 列印或人工智慧技術進行的服裝創意構想，就屬此列。

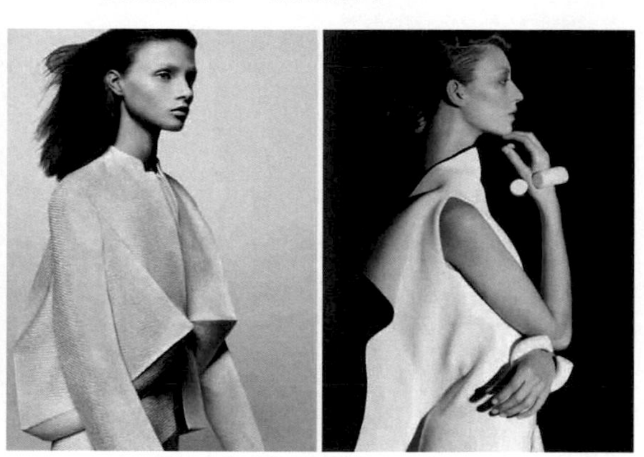

圖 3-1 「半立體」和「披掛」手法的運用，形成服裝鮮明的形象特徵

1. 設計手法的形態分析

在文學創作當中，常見的寫作手法有比喻、排比、渲染、烘托、對比、象徵、託物言志、借景抒情、虛實相生、動靜結合等。這些手法的巧妙運用加上作者的神奇構想，便可以使那些平凡的文字變得生動鮮活，獲得不同凡響的表現效果。

服裝設計手法的運用，離不開對服裝的設計語言和表現形式的認知、識別與掌握。服裝設計的語言是由點、線、面、立體、紋理、色彩、空間等形態元素構成的。表現形式主要包括對稱、平衡、變化、統一、對比、呼應、重複、密集、漸變、運動、靜止等。

服裝形態語言的掌握和運用，重在了解那些潛在規則以及如何運用它們。首先，要去感知構成這一設計手法的形態所具有的獨特特徵、個性魅力和視覺美感。進而，要去仔細辨析，哪些部分是可以變化的，哪些部分是不能改變的。任何形態都有自己獨有的基本特徵，從而形成自己的獨特風貌。那麼，這個基本的獨具個性的特徵，就是需要繼續保持和不容改變的。一經改變，就動搖了形態的根基，失去了形態原有的生命力，轉換成了另外一個形態了。在這個前提下，形態的其他方面，比如大小、長短、多少、前後、上下、方向、角度、狀態等，都是可以變化的。由此可以衍生變化出為數眾多的不同的變化結果，這些變化的結果，恰恰正是服裝設計表現的豐富性和創造性所在。（見圖 3-2）

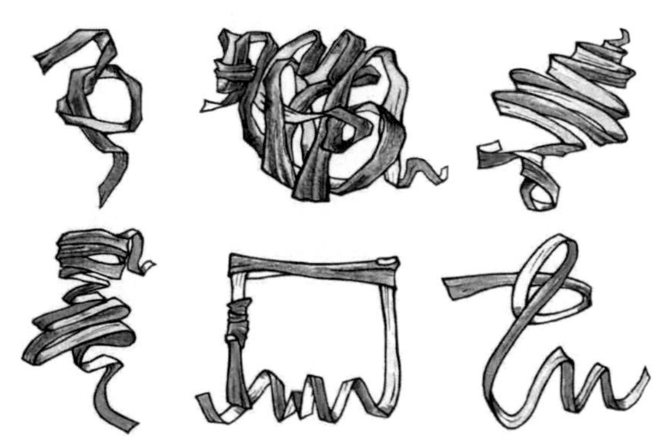

圖 3-2 條狀形態的自由構想和創意，可以提升設

計語言的運用能力

如線形態的基本特徵，直線具有簡潔、明快、通暢和速度感，有男性化傾向；曲線具有流動、柔和、輕快和節奏感，有女性化傾向；水平線具有平靜、安定和寬廣感；垂直線具有莊重、肅立和崇高感；斜線具有傾斜、不安定的動感。這些，就是需要保持的，除此之外的其他方面則是可以變化的。又比如面的形態，方形、圓形和三角形，是面形態的三種不同形態特徵的基本分類。其中的每一種類，都不是只有一個，而是一大族群，都具有相同的形態特徵。以圓形為例，包括半圓形、月牙形、橢圓形、氣球形、弓形以及所有邊線帶有曲線狀的形態，都具有圓形的基本特徵，可以歸為同一類。方形和三角形的歸類也是如此，方形、圓形和三角形是三種各具特色的不同的面形態，很少相互混合使用。如果服裝選用了尖角狀的衣領，那麼袋口、門襟、衣擺或裙襬，大多就會採用尖角狀；如果選用了圓角狀的衣領，那麼服裝的其他部位，也大多會以圓角形狀為主。這是因為，具有相同特徵的形態組合，容易取得渾然一體的視覺效果。因此，必須學會分析和解讀，並要了解和掌握這些形態的基本特徵。

2. 設計手法的變化方法

設計手法的變化，主要包括形狀、數量、位置和關係四種變化方式。這四種變化方式，大多不是單獨進行的，而常常是綜合利用的。

(1) 形狀變化，是指將形態的基本形狀進行加大、縮小、拉長、減短、增寬、變窄等變化。保持形態原有的基本特徵，對其原有形狀進行改變，可以獲得不同的視覺感受。(見圖 3-3)

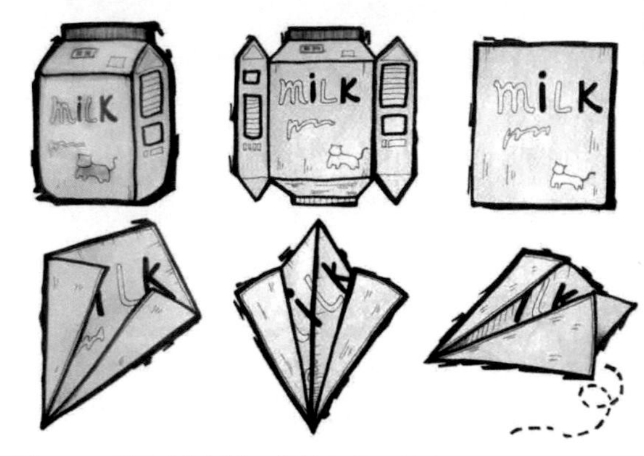

圖 3-3　利用形態編造一些簡單的小故事，可以培養人的形態構想能力

(2) 數量變化，是指對形態原有數量進行增加或是減少的變化。將原有形態數量增加，由 1 個變成 2 個、3 個、4 個以至於更多，就可以得到完全不同的視覺結果；如果原有的形態數量較多，也可以朝著相反方向進行變化，將其逐漸減少。

(3) 位置變化，是指將形態原有位置進行改變，或是將其倒置，或是將其翻轉，或是將其傾斜，或是改變上下、左右、前後、裡外的位置等。將形態的位置進行改變，形態原有的存在狀態就會發生逆轉，從而產生全新的視覺感受。

(4) 關係變化，是指將形態原有的相互關係進行改變，使遠的拉近、近的變遠、緊湊的變鬆散、鬆散的變緊密等。將形態的相互關係進行重新調整布局，無秩序就會變得有秩序，主要的也能變成次要的，一切都會隨之改變，變成了全新的模樣。

(二) 設計手法的設計要點

1. 重複

重複，是指相同或相近的形態按照一定的構成規律反覆出現。某一種形態的單獨使用，一定會顯得勢單力薄。倘若讓它反覆出現，就會形成一種群體氣勢，營造一種特殊的氛圍效果。

設計要點：

① 形態的數量要盡量的多，不能過少。最少也要三到五個，最多可以是十幾個或上百個。

② 形態的選擇要有特色，不能平淡無奇。形態一定要精緻並特色鮮明，可以是某一立體造型、某一堆積狀態、某一圖案裝飾、某一繫結方式等。

③ 形態與人體的結合要巧妙。形態不能游離在服裝或人體之外，不能有牽強附會之感，要成為服裝構成的有機組成部分，要根據服裝整體效果決定形態的數量和形狀。(見圖 3-4)

圖 3-4　裙襬的重複疊置和三角半立體的重複，強化了服裝的個性

2. 層次

層次，是指透過多層布料、多個裁片或多件服裝疊壓而產生的層次感。單層布料構成的服裝在視覺上會有一種平面的感覺，如果將衣料一層一層地重疊使用，就會增加服裝三維空間的視覺張力，進而增強服裝的表現力。

設計要點：

① 層次的多少要適度，要顧及服裝的實用性能。層次不是越多越好，而是越適當越好。

② 運用層次的部位要恰當，不能處處使用。使用層次最多的部位有衣領、袖口、衣擺、裙襬、褲口、袖襱、門襟等，其他部位則要慎用。

③ 層次具有多樣性，要考慮各種層次關係。層次既有多層布料、多個裁片或多件服裝構成的疊壓層次，也有透明紗、裸露皮膚與遮掩布料構成的透露層次，還包括黑、白、灰色構成的色彩層次，甚至還包括人們視覺心理上的層次感覺等。(見圖 3-5)

圖 3-5　多層次門襟和多層次衣身的運用，增強了服裝的擴張力

3. 纏繞

纏繞，是指利用衣料的包纏圍繞塑造服裝的整體或局部形象。立體裁剪可以為設計

師提供更加廣闊的創造空間，纏繞手法與立體裁剪的關係密切，以人體為基礎的包裹纏繞，可以塑造回歸本真、質樸的服裝形象。

設計要點：

① 纏繞要依附人體才能完成。即便是構想中的纏繞，也要虛擬一個人體形象，否則纏繞就會無所依附。因此，無論是立體裁剪還是虛擬構想，都離不開人體體態。

② 纏繞具有多變性，要經過驗證才能定型。纏繞的美感和效果，很難完全透過想像來獲得，只有經過真實的試驗才能取得最佳的纏繞效果，否則就是空想。

③ 纏繞要根據服裝的功能決定取捨。纏繞是手段，不是目的。不能為了纏繞而纏繞，要顧及服裝的實用功能，要考慮到服裝的穿著、人的行走等因素。（見圖 3-6）

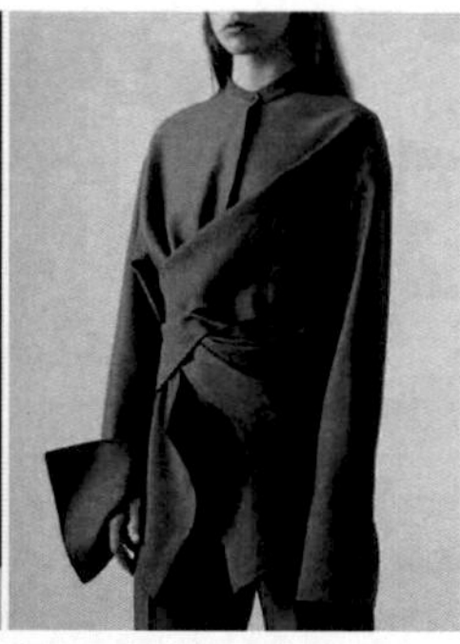

圖 3-6　明快流暢的衣料纏繞，增加了服裝表現的內容和內涵

4. 翻折

翻折，是指運用布料正反面的反轉折疊來塑造服裝形象。將衣料的一部分翻折，露出布料的反面，既增加了服裝形象的層次感，又增加了局部形態的變化，能給人一種渾然一體的視覺感受。

設計要點：

① 翻折要順暢自然，不能生硬。衣料不同於紙張，要發揮衣料性能的優點，追求流暢自然的效果。

② 翻折要有支點，要保持相對的穩定。人體是活動的，服裝也需要穿脫和隨著人體進行活動，因此翻折必須依靠支點的支撐，才能保持穩定性。

③ 翻折要適當，要以少勝多。翻折要盡可能地簡化，要努力做到以少勝多、以巧取勝。（見圖 3-7）

圖 3-7　門襟與衣領的巧妙翻折，使服裝增加了層次感和韻律感

5. 披掛

披掛，是指利用布料的披搭懸掛塑造服裝形象。披掛包括了衣料的披和掛兩種狀態：「披」，是將衣料披搭在肩上，部分繫結固定、部分自然下垂；「掛」，是將衣料懸垂的一部分提起，固定在腰間或是固定在其他某個地方。

設計要點：

① 披掛的支點是關鍵。支點是指服裝的支撐點、固定點，可以保持服裝的穩定。披的支點多在人的肩部或是腰部，掛的

支點可以任意選擇，但要恰到好處。

② 披掛的方式有多種。有服裝披掛、裁片披掛、布料披掛、條帶披掛、飾品披掛等。

③ 披掛要動靜相宜。披掛具有很強的動感和隨意性，可以放鬆人的心情，但要注意動感與靜感的巧妙結合。(見圖 3-8)

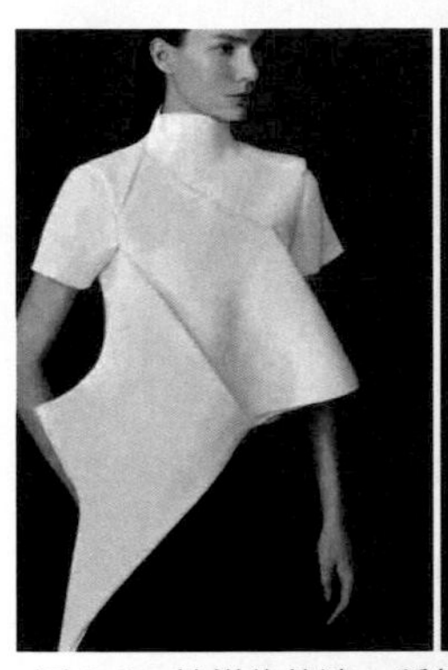

圖 3-8 披掛能傳達一種輕鬆自如或是回歸自然的愉悅情感

6. 分割

分割，是指利用線形態將服裝衣身「切分」成若干個小形態，以增加設計內涵和服裝的表現力。分割效果既可以充實款式細節，使呆板變活潑，還可以突顯線條形態的作用，利用面積對比增加視覺感受，給人留下深刻印象。

設計要點：

① 分割的形式具有多樣性。分割包括橫線分割、直線分割、斜線分割和曲線分割四種表現形式，每一種形式都獨具特色。

② 分割的線形態有寬有窄。寬條分割線，有粗獷、厚重、醒目的感覺；窄條分割線，有纖細、精緻、柔弱的感覺。

③ 分割的工藝手法各不相同。分割有各式各樣的工藝手法，包括壓裝飾線、夾出芽（嵌條）、貼條帶、縫份翻露、拼接布料等。(見圖 3-9)

圖 3-9 分割能將較大的面形態分割為若干個小部分，充實款式細節

7. 抽皺

抽皺，是指利用鬆緊帶的收縮性能，將服裝的部分布料收緊聚攏，造成服裝外表凸凹不平的視覺形象效果。抽皺具有製作工藝簡單、造型效果顯著、收縮起伏自然等特點，比較適合偏薄衣料使用。

設計要點：

① 抽皺的部位要適應人體結構。抽皺要按照人體體表形態的起伏來設計，要盡量把抽皺安放在人體體表凹陷的部位，以保持服裝的穩定。

② 抽皺形式可以多樣化。既可以等距離平行設計，也可以靈活自由地不規則使用，還可以斜向左右不對稱地安放。

③ 收縮的多少、大小要適當。有些款式，在關鍵部位使用一條明顯的抽皺，效果就足夠了。但有些服裝，必須使用多條抽皺，才能達到引人入勝的視覺效果。(見圖 3-10)

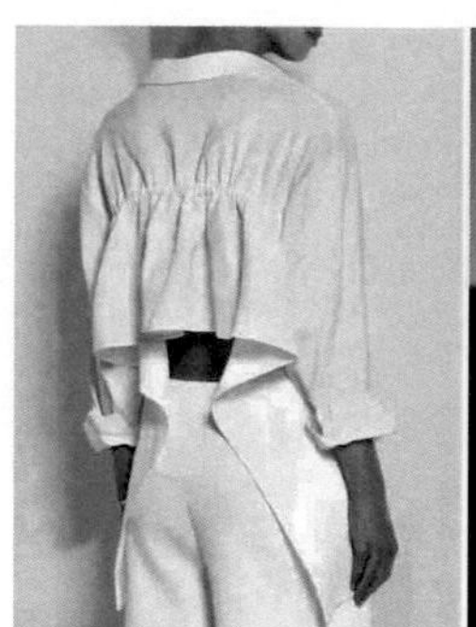

圖 3-10　抽皺的部位要適應人體結構，抽皺的多少大小要適當

圖 3-11　附加的運用可以增加服裝的厚重感、擴張力和表現力

8. 附加

附加，是指在服裝布料表面附著一些裝飾物或是附件。平坦的服裝表面難免有單薄之感，如果附加一些半立體狀的裝飾物，使服裝呈現浮雕般的外觀效果，就會增加服裝的厚重感、擴張力和表現力。

設計要點：

① 附著物與服裝要融為一體。若附著物游離在服裝表面，是最差的附加效果；附著物與服裝成為一個互為依存的有機體，才是最佳的附加狀態。

② 附著物有平面與半立體兩類。平面類包括繩帶、繡片、貼花等裝飾物，半立體類包括所有的具象、抽象的物態造型。

③ 附著物要新穎別緻、別具一格。附著物的視覺效果非常明顯，因此其形象和狀態絕不能平庸，一定要有美感、新鮮感和趣味性。(見圖 3-11)

（三）設計手法與系列服裝

1. 系列服裝的概念

系列服裝，其中的「系」指系統、關聯性；「列」指行列、排列，是指既相互關聯，又相互制約的成組配套的服裝系列。

一個系列服裝，通常由 3 套以上具有既相同又不同形象特徵的服裝個體構成。它們排列組合在一起，就是一個大的服裝整體，往往擁有同一個主題、同一種風格和同一種情調。每套服裝在其中，只是系列整體之中的一個組成部分。當每套服裝單獨出現時，又要求這個個體具有自己鮮明的個性和自身的完整性，以供應人們觀賞和穿著的個性需要。

系列設計並非服裝設計所獨有，是現代設計的一個顯著特徵，已經被應用於現代生活的各個領域，比如系列圖書、系列玩具、系列食品、系列化妝品、系列建築等。系列服裝的應運而生，是現代文化、物質文明和社會發展的需要，符合了現代社會對服裝的動態或靜態展示的高標準要求。在服裝展示中，系列服裝具有單套服裝不可比擬的數量上的優越性和氣勢上的感染力，可以傳遞更多的設計資訊，擁有更加強烈的視覺衝擊力。同時，系列服裝設計的出現，也標誌著服裝設計進入一個嶄新的階段。無論是設計的內容、資訊的含量還是創意的難度都大大增加，對設計師也提出了更高的標準和要求。

2. 系列服裝的要素

數量、共性和個性，是系列服裝構成的三個基本要素。三者之間相互關聯相互制約，缺一不可。

(1) 數量要素。系列服裝必須是由多個單套服裝構成的一組服裝，數量是系列構成的基礎條件。系列服裝的構成，至少為 3 套服裝，多則沒有限制。個別情況，才有 2 套服裝的系列。一般把 3~5 套服裝的組合稱為小系列，6~8 套稱為中系列，9 套以上稱為大系列。系列服裝的數量，主要是由作品的內容、展示的條件以及設計師的情緒決定的。服裝數量越多，設計難度也就越大，但展示效果也會越好。

(2) 共性要素。共通性是指各個單套服裝的共有因素和形態的相似性。共性是系列感形成的最主要因素，也是系列服裝的顯著特徵。系列感的形成包括內在精神和外在表現兩個方面。內在精神，以共同的設計主題、設計思想和風格情調為主；外在表現，往往體現在布料、造型、形態、手法、裝飾、色彩、結構、工藝和服飾品等因素的相同或相近。因素的相同，並不是雷同和完全一樣，必須經過變化才能在各個單品上使用，從而產生視覺心理上的連續性和系列感。

就布料因素而言，系列服裝如果採用一兩種或三四種布料製作，並讓這些衣料同時在各套服裝上出現，就很容易獲得系列感和統一感。其他外在表現因素的功能和作用亦然。隨著時代的快速發展和人們觀賞水準的不斷提高，系列服裝越來越注重內在精神的表現，而對外在表現的共通性要求則越來越寬容。服裝創意只要具有新鮮感和創造性，共性偏少或系列感偏弱一些也都在允許之列。

(3) 個性要素。個性是指每套服裝的獨特性。系列服裝雖強調共性，但絕非是將每套服裝都做成一個模樣。恰恰相反，系列服裝的真正魅力，往往體現在各個單套服裝的個性特徵上。單套服裝的個性，來自各個方面，比如形態、狀態、款式、造型、布料、構成形式等，都可以出現形狀、數量、位置、方向、比例、長短等變化。

系列服裝在追求單套服裝個性特徵的同時，還十分注重單套服裝構成的完整性，即單套服裝單獨存在時，也能保持自身形象的和諧。儘管系列服裝是以群體的構成形式出現的，但服裝畢竟是以單套的狀態獨立存在的，單套服裝的構成不完整，系列設計就稱不上盡善盡美。就系列的整體而言，單套服裝是系列整體的各個局部，如果各個局部都有缺欠，就很難保證系列整體的和諧。反之，如果各個局部各具特色，必然會充實和完善系列服裝的整體。

3. 系列服裝的設計

統一與變化，是藝術創作的基本法則，也是系列服裝設計的基本依據。在系列服裝的構成中，共性是統一，個性是變化。共性和個性既是矛盾，又是相互依存的客觀存在。如果強調了共性，系列服裝的系列感、統一感和整體感就強，但也會出現內容過於空洞、效果過於乏味的缺點；如果突出了個性，單套服裝的效果就會鮮明而生動，但系列感又會被掩蓋。因此，系列服裝設計的最佳效果，就是在保持一定共性因素的同時，又使每套服裝富於鮮明的個性。

系列服裝設計，不管構成的數量有多少，都是從其中的一套開始的，即按照「道生一，一生二，二生三，三生萬物」的事物發展規律衍生發展的。形態鮮明的設計手法在系列服裝設計中的巧妙運用，可以有效地調整服裝的統一與變化關係。設計手法應用最常見的表現形式和方法，主要有同形法、加減法和置換法。

(1) 同形法。同形法是指採用與第一套服裝相同或相似的設計手法，衍生第二套、第三套服裝的設計方法。比如第一套服裝設計手法的形態特徵是方形，就在第二套服裝的構成當中也盡量採用方形，以保持形態特徵和設計手法的趨同性。但在形態的大小、多少、方向、位置以及構成形式等方面則要尋求變化。要盡量做到求同存異，在共性當中求豐富、求發展。(見圖 3-12)

圖 3-12　同形法在系列服裝中的運用
（作者：石忠琪）

(2) 加減法。加減法是指運用增多或減少的手段，把第一套服裝設計手法中的形態、裝飾、色彩等要素進行變化的設計方法。比如把某一形態由一個變成兩個、三個或更多；把衣身、袖子、裙片等部位拉長、縮短或增加層次；把某一裝飾增多或減少、加大或縮小等。但要注意加減得適當，並在應用位置上和狀態上有所改變，不能只是單一地加和減。(見圖 3-13)

圖 3-13　加減法在系列服裝中的運用
（作者：蔡肖藝）

(3) 置換法。置換法是指運用移位或轉向等手段，把第一套服裝設計手法中的形態、裝飾或某一部件進行位置變化的設計方法。比如形態或裝飾部位的上下、左右、前後的移動；形態或裝飾的橫向、縱向、傾斜的方向變化；扣子、門襟、口袋等位置或狀態的改變等。(見圖 3-14)

圖 3-14　置換法在系列服裝中的運用
(作者：張夢蝶)

系列服裝的設計拓展，並非只是一件上衣、褲子或是裙子的衍生，還包括上衣與下著、內衣與外衣、服裝與服飾品等整體的著裝狀態的拓展和延伸。因此，需要在系列整體構成的各個部分關係上，充分利用統一與變化的基本法則，調動一切可以利用的造型因素，使服裝系列的各個部分都處於一種生動和諧的狀態之中，這才是系列服裝設計的全部。在系列服裝設計中，利用統一，可以平息矛盾、減少淩亂、強化系列感；利用變化，可以創造生動、避免平淡、突出鮮活性；利用服飾品或是道具，可以充實內容、營造氛圍、增加感染力。但要注意掌握好「度」，要努力做到適當、適度和恰到好處。過於統一、過於變化和過於依賴服飾品，都不會獲得最佳的視覺效果。

二、大師作品切入

自 1858 年沃斯開設的第一家時裝屋開始，服裝設計已經經歷了 160 多個春夏秋冬。在服裝設計的發展中，世界上有數以百計的服裝大師在眾多的設計師當中脫穎而出，他們不僅創造了服裝，也創造了歷史。他們是時代發展的思想家、哲學家，沒有了他們，人們的生活將會變成另外一番景象。因為他們，生活才會變得豐富多彩、衣著才會變得絢麗多姿。是他們為人類找到了一種個性、情感、價值觀乃至於生活方式的最直接的表達方式，並為世界留下了大量的服裝設計佳作，這是全人類寶貴的精神財富。因此，學習服裝設計既要了解服裝設計的發展史，也應該了解這些服裝大師，學習他們的思考方式、思想情操和創作方法。只有站在巨人的肩上，才能站得更高、看得更遠。

(一) 需要熟知的大師

1.「高級訂製之父」——沃斯

圖 3-16　「高級訂製之父」——沃斯

查爾斯·弗雷德里克·沃斯 (Charles Frederick Worth, 1826—1895)，英國人，1858 年在法國巴黎開設了第一家自行設計和銷售時裝的時裝屋。這是一個世界服裝史上里程碑式的事件，他成為世界上第一個真正意義的時裝設計師，是高級女裝的創始人。他首先使用時裝模特兒，是時裝秀的始祖。他還組織了巴黎第一個高級時裝設計師的權威組織——時裝聯合會，現更名為「高級時裝協會」。在設計方面，他摒棄了新洛可可風格的繁縟裝束，將當時流行的笨拙碩大的鳥籠式女裙變成前平後聳的造型，成為1860年代的時髦裙式。1870年代他發明推出了分割的「公主線」高腰緊身女裝。晚年，又推出了16世紀風格的羊腿袖。他創造了那個時代的美，他是高級時裝業的第一人，是時裝世界的開拓者。(見圖3-15)

2. 「時裝女王」——香奈兒

圖3-16　「時裝女王」——香奈兒

可可·香奈兒（Coco Chanel, 1883—1971），法國人。她將婦女從緊身衣和束身衣中解放出來，設計了舒適、樸素、優雅，充滿女人味的服裝，改變了當時那種矯揉造作、華而不實的社會風氣，成為那個時代具有革命性的設計師，以至於那個時代被稱為「香奈兒時代」。她所創造的「香奈兒套裝」，匠心獨運，巧妙地用直線條代替了繁瑣的曲線，造型洗練、用色素雅。並運用水手式長褲、短裙等手法反襯出女性的嫵媚和魅力。香奈兒的新功能主義設計思想和第一次世界大戰後20年追求個性解放與尋找刺激的潮流相吻合。她始終推崇「女性需要自由與獨立」的主張，強調線條流暢、質地舒適、款式適用、優雅秀麗，至今仍是時尚的基本穿衣哲學。品牌以她的名字命名，LOGO（商標）則是她名字的首位字母兩個「C」一反一正疊加而成。(見圖3-16)

3. 「時裝界的拿破崙」——迪奧

圖3-17　「時裝界的拿破崙」——迪奧

克里斯汀·迪奧（Christian Dior, 1905—1957），法國人，20世紀最具影響力的設計大師。他的風格以高雅尊貴、突顯嬌美為主，經典作品不勝枚舉。他在42歲時因推出了以削肩、豐胸、細腰、寬臀等人體曲線所組合的「新風貌」裝而一鳴驚人，震撼了巴黎，風靡了歐美，匯成了一股澎湃的新裝潮流。此後，他幾乎每年都推出一組新的造型系列，每個系列都具有新的意味。「鋸齒造型」、「垂直造型」、「傾斜造型」、「自然形」、「長線條形」、「波紋形」、「鬱金香型」等，自然的肩形和纖細的腰身，利用領口、袖口、裙襬等細節變化，充分地突出了女性的體態美。後來，他又先後推出多種新的造型——O型、H型、A型、Y型、自由型、紡錘型等，給第二次世界大戰後的人們帶回了快樂和美，引起了時代的共鳴。他傳奇的一生締造了迪奧（Dior）品牌的傳奇，至今仍然是華麗與高雅產品的代名詞，LOGO 是「Dior」。（見圖 3-17）

4.「服裝業的畢卡索」——聖羅蘭

圖 3-18　「服裝業的畢卡索」——聖羅蘭

伊夫·聖羅蘭（Yves Saint Laurent, 1936—2008）出身於阿爾及利亞奧蘭城的法裔家庭。他的設計既前衛又古典，始終力求高級女裝如藝術品般完美，在高級女裝設計中留下了眾多的經典作品，如「梯形線條」、「蒙德里安」、「畢卡索」等。他的作品飄逸、俏皮，能充分展示時代女性的活潑、青春和造型美。天才加上勤奮，使他善於以冷靜的頭腦和豐富的藝術思考相結合，推陳出新，設計了不同系列的女裝。他首創的「非洲系列」、「俄羅斯系列」、「國際情調系列」等都受到好評。從他的設計中，可以找到清新的時代風韻和富於原始藝術的質樸與雅拙美。他曾被譽為法國五星級設計大師，並以卓越成就獲得法國政府頒發的「國家榮譽勳章」。品牌以他的名字命名，LOGO 由他名字的 3 個首位字母「YSL」交織組成。（見圖 3-18）

5.「時裝金童」——范倫鐵諾

圖 3-19　「時裝金童子」——范倫鐵諾

范倫鐵諾·格拉瓦尼（Valentino Garavani，1932—　）出生於義大利米蘭北部。他善於設計高貴優雅的造型，強調成熟端莊的女人韻味，體現華麗壯美的羅馬式藝術風格。他的高級女裝精美絕倫，充滿女性魅力，用色華貴、典雅，造型優美、俏麗，用料講究、高級，做工考究、細緻，從整體到每一個小細節都做到盡善盡美。他十分擅長從世界各種文化、藝術品中汲取養分。無論時裝潮流如何變化，他始終遵循高級時裝的傳統，追求華貴、典雅和精工細作，他的服裝成了豪華奢侈生活方式的象徵，為社會名流所鍾愛。他以敏銳過人的創造力開拓了義大利乃至整個西方世界時裝發展的新紀元。品牌的名字是「VALENTINO」，「V」是其品牌標誌。（見圖 3-19）

6.「服裝創造家」——三宅一生

圖 3-20　「服裝創造家」——三宅一生

三宅一生（Issey Miyake, 1938—　）出生於日本廣島。他一直致力於將東方的服飾觀念與西方的服裝技術、傳統文化與現代科技相結合，開創了一條自己的設計道路。他從傳統的日本和服中汲取了剪裁、結構等方面的養分，將傳統的披掛、包裹、纏繞、褶皺運用到現代的服裝設計中，在身體與服裝之間創造出無數種可能。他用一種最簡單、無須細節的獨特素材把服裝的美麗展現出來。他直接將布料披纏在模特兒身上，進行「雕塑」，創造出與人體高度吻合、造型極度簡潔、富有原創性的完美作品。他以既非東方又非西方的全新設計，對當時故步自封的西方時裝界發起了革命性的衝擊，影響了整整一代設計師。品牌以他的名字命名，LOGO 是「ISSEY MIYAKE」。（見圖 3-20）

7.「龐克之母」——魏斯伍德

圖 3-21　「龐克之母」——魏斯伍德

薇薇安·魏斯伍德（Vivienne Westwood, 1941—　）生於英國柴郡廷特威斯爾村莊。她的思想另類，性格乖僻，用顛覆傳統的設計理念，改變了歐洲既有的時裝格局。她將歷史素材和街頭元素轉化為具有極端色彩的時裝。她敢於向傳統挑戰，大膽推出離經叛道的服裝，她的設計衝擊著傳統的服裝觀念並改變了人們習慣的審美意識和對時尚的認知。她總是利用特殊衣料來裁製奇裝異服，粗獷而近於荒誕，件件別出心裁。她首創的「海盜」系列和「女巫」系列等套裝，以多皺的衣褲、拼綴的補丁、粗糙的線條來迎合那些不滿足於現狀的青年的頹廢沒落感。她創造的叛逆風格，原意在於嘲笑「時髦」，但恰恰成為「時髦」青年所追求的目標。她個人認為她自己在 1981 － 1985 年的衣服設計為「新浪漫」時期，而 1988 － 1991 年間則為「異教年」時期（由邋遢的龐克設計，逐漸變成模仿上流社會衣服設計的改變）。在 1985 年－ 1987 年間，她在芭蕾舞團 Petrushka 的服裝中獲得靈感，設計了維多利亞時期服裝的精髓系列「Mini-crini」。她的成就遠遠大於人們對她的爭議，她那放蕩不羈的創作個性、永遠保持年輕人的衝動情緒和批評性思想，讓時尚永遠年輕。品牌以她的名字命名，LOGO 是一個土星圖案。（見圖 3-21）

8.「鬼才」——麥昆

圖 3-22　「鬼才」——麥昆

亞歷山大·麥昆（Alexander Mcqueen, 1969—2010）出生於倫敦東區。他才華橫溢，放蕩不羈，具有典型的不列顛冷漠、傲慢的本質。他敢作敢為，思考活躍，超常的想像力無人能比，設計上常打破傳統美學的框架，將廉價的成衣感植入高級時裝的體系中，充滿喜劇性的效果。他對於裁剪和服裝結構也有著深刻的理解，在進行款式設計的同時，創造性地掌握空間的延展和變化，常以挑逗性或帶有色情味的小細節沖淡其嚴肅性。在配飾與舞臺設計方面，更是別出心裁。他每年的時裝秀，都是對時裝界新一輪的挑戰與顛覆，其天馬行空的想像力及那把剪開傳統禁忌的魔術剪刀，贏得了全世界的關注，被稱為「頑童（enfant terrible）」或「英國時尚的叛逆份子（the hooligan of English fashion）」。他在 1996 年至 2003 年之間共四次贏得「年度最佳英國設計師」。他曾獲頒英帝國司令勳章（CBE），同時也是時裝設計師協會獎的年度最佳國際設計師。品牌以他的名字命名，LOGO 也是他的名字字母，其中的 C 被放在 Q 的裡面。（見圖 3-22）

9. 「魅力大師」——亞曼尼

圖 3-23　「魅力大師」——亞曼尼

喬治·亞曼尼（Giorgio Armani, 1935—　）出生於義大利皮亞琴察。學習過醫藥及攝影，曾在切瑞蒂任男裝設計師，1975 年創立喬治·亞曼尼公司。曾獲奈門 - 馬科斯獎、全羊毛標誌獎、生活成就獎、美國國際設計師協會獎、庫蒂·沙克獎等獎項。他設計的服裝優雅含蓄，大方簡潔，做工考究，堅信時裝應該是簡單、純淨、明朗的。他的設計多源於觀察，將街上優雅的穿著方式重組，再創造出屬於亞曼尼風格的優雅形態。他最大的成功是在市場需求和優雅時尚之間創造出一種近乎完美、令人驚嘆的平衡。他簡單的套裝搭配、優雅的中性化剪裁，令人無須刻意炫耀，在任何時間、場合，都不會出現不合時宜的問題，吸引了全球的消費者。他統領亞曼尼王國 30 餘年，至今仍是人們津津樂道的時尚教父。品牌以他的名字命名，LOGO 是一個鷹展雙翅的圖案，外加「GA」字母。（見圖 3-23）

10. 「時尚性感高手」——克雷恩

圖 3-24　「時尚性感高手」——克雷恩

卡爾文·克雷恩（Calvin Klein, 1942—　）出生於美國紐約。他的「CK」，是當今最受年輕人追捧的時尚品牌。他堅信服裝的美感源於簡潔，始終恪守「少就是多」的信念，強調能隨身體活動而產生流暢線條的設計。他十分善於將前衛、時髦的服飾演繹為優雅別緻的風格，並將時尚與商業完美結合。他成功地創造了一個土生土長的美國人自己的品牌，擅長極簡主義風格的他也被人們稱為「紐約第七大道的王子」，作品體現了美國式的自由精神和生活方式，具有濃郁的現代都市氣息。他是一位極富現代意識的設計大師，無論是設計風格的創新，還是服裝市場的開拓都充滿活力。他在短短的 30 年間建立了龐大而充滿生機的品牌王國，使「CK」成為一個國際級品牌，LOGO 由他名字的首位字母「CK」構成。（見圖 3-24）

（二）學會與大師「對話」

看到了這些著名服裝大師的生平和藝術主張，探究了他們的思想和生活歷程，就會得知：儘管他們生活在不同國度和不同年代，有不同的社會背景和文化修養。有的來自西方，有的來自東方，更有東西方文化合璧者；有的經過專業學校學習，有的則是半路出家；有的在國際知名品牌大展身手，有的則在自己的品牌王國裡默默耕耘。他們擁有的共同特點是，都曾在時尚舞臺發出了自己的聲音，並得到了人們的認可和讚賞。除此之外，他們熱愛生活與自然，每一件小事都可以成為設計的靈感來源；他們善於和他人合作，這是工作順利進行的保證；他們更看重設計的過程，並從中享受快樂……

在了解這些服裝大師生平的同時，我們也會被他們那些絢麗多彩、精美絕倫的設計佳作所震撼，會被他們超凡脫俗的想像力、創造力所傾倒，儘管時光已經進入 21 世紀，但每每觸及這段光輝的歷史，依然如同阿里巴巴打開寶藏山洞的瞬間，光輝四射、美不勝收。

然而，林林總總的來自大師的或是其他設計師的作品，也常常讓人感到困惑和不解。為什麼有些看得懂，而有些卻是似懂非懂，還有一些基本上看不明白。讓人看不明白的原因主要有三點：

① 對大師作品的期望值過高。俗話說：「看花容易，繡花難。」有些作品表面看上去沒有什麼，但若是自己去設計，就會變得非常艱難。再者，任何大師都有創作的高峰期，也有低谷期，設計作品不可能都是經典之作。

② 對大師設計的目的缺少了解。服裝設計是一項目的性很強的工作，出自同一個大師的手筆，有些是用於發布會展示的作品，可以淋漓盡致地表現創意；有些則是高級定製服裝或是將要上市銷售的產品，必須滿足用戶需要並注重實用功能。兩者的設計效果不可同日而語。

③ 設計理念和主張存在差異。不同的設計理念可以產生不同的甚至是相悖的哲學觀、審美觀和價值觀。這對設計產生的影響往往是致命的或是具有毀滅性的，如果用現代主義的審美標準去衡量後現代主義的作品就會格格不入，當然就會看不明白了。

服裝設計的發展，大致上經歷了高級時裝、現代主義、後現代主義和多元化四個階段。每一階段都有不同設計理念出現，並主導著服裝設計的發展走向。

(1) 高級時裝階段。高級時裝階段從沃斯開設高級時裝屋（1858）到第一次世界大戰開始（1914）。這一時期，服裝設計是為極少數的權貴服務的，以手工製作、用料鋪張、裝飾奢華和價格昂貴為特徵。平民則穿著自製的傳統服裝，還談不上設計。此時的高級時裝，常常需要穿著緊身胸衣幫助造型，以保持前胸豐滿、小腹收縮、後臀上翹。這一時期的服裝，大多呈現 S 形外觀的基本樣式（見導論部分圖 4）。

(2) 現代主義階段。現代主義階段從 20 世紀初開始到 1970 年代衰落。這一時期，「現代主義」運動在歐洲各國逐漸興起，以包浩斯（Bauhaus）設計主張為中心，提倡設計要為大眾服務。設計觀：

① 功能第一，設計由內而外，形式服從功能。
② 反對歷史樣式，主張創新。
③ 反對額外裝飾，主張簡潔，認為少就是多。
④ 強調技術與結構美，注重經濟，主張生產標準化。審美觀：認為只要設計對象符合傳統形式美的規律，該對象就一定是美的。堅持「美就是和諧」的原則，試圖建立一種像數學一樣精準的比例關係，將美作為純理性問題進行研究，崇尚黃金比例的運用。

(3) 後現代主義階段。後現代主義階段從 1960、1970 年代到 20 世紀末。這一時期，人們對現代主義單一的設計形式、單純追求理性而不顧觀眾心理需求，導致作品形式的千篇一律而感到厭倦，現代主義設計受到越來越多的批評，於是出現了「後現代主義」設計思潮。它是一種源自現代主義但又反叛現代主義的思潮，與現代主義之間是一種既承襲又反叛的關係。設計觀：強調形式的多元化、模糊化、不規則化，追求人情味。運用片段、反射、變形、斷裂、錯位、扭曲、省略、誇張、矛盾等手法，給設計創作以更大的自由度。審美觀：要創造一種能喚起多種情感的反映歷史與時代風貌的複雜的美。認為曖昧不定、兼容並蓄，才能使作品深刻豐富、回味無窮。要激發人們根據自己的閱歷和經驗引發出各種聯想，增添複雜矛盾的構思意念。

(4) 多元化階段。多元化階段從 21 世紀開始。這一階段，人們發現無論後現代主義設計如何蓄意破壞現代主義的設計風格，它使用的材料和設計手法都只是極大地豐富了當代設計的語彙而已，並沒有徹底顛覆設計的本質。進入 21 世紀，電腦網路、數位資訊和全球化快速發展，設計也隨之進入一個多元化的時代。在這個多元化背景下，設計不再有統一的標準和固定的原則，成為一個開放的、各種風格並存的、各種學科交匯融合的學科。此時，各種各樣的理論與主張，都有立足之地和存在的價值。比如以人為本與人性化設計、生態保護與綠色設計、時尚創造與智慧化設計、結構主義與解構主義設計等。

了解了服裝設計的各個發展階段，知曉了大師設計的時代背景，再來與大師的作品對話就會事半功倍。與大師作品的對話，常常是透過解讀其作品實現的。一般要經過整體感覺、細節感悟、思路探源和理念解析四個環節。

1. 整體感覺

看到大師的作品，先要找找自己的整體感覺：是喜歡還是不喜歡，是心靈受到了觸動還是平平淡淡。服裝設計作品給人的第一感覺非常重要。第一感覺若是好，就說明自己潛在的情感或是審美理想找到了共鳴，接下來才有興趣去欣賞它和解讀它。以迪奧的作品為例（見圖 3-25），第一感覺這是兩款簡明凝練、潔淨大方、沉穩莊重的作品。這是一種喚回遙遠的記憶，經典雋永、持續久遠的感覺。左邊的服裝造型，明顯帶有 19 世紀時裝緊束胸衣的遺風，豐胸、細腰、寬臀是迪奧「新風貌」的基本特徵。密集排列的五粒扣子和大小適中的衣領，都增加了款式的細緻和嚴謹。右邊的服裝造型則細腰圓臀，兩個帶有裝飾感的口袋形成了服裝獨有的特色。清晰、流暢的衣領線條，圓順、挺拔的整體外觀，恰到好處的扣位設計，都體現了外觀沉穩莊重和做工細膩考究的經典風範。

圖 3-25　簡明凝練、潔淨大方和沉穩莊重的經典作品
（作者：迪奧）

2. 細節感悟

倘若大師的作品在整體感覺上征服了你，得到了你的接受和認同。那麼，你還需要對服裝構成的各個細節進行細緻的分析才能真正地讀懂它。要弄清楚，人們獲得好感的依據是什麼？細節的哪些方面是與眾不同的？道理何在？進而，就能探尋到大師設計成功的奧祕所在。俗話說：「外行看熱鬧，內行看門道。」所謂「門道」，就是品評細節，探究成因。以聖羅蘭的作品為例（見圖 3-26），圖案裝飾是左邊服裝構成的主要特色。採用珠繡工藝縫製的小提琴形象，先進行了圖案化處理，妙在似與不似之間。國畫大師齊白石說過：「太似則媚俗，不似則欺世。」將小提琴形象用在服裝上，一定不要過於真實，但也不能一點都不像。該圖案應用恰到好處，整個形象自然而不拘謹，誇大了其中的 S 形，並將其延伸到袖口裝飾。小提琴上端的弦枕，被簡化成了三條黑色裝飾線，與領口、衣擺黑邊渾然一體，增加了服裝的整體感和裝飾性。兩隻白鴿嬉戲相銜構成了右邊服裝的浪漫氣息。白鴿的形象來自馬蒂斯馬諦斯（Henri Matisse）的剪紙作品，聖羅蘭擅長從現代繪畫題材中汲取靈感，但難度在於如何運用。這兩隻白鴿的運用，讓人們見到了大師的設計功力，它們大小相宜、姿態優美、舒展自然，頓使服裝平中見奇，平添想像的魅力。雖然，兩隻白鴿所依附的服裝過於簡單無華，但服裝整體狀態依然具有抵擋不住的誘惑。

圖 3-26　妙在似與不似之間的圖案運用最高境界
（作者：聖羅蘭）

3. 思路探源

身為設計師，研究了服裝細節之後，還需要多問幾個「為什麼？」他的設計靈感從哪裡來？為什麼要這樣去想？為什麼要這樣去處理？改變一種方式行不行？假如換作自己來設計，面對同一題材、同一靈感，又會怎樣去做？也能收到這樣的設計效果嗎？當每一個問題都能找到答案時，自己的認知和設計水準也就提高了。以麥昆作品為例（見圖 3-27），很明顯這是兩件從東方服飾文化中取材的作品。左邊的靈感來自日本浮世繪中精美的刺繡圖案和色彩，但如果只是將它們拿來一用，並不能完全表現作者的創作思想。因此，附加的充滿靈動感和挑逗意味的塑膠彎管，外加穿綴其中的黑色珠子，才是作品創意的精華所在。其難度在於如何將這個飾品同服裝有機結合，使其超越普通項鏈的局限，刺痛人的心靈。右邊的服裝與日本和服具有一定關聯性，但衣領已被極度誇張，肩袖的不平整突顯了絲綢色澤的光怪陸離，意在反叛和顛覆和服的傳統形象。最精彩的還是藝伎式的髮髻、額頭穿透皮肉的別針和一隻渾濁眼睛的設計，達到了「語不驚人誓不休」的設計境界。

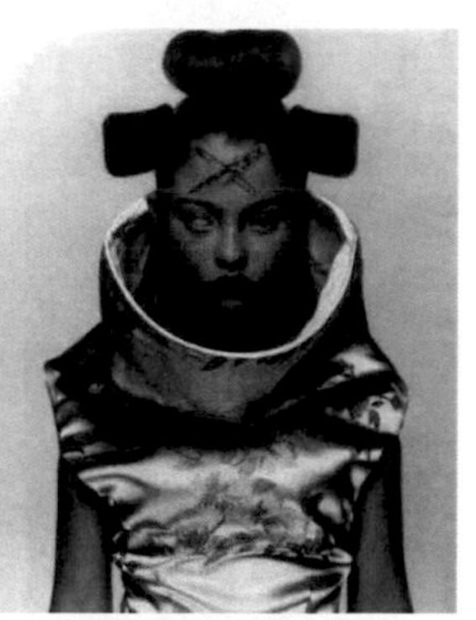

圖 3-27　靈動和挑逗、妖異和狂野的後現代設計
（作者：麥昆）

4. 理念解析

經過現代主義和後現代主義思潮的洗禮之後，時至今日，生活中的每個人都會自覺或是不自覺地運用傳統的現代主義的審美標準去衡量每一件設計作品。因為它們已經滲透到人們的骨子裡，並時時刻刻在影響和規範著人們的生活方式。對於後現代主義作品，人們也會寬容地接納它們的反叛和放蕩不羈。問題的關鍵就是後現代主義並沒有明確的理論支點，也沒有形成具體的美學主張。因此，就不能用一個統一的標準去評價他們的作品，只能順應他們的思路和想法，按照創作的「完成度」去解讀。以約翰·加利亞諾（John Galliano）作品為例（見圖 3-28），左邊的設計，由極度誇張的衣領、充滿野性的衣料加工和強烈的色彩對比，構成了極具戲劇化的妖豔、嫵媚和奔放的視覺形象。不合常理的高高聳立的髮髻，不合常規的粗獷的服裝結構，傲慢的暗黑色口紅，放任的藍色眼影，處處都是不合時宜，卻又處處都符合屬於他自己的道理。右邊的設計，帶有強烈的狂放不羈的原始土著情結。率性自由的上衣，濃郁的土紅色和土黃色，將我們帶入另一個世界。斜裁工藝造就的狂野扭曲的皮裙，流露了加利亞諾的獨特設計語言。腰間深藍色的內裙翻折著古老的圖騰，與深藍色靚麗的頭飾遙相呼應。紋飾般的臉妝、銀光閃亮的項鏈、金屬光澤的臂箍，都在講述著一個古老部落的神祕傳說。

圖 3-28　妖豔、嫵媚和狂放不羈的原始土著情結
（作者：John Galliano）

（三）向大師學習設計

向大師學習設計，是一個廣泛的概念，並不單指服裝大師的作品，而是要向以服裝大師為代表的所有設計師的佳作學習。這既包括新生代設計師的作品，也包括正在熱銷的服裝產品，都是我們需要學習和借鑑的內容。

抱著積極學習的態度，去仔細分析、揣摩和解讀這些設計佳作，就如同經常聆聽這些大師的教誨，會使自己少走很多彎路，學到很多設計實踐的經驗。服裝設計的學習，重在自主學習和自我感悟，自己悟出的道理才是真理。向大師學習也需要先將大師的作品進行大致的分類，可以按照設計目的不同分為作品、產品兩大類。在作品大類當中，按照設計理念的不同，將其分為現代設計、後現代設計兩類。在設計閱歷方面，將設計師分為老牌設計師、新生代設計師兩類。在這裡，出於方便學習的視角，整理出各具鮮明特色的現代經典、後現代佳作、新生代作品和品牌產品四種設計類型。

1. 向現代經典學習嚴謹

在「美就是和諧」的傳統審美意識的感召下，現代服裝大師始終堅持「功能第一」的設計原則，努力讓形式依從於功能，主張簡潔、簡約，認為少就是多，簡潔就是奢華，創造了無數經典。如圖 3-29 所示。

圖 3-29　現代主義的經典範例，皮埃爾·巴爾曼和皮爾·卡登的作品

左邊是皮埃爾·巴爾曼（Pierre Balmain）的作品。他是學建築出身，認為服裝就是會移動的建築，提倡設計要簡潔、適用、有空間感。他的「簡潔與優雅」設計思想在這個裙套裝中被體現得淋漓盡致。白色上衣和裙子簡潔明快，長度符合黃金比例；斜線門襟順延至腰部變成折角，與黑色的扣子巧妙結合。尤為精妙的是，重複了兩條與門襟狀態相同的斜線剪裁和扣子的結合，增加了節奏感，並突顯了這一視覺中心。此外，誇張的黑色帽子、突出的蜜蜂裝飾、包纏的白色頭巾和黑色手套，都匠心獨運、精美絕倫。右邊是皮爾·卡登（Pierre Cardin）的作品。他也對建築情有

獨鍾，作品都有一種建築造型的美感。這套裙裝巧妙運用了偏門襟形式，順勢構成長方形的門襟形態，並在縫線當中暗藏口袋，增加了功能性。門襟和衣領在壓縫裝飾線的同時，還強調了邊緣凸起的細節。按照黃金比例確定袖長，將衣領做成精巧的立翻狀，與帽子的翻折帽檐相映成趣。這些款式簡潔、造型嚴謹、工藝精美的作品，其作者的工作態度和設計方法，都是應該效仿的榜樣。

2. 向後現代佳作學習創造

種種社會因素催生了後現代主義設計思潮的出現，後現代主義設計師認為高級時裝已經走到盡頭，進而高舉反叛傳統的大旗，去否定、破壞、顛覆現存理念和價值。後現代服裝的主要表現是：透視人體（內衣外穿、捨棄內衣等），外露痕跡（舊衣拼湊、縫份外露、裁片無收邊、破洞殘邊等），解構結構（切割再組合、肢解再利用、碎片集合、扭曲變形等），圖像泛濫（不相干的圖像混合、衣料圖案凌亂），材料混搭（衣料再造、高科技材料應用等）。在他們看來，任何東西都是可以拿來「遊戲」的，時裝就是靈感的實驗體。如圖 3-30 所示。左邊是三宅一生（Issey Miyake）的作品。半透明新材料構成的上衣輕盈剔透，徹底顛覆了傳統上衣的造型。衣料再造成就的「三宅一生褶」，增加了褲子衣料的張力，使其舒展、飄逸、直挺平整，充滿東方傳統服飾文化的底蘊。右邊是山本耀司（Yohji Yamamoto）的作品。扭曲不平的上衣門襟、高低錯落的衣擺、自由奔放的內搭，寬肥的褲型和錯位的立襠等，都使設計不同於以往，處處寫滿了叛逆和桀驁不馴的個性。後現代設計的反叛精神和敢想敢為的創造力，非常值得學習和借鑑。

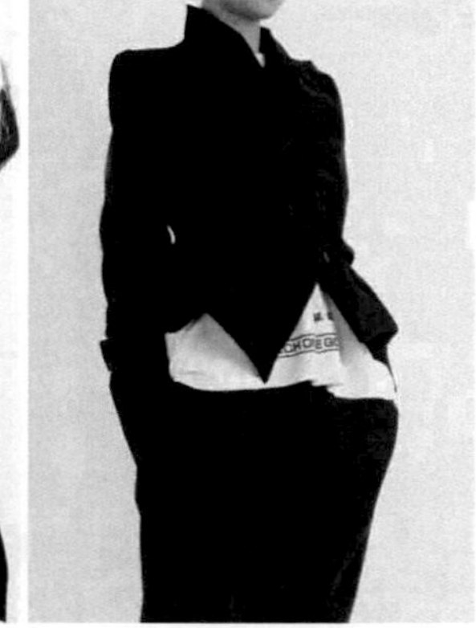

圖 3-30　後現代主義的設計佳作，三宅一生和山本耀司的作品

3. 向新生代作品學習卓越

新生代設計師大多具有「初生牛犢不怕虎」的拚勁和闖勁，無論是在國內服裝設計大賽，還是在國外各大服裝院校的畢業作品發布會，都能看到一些才華出眾的設計新秀和他們出色的作品。如圖 3-31 所示。

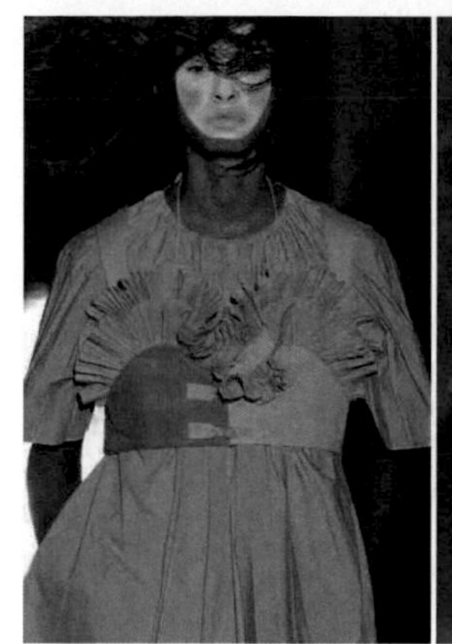

圖 3-31　新生代設計師的作品，可以帶給我們很多驚喜和啟迪

左邊的作品，很明顯是受到後現代設計內衣外衣化的影響，圓弧狀的、多層次的前胸褶邊增加了服裝的活潑氣息，寬鬆肥大的裙身和衣袖，與短小的胸衣形成了對比，強化了服裝構成的矛盾因素，外加鮮明的面具式的臉部化妝，給人以戲劇化的別樣的情境效果。右邊的作品，同樣採用了面具式的臉部裝飾，卻突顯了服裝的土著風情。作品採用不對稱的構成形式來強調服裝的變化性。古樸而粗獷的色彩混搭，誇張而奔放的耳環項鏈，率性自如的褶皺布局，都與面飾相映成趣並構成了相互間的內在關聯性。新生代設計師的作品，儘管在作品的表現力和完成度等方面尚存稚嫩感，但他們對新事物的敏感和願意接受新觀念、嘗試新方法的勇氣，可以為我們帶來很多驚喜和啟迪。

4. 向品牌產品學習時尚

時尚，是指某一時間段裡一些人所崇尚的生活方式或生活狀態，具有常變常新、多樣共存和形式繁多等特性。

① 常變常新。時尚的內容經常變化，變化週期具有不確定性，有時是一兩年，有時可能是三五年。

② 多樣共存。在同一時間內，年輕人的時尚與中老年人的時尚並不相同，即便是同一年齡段的人也會有不同的興趣取向和不同的時尚內容。

③ 形式繁多。時尚會遍及人們衣食住行的各個方面，比如男孩戴耳釘是時尚、老人玩社交軟體也是時尚。

時尚是現代生活的重要組成部分，具有很強的誘惑性，常常使人趨之若鶩。具有時尚感的服裝產品，也會倍受消費者的青睞。因此，設計師必須關注時尚、了解時尚，尤其要關注目標消費群體的時尚。如圖 3-32 所示。左邊是實體品牌「江南布衣」的產品，寬鬆、放任、不甘束縛，是其要表達的審美訴求。嚮往大自然、放鬆身心、漫步生活是現代領薪上班族的普遍心態，設計出能夠滿足這樣心願的服裝，時尚也就蘊含其中了。右邊是虛擬品牌「妖精的口袋」的產品，叛逆、逃避、敏感而又想引人注意，是青春期女孩的潛在願望。因此，輕佻的色彩、怪誕的圖案、讓人捉摸不定的俏皮款式，帶有一些小曖昧的髮型等，就成了屬於她們的時尚感。了解時尚、關注時尚和掌握時尚，是每個設計師必須做好的功課。

圖 3-32　服裝品牌產品，能反映人們時尚的生活方式和審美取向

關鍵詞：設計靈感　包浩斯　現代主義　後現代主義　形式

設計靈感：是設計師在設計創造活動中某種新形象、新觀念和新思想突然進入思想領域時的心理狀態。具有突發性、創造性和瞬時性三個特點。

包浩斯：是「魏瑪包浩斯大學（Bauhaus-Universität Weimar）」的簡稱，1919 年在德國魏瑪市成立。它是世界上第一所設計學院，是現代設計教育的發源地和搖籃。提倡功能化的設計原則，使現代設計對產品功能的物質載體重新加以探索。對材料、造型、使用環境等諸要素也進行了深入研究。為現代設計提供了可遵循的依據和準則，使現代設計更趨於系統化、標準化，對現代人的生活方式影響深遠。1933 年，包浩斯遭到希特勒（Adolf Hitler）納粹黨迫害而被迫關閉。

現代主義：形成於 20 世紀初的歐洲，起源於德國、荷蘭和俄國，以包浩斯為中心的現代主義建築為先驅。在當時的歷史條件下，著重體現重功能、重經濟、重技術的設計思想，以滿足公眾緊迫的物質需求。但也存在過於單一、理性、枯燥，缺少人情味等弊端。

後現代主義：形成於 1960 年代後期的歐美。以反對現代主義的簡單化、模式化和追求人情味為起點，以「不確定性」、「非中心性」、「非整體性」等理論為基礎。認為人的意識形態具有強烈的社會性，各種人群必然會受到地域、民俗習慣、文化結構、觀念形態、生活環境等因素的影響而導致人們審美的多元化，從而使藝術不斷創新和多元並存。

形式：有狹義和廣義之分，狹義的形式是指事物的外形、樣式和構造，比如山、水、魚、鳥、書、筆、汽車、建築等。廣義的形式是指所有事物的構成狀態和其系統，比如數學、音樂、語言、電影、基因、生命等。

課題名稱：思考切入訓練

訓練項目：

(1) 單一手法設計
(2) 多種手法設計
(3) 向大師學設計

教學要求：

(1) 單一手法設計（課堂訓練）

根據某一設計手法的形態特徵進行創意構想，繪製一個系列 3 套創意女裝設計手稿。

方法：任選一種自己感興趣的設計手法，並以這一設計手法的形態特徵為思考主題，進行系列服裝的創意構想。要努力將這一設計手法運用到極致，要有大小、疏密、穿插、堆疊等變化，並要注意服裝構成的系列感、豐富性和完整性。要將這一設計手法勾畫在畫稿空白處，以強化思路。採用鋼筆淡彩的表現形式。紙張規格：A3 紙。(圖 3-33 ～圖 3-41)

(2) 多種手法設計（課堂訓練）

將兩種設計手法運用到服裝構成中，構想和繪製一個系列 3 套創意女裝設計手稿。

方法：將兩種設計手法或元素運用到一個系列服裝當中，可以增加服裝的豐富性和表現力，但要注意主次關係，不能平均分配，要以一種為主，其餘為輔。同時，兩種設計手法在每套服裝上都要有所體現，不能在這套服裝上用這種，在那套服裝上用那種。其他要求同上。(圖 3-42 ～圖 3-50)

(3) 向大師學設計（課後作業）

利用大師使用過的設計手法進行延伸設計構想，繪製一個系列 3 套創意女裝設計手稿。

方法：借助網路收集 5 張以上服裝大師的作品圖片。服裝大師只是一個概念，若是找不到大師作品，一般設計師作品亦可。在 5 張圖片中任選一種設計手法作為原型，進行一個系列創意女裝的延伸構想。要對這一設計手法深入細緻地研究，向大師學習設計手法的運用技巧，要抓住特色、舉一反三和靈活應用。要將大師作品圖片黏貼在畫稿的空白處，注意服裝構成的系列感和豐富性。採用鋼筆淡彩的表現形式。紙張規格：A3 紙。(圖 3-51 ～圖 3-59)

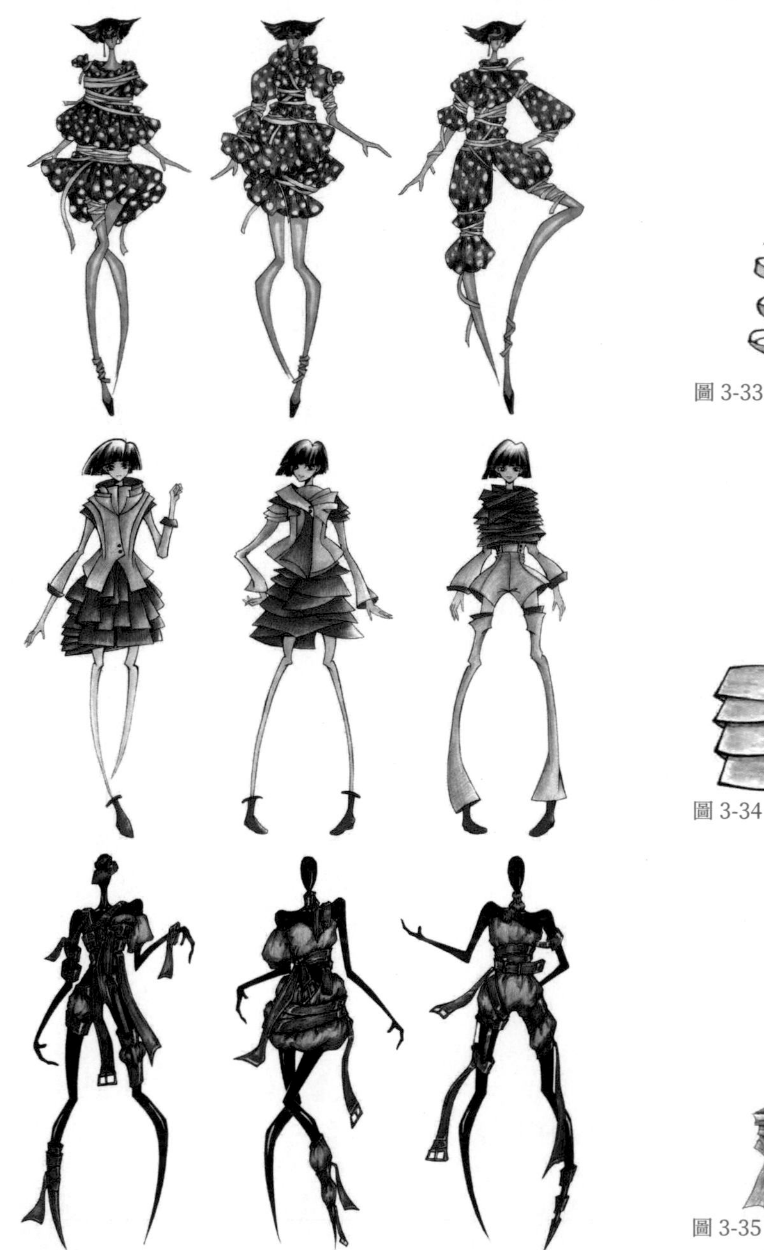

圖 3-33　單一手法設計
陳斯儀

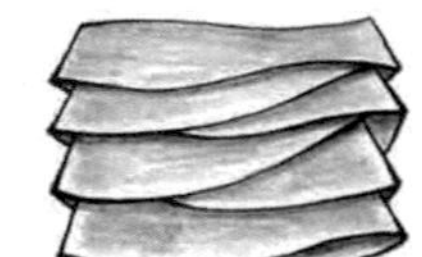

圖 3-34　單一手法設計
程婷

圖 3-35　單一手法設計
童佳豔

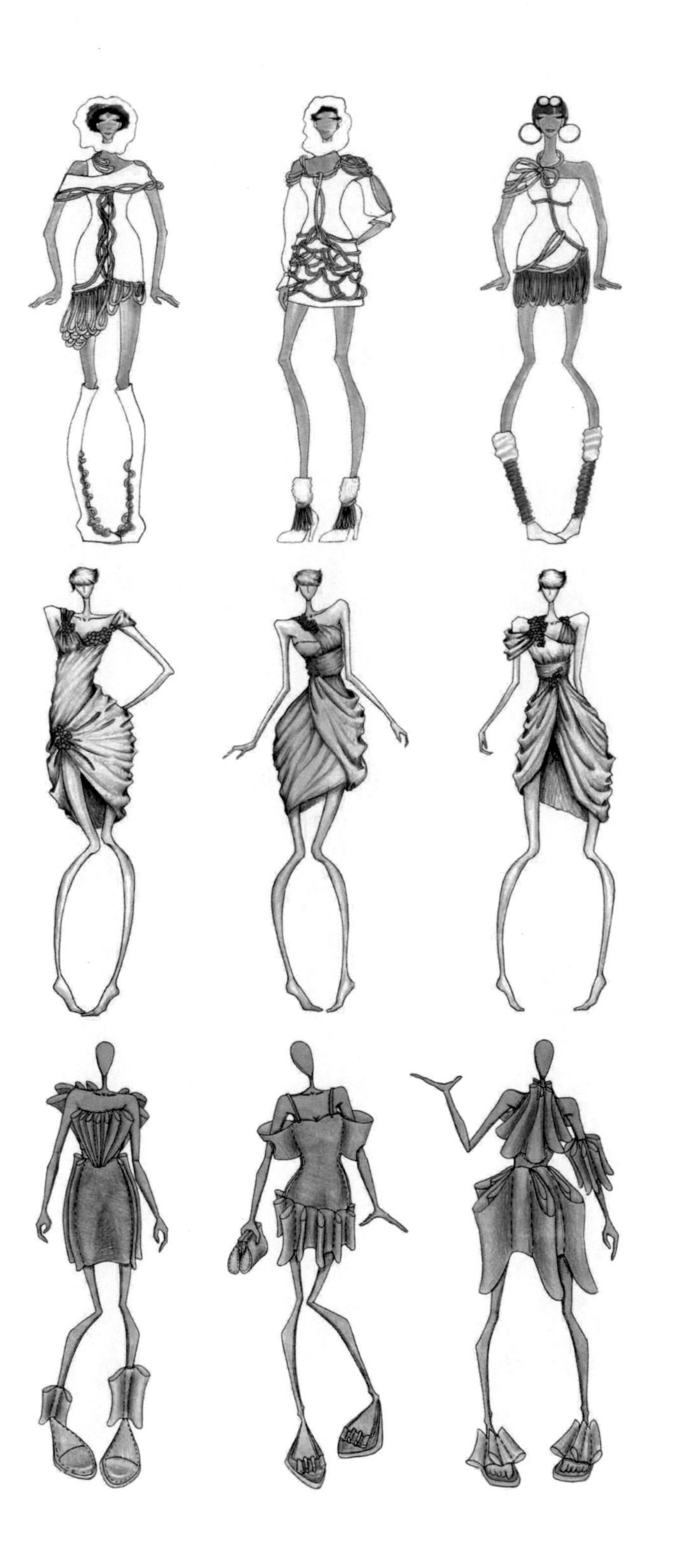

圖 3-36　單一手法設計
牛玉瓊

圖 3-37　單一手法設計
蔡曉紅

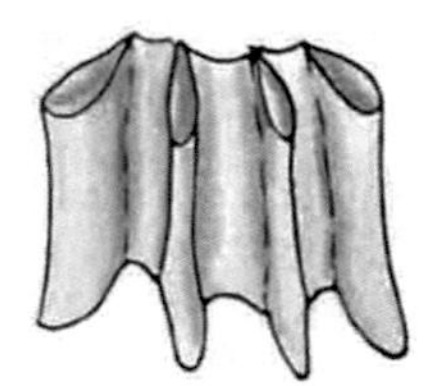

圖 3-38　單一手法設計
邱垚

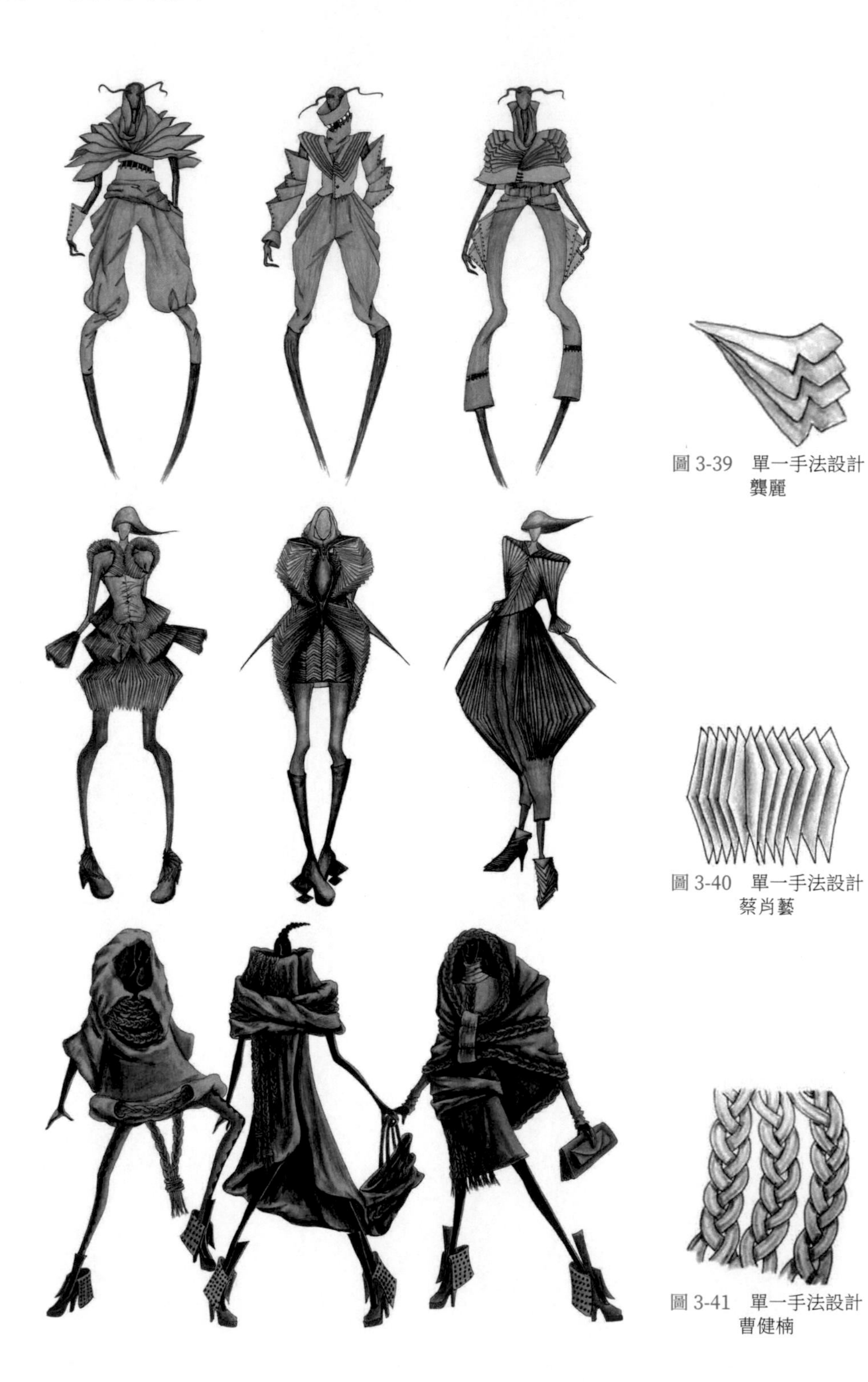

圖 3-39　單一手法設計
龔麗

圖 3-40　單一手法設計
蔡肖藝

圖 3-41　單一手法設計
曹健楠

圖 3-42　多種手法設計
賀佩佩

圖 3-43　多種手法設計
劉亞藝

圖 3-44　多種手法設計
曹碧雲

圖 3-45　多種手法設計
龔萍萍

圖 3-46　多種手法設計
程婷

圖 3-47　多種手法設計
劉佳悅

圖 3-48　多種手法設計
童佳豔

圖 3-49　多種手法設計
龔萍

圖 3-50　多種手法設計
劉佳悅

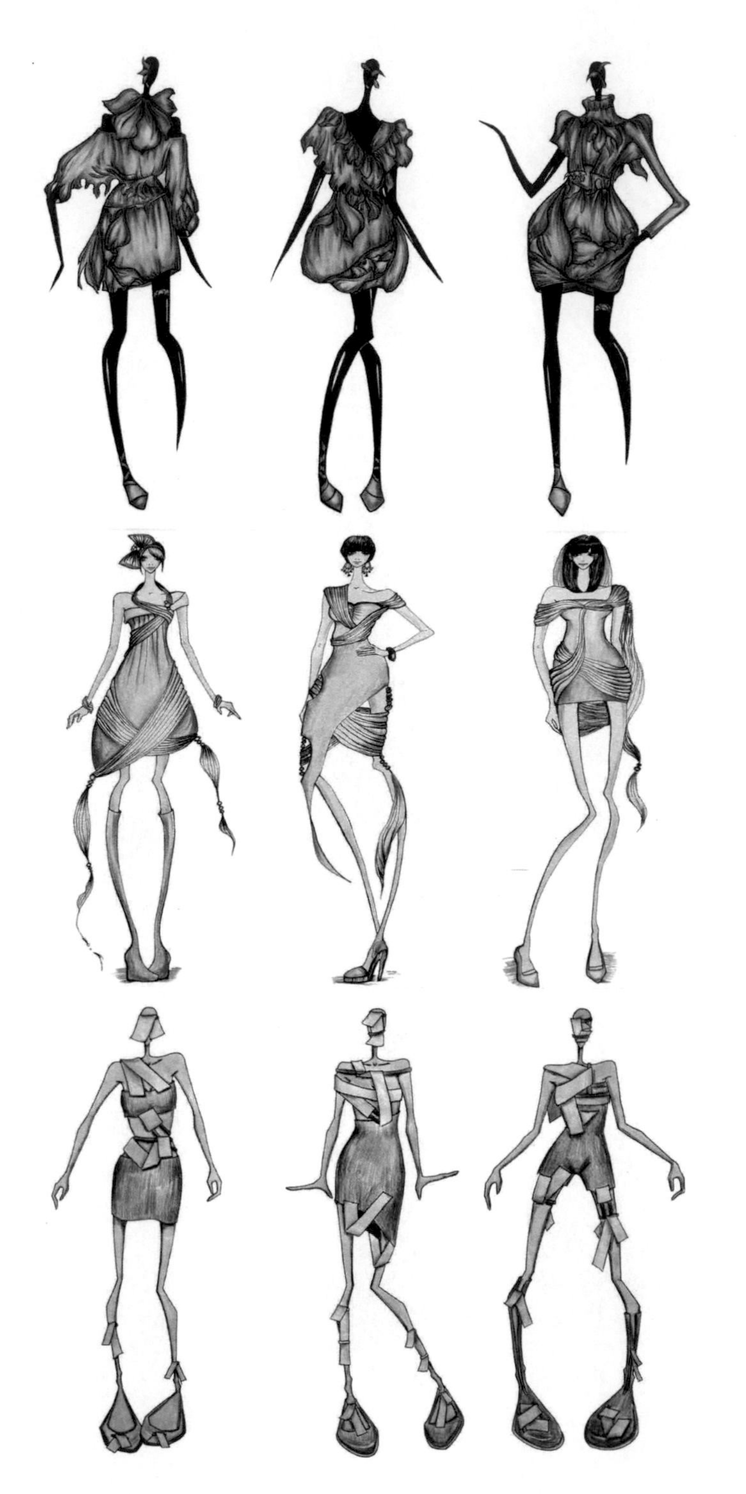

圖 3-51　向大師學設計
盛一丹

圖 3-52　向大師學設計
牛玉瓊

圖 3-53　向大師學設計
邱垚

圖 3-54　向大師學設計
李咪娜

圖 3-55　向大師學設計
李若倩

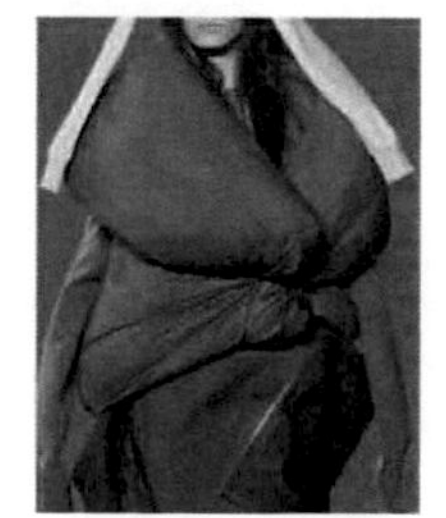

圖 3-56　向大師學設計
姚運煥

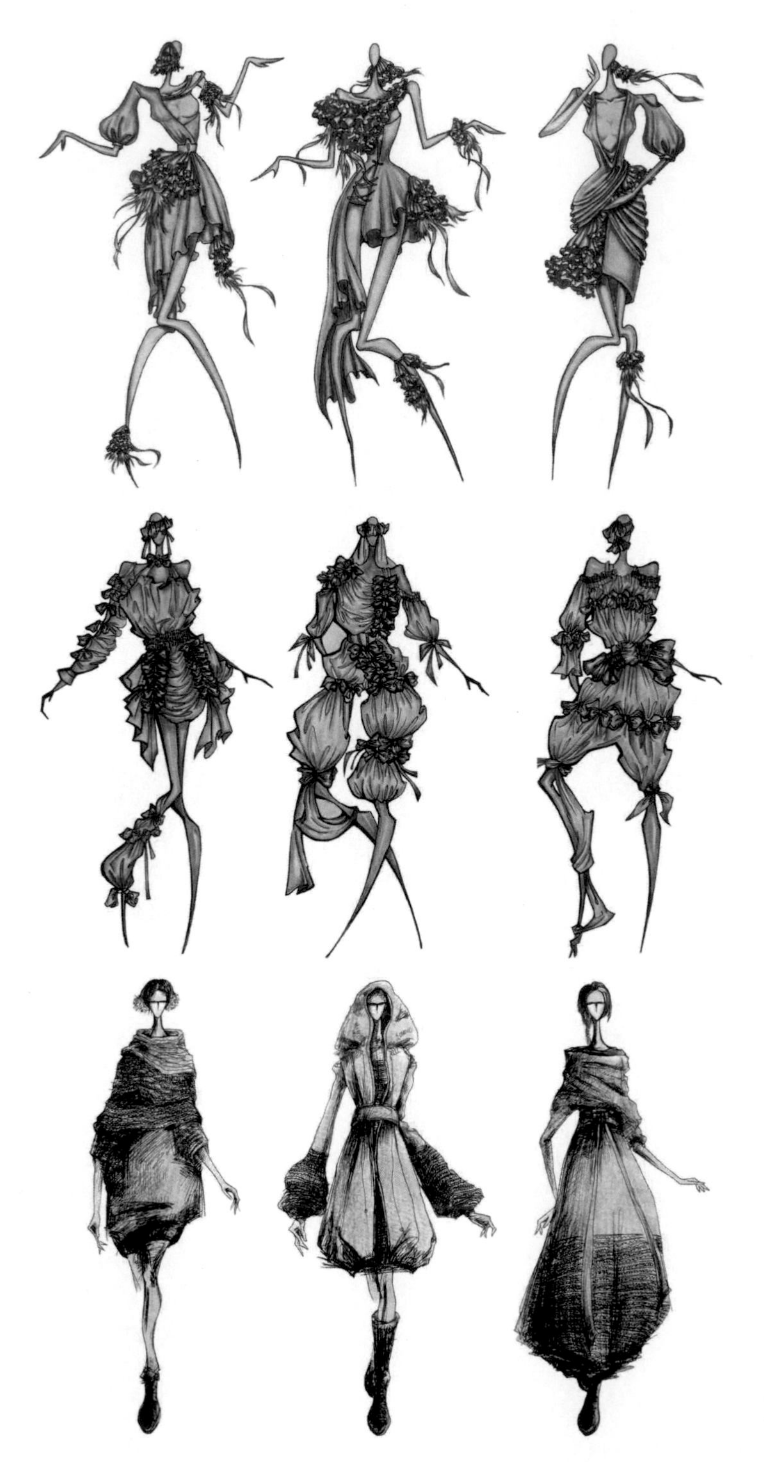

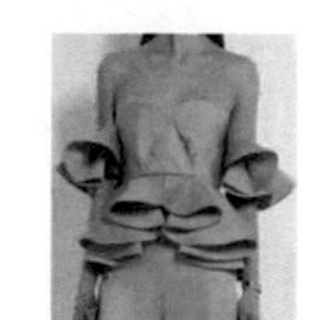

圖 3-57　向大師學設計
龔萍

圖 3-58　向大師學設計
劉佳悅

圖 3-59　向大師學設計
李曉娜

課題四 衣料再造設計

衣料是製作服裝的基本材料，是設計思想的物質載體，也是服裝構成的基本要素。如果脫離了衣料去討論服裝設計，就變成了紙上談兵。

一、衣料材質認知

製作服裝的衣料，以紡織品為主，以非紡織品為輔。若想了解和分辨種類繁多的紡織品之間的不同，首先要弄清楚織造這些紡織品的纖維性質各有哪些特點，並要懂得纖維、紗線與紡織品的構成關係，因為織造紡織品的原材料就是纖維（見圖 4-1）。服裝衣料按照纖維性質分類，可以分為天然纖維衣料和化學纖維衣料兩大類。

圖 4-1　紡織品是將纖維捻成紗線再經紡織製成

（一）天然纖維衣料與化學纖維衣料

1. 天然纖維衣料

天然纖維衣料，是指採用從自然界提取的纖維原材料加工製成的紡織品。天然纖維主要包括植物纖維、動物纖維和礦物纖維三大類。

天然纖維衣料的優點：綠色環保、穿著舒適、透氣性和吸溼性良好、對身體無副作用等。

天然纖維衣料的缺點：易縮水、易起皺、易磨損、易褪色、易變形、耐久度差等。

天然纖維衣料以棉、麻、絲、毛四大種類為主，每一種天然纖維原料都可以紡織和生產出多種品項的衣料（見圖 4-2）。每一種天然纖維又都是可以再生的自然資源，蘊含著「天人合一」、「回歸自然」、「綠色環保」等樸素的哲學思想。採用天然纖維衣料製作的服裝，無論是作品還是產品，都具有天然、環保、質樸、舒適的特徵，外帶一種返璞歸真的親切感。天然纖維衣料是最受設計師青睞、最受消費者歡迎和應用最多的服裝製作材料。

2. 化學纖維衣料

化學纖維衣料，是指採用天然的或人工合成的高分子化合物為原料，經過加工製成的紡織品。

化學纖維主要有人造纖維和合成纖維兩大類。人造纖維稱為「纖」，又稱再生纖維，是以天然聚合物（如木材、甘蔗渣、蘆葦、竹子等）為原料，經過加工製成的纖維。如黏膠纖維衣料，就是以木材作為原料，從天然木纖維素中提取並重塑纖維分子而得到的纖維素纖維。它是人造纖維加工紡織品的代表，其纖維又分為棉、毛和長絲等類型，織造的衣料就是俗稱的人造棉、人造毛和人造絲。合成纖維稱為「綸」，是指從石油、天然氣中提取低分子物質，再透過人工合成和機械加工製成的纖維，包括滌綸(Polyester)、錦綸（英語：Nylon)、腈綸(Acrylic fiber)、維尼綸(Vinylon 或 Vinalon)、丙綸(Polypropylene)、氯綸(Polyvinyl Chloride)、氨綸(Spandex／Elastane)等種類。

織物	特性	種類
棉	質地柔軟、吸溼性強、透氣性好、手感舒適、比較耐用，但易縮水、易起皺、易磨損、易褪色	平紋織物有粗布、細布、府綢、麻紗、泡泡紗、毛藍布等；斜紋織物有卡其、斜紋布、華達呢(Gabardine)、牛仔布等；緞紋織物有直貢呢、貢呢等；絨類織物有燈芯絨、平絨、絨布、絲光絨等
麻	質地堅固、吸溼散溼快、透氣性好、手感清爽、導熱性強，但易縮水、易起皺褶	亞麻布、手工苧麻布、機織苧麻布等
絲	質地輕薄、光澤艷麗、吸溼散溼快、彈性好、手感細滑、垂墜度強，但易縮水、易皺褶、易斷絲、易沾油汙	紡織品有電力紡、富春紡、杭紡等；縐織品有雙縐、碧縐等；綢織品有塔夫綢、雙宮綢、美麗綢等；緞織品有軟緞、縐緞等；錦織品有蜀錦、雲錦、宋錦等；紗織品有素紗、花紗、喬其紗等；絨織品有喬其絨、搖立絨、金絲絨等
毛	質地豐滿、光澤含蓄、保暖性強、透氣性好、手感柔和、彈性極佳，但易縮水、易起毛球、易被蟲蛀	精紡呢絨有華達呢、花呢、直貢呢、啥味呢、凡立丁、派力司等；粗紡呢絨有法蘭絨、粗花呢、大眾呢、海軍呢、麥爾登呢、大衣呢等；絨類有長毛絨、駝絨等

圖 4-2　天然纖維衣料的特性及種類

化學纖維衣料的優點：結實耐磨、富有彈性、抗皺性能好、縮水率低、易洗易干、不易變形、不易褪色等。

化學纖維衣料的缺點：吸溼性透氣性較差、容易起毛球、易產生靜電、易吸附灰塵、對皮膚有刺激等。

化學纖維衣料，簡稱「化纖衣料」，其種類也有很多（見圖 4-3）。由於生產化學纖維衣料的原料主要來自石油，又是經過化學加工製造而成，因此在擁有成本低廉、牢固耐用等優勢的同時，又有製作的服裝級別較低、穿著也不舒適等缺陷。因此，採用純化纖衣料製作的服裝已經越來越少，化學纖維衣料更多地被用於生活的其他方面，如窗簾、沙發布、裝飾布等。但隨著現代紡織科技的快速發展，化學纖維衣料的不足正在逐步得到改善，很多化學纖維衣料已經具備了一定的環保性能，在穿著的舒適性方面也改善了很多。

織物	特性	種類
黏膠纖維(Viscose)	屬於人造纖維，具有柔軟滑爽、色澤鮮亮、吸溼性通氣性能強、很像棉布等優點；但也有遇水變硬、縮水率呢等大、抗皺性差等缺點	人造棉、人造絲、人造毛、羽紗、美麗綢、富春紡、人造軟緞、人造華達呢等

聚酯纖維（PET）	屬於合成纖維，具有抗皺性能強、保形性能好、易洗易乾、久穿不破損、久曬不褪色等優點；但也有透氣性差、易帶靜電、易沾灰塵、不易上色等缺點	聚酯混紡有府綢、卡其、細布；毛滌混紡有凡立丁、派力司、毛滌花呢；滌絲混紡有仿絲綢、仿絲緞；滌麻混紡有仿麻摩力克等
錦綸（PA）	屬於合成纖維，又稱尼龍。具有強度高、彈性大、不怕水、耐磨性高、重量較輕等優點；但也有吸溼性透氣性差、怕酸、怕火、怕燙、怕紫外線等缺點	錦綸塔夫綢、錦綸縐、錦綸彈力絲、錦綸毛花呢等
腈綸（PAN）	屬於合成纖維，有合成羊毛之稱。具有手感柔軟、色澤鮮豔、彈性蓬鬆性較好、強度高等優點；但也有耐磨性差、易沾油汙等缺點	腈綸駝絨、腈綸花呢、腈綸華達呢等
氨綸（PU）	屬於合成纖維，又稱萊卡。具有手感平滑、彈力性能強、吸溼性透氣性好、伸縮自如、不易皺等優點	彈力牛仔布、彈力斜紋布、彈力華達呢等

圖 4-3　化學纖維衣料的特性及種類

儘管採用純化學纖維衣料製作的服裝並不適合人們穿著，但化學纖維的作用卻不能輕視，人們日常生活穿著的服裝，大多都有混入化學纖維。也就是說，人們平時穿著的服裝衣料，純天然纖維和純化學纖維的衣料少之又少，多數都是採用化學纖維與天然纖維混紡或交織製成的混紡衣料。混紡衣料在服裝衣料構成中占有 90% 以上的比例。

常見的混紡衣料有滌綸／棉混紡、毛／滌綸混紡、毛／腈綸混紡、毛／錦綸混紡等，還包括兩種天然纖維的混紡和兩種化學纖維的混紡等類型。混紡衣料在製作服裝方面具有很多優勢，混紡的纖維可以相互截長補短，使衣料發揮超常的實用性能。化學纖維與天然纖維的混紡，彌補了各自的不足，更能體現各自的長處，滿足人們對服裝的各種需求。混紡衣料還可以根據服裝內衣與外衣不同的功用，調整不同的纖維成分比例。如採用 65% 滌綸與 35% 棉混紡織成的滌棉衣料，具有耐磨、挺拔、不縮水、不易皺、易洗快乾等特點，非常適合製作外衣。而製作內衣的滌棉混紡衣料，大多都是棉的成分大於 60% 的配比。這樣的內衣衣料既具有舒適和環保的性能，也具有良好的耐穿性。

（二）紡織品與非紡織品

服裝衣料按照生產方式分類，分為紡織品和非紡織品兩大類。在紡織品中，又有機織（梭織）衣料、針織衣料之分；在非紡織品中，又有皮革、毛皮、不織布、塑膠布等種類。在紡織品中，不同的生產織造方式，會使衣料各具不同的外觀狀態和特性；在非紡織品中，不同的加工工藝和不同的材料，會使衣料各具不同效能和用途。

1. 紡織品

(1) 機織衣料，也稱「梭織品」或「機織品」，是指由經紗、緯紗按照一定的沉浮規律相互交織而成的織品。其中，經紗是縱向排列的紗線，緯紗是橫向排列的紗線。無論是手織布還是機織布，都是先把經紗排列好，再用織布梭或其他機械方式將緯紗帶入，使經紗和緯紗相互交織織成衣料。（見圖 4-4）

圖 4-4　由經紗和緯紗交織織成的機織衣料

機織衣料的起源較早，人類的機織技術差不多是和農業生產同時開始的。紡織技術的出現，標誌著人類已經脫離了茹毛飲血的原始時代，進入文明社會，這是人類發展史非常重要的事件。機織技術之所以較早地被古人發現和掌握，是因為機織生產的工藝原理相對簡單，就如同村民採用竹條、柳條編筐編簍的橫條與豎條交織的原理一樣，很容易被人們理解和接受。在衣料紡織工藝中，經、緯紗相互交織的規律和形式被稱為織物組織。最基本的織物組織有平紋組織、斜紋組織和緞紋組織三種類型，在此基礎上再經過發展變化，就形成了現今品項眾多的衣料組織結構。機織衣料在服裝構成中所占比例很大，外衣大多數採用的都是機織衣料。這是因為機織衣料的經、緯紗線相互交織，可以相互牽制，致使機織衣料的延伸性、彈性和透氣性都很小，但在牢固性、耐用性、直挺平整感以及穩定性方面具有其他衣料所不具備的優勢。(見圖 4-5)

圖 4-5　直挺平整感和穩定性，是機織衣料服裝的主要特徵

(2) 針織衣料，也稱「針織品」，是指由一根或多根紗線構成的線圈相互套結而成的織品。針織衣料出現的時間要比機織衣料晚了很多，它是在 1589 年，英國人威廉·李（William Lee）發明了第一臺手搖針織機之後發展起來的。1870 年代，隨著馬達的出現，手搖針織機也逐漸被電動針織機所取代。

針織衣料織造的基本原理與家庭手工編織毛衣很相像。用兩根竹針，將一根毛線按照一定的程序和規律環環套結，就編織成了毛衣的衣身或是衣片，具有織造工藝簡單、衣料質地柔軟、穿著舒適等優點。針織衣料以其柔軟、舒適和具有彈力的特性，一經問世就受到人們的青睞（見圖 4-6）。針織衣料最少可以用一根紗線編織形成，但是為了提高生產效率，現今的針織技術大多採用多根紗線進行編織。1970 年代，圓型緯編針織機（舌針）每分鐘大約可編織 3000 個線圈橫列，生產效率大為提高。目前，電腦控制技術和電子提花技術已在各類針織機械產品中普遍應用，在進

一步提升生產效率的同時，也拓寬了針織衣料的花色品種範圍，提高了針織衣料的挺度、免燙和耐磨等特性。

由於針織品有較好的透氣性、延伸性和彈性，所以被更多地用作內衣衣料，如T恤、內衣、內褲、運動裝、戶外裝等。隨著新的文化思潮、設計觀念和著裝理念的出現，加上針織產業的不斷發展，針織產品的花色品種日益豐富，針織衣料正在呈現由內衣用料向外衣用料、由基礎款式用料向創意款式用料發展的趨勢，在服裝衣料中的所占的比例也越來越大。(見圖 4-7)

圖 4-6　由紗線線圈相互套結織造而成的針織衣料

圖 4-7　柔軟、舒適和彈性，是針織衣料服裝的主要特徵

討論針織衣料，不能不提及編織衣料。編織衣料，也稱毛織品，是指運用粗紡或精紡毛線為原料，採用手工或是編織機械製成的服裝或衣片。編織衣料由於具有優越的保暖性、穿著的舒適性和粗獷豪放的外觀，成為設計師張揚個性的新寵，越來越多地被用於服裝作品當中。(見圖 4-8)

圖 4-8　溫暖、厚重和粗獷，是編織衣料服裝的主要特徵

2. 非紡織品

非紡織品主要是指皮革、毛皮等無須經過紡織手段獲得的服裝材料。在人類歷史上，最早用於製作服裝的材料就是獸皮。皮革以人工飼養的牲畜皮為主，如牛皮、羊皮、豬皮、馬皮等;毛皮，也稱「裘皮」，以羔羊毛皮、綿羊毛皮、狗毛皮、兔毛皮等為主，外加少量貴重的貂毛皮、水獺毛皮、狐狸毛皮等。

皮革和毛皮都具有保暖、耐用和高貴等品質，成為製作服飾品和秋冬季服裝的重要材料。皮革的特性：柔韌直挺平整、牢固耐磨、保暖透氣，具有光滑細膩和挺拔幹練的外觀。毛皮的特性：輕盈保暖、手感柔滑，具有雍容華貴和溫暖柔和的外觀。隨著染色工藝和處理技術的不斷提高，皮革和毛皮都可以染上各種色彩並以各種不同的外觀風格出現，因此越發受到人們的喜愛。(見圖 4-9)

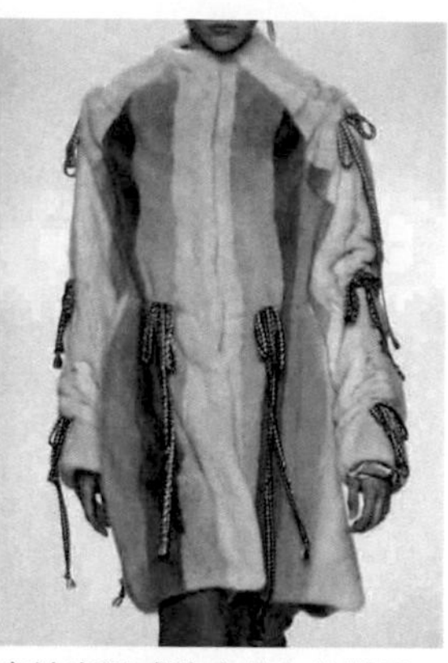

圖 4-9　質地細膩、富於光澤感的皮革和外觀柔軟、富於溫暖感的毛皮

然而，純天然的皮革和毛皮，要受到牲畜數量及養殖規模等方面的限制。隨著人們環保意識的逐步增強，成本低廉的人造皮革和人造毛皮逐漸被更多人所接受。人造皮革是指在衣料底布上塗上乙烯、尼龍樹脂等，使其表面具有類似於天然皮革的結構和外觀的仿皮革製品。其中，聚胺酯合成革的發展最快，原因是這種合成皮革採用了具有微孔結構的聚胺酯做表層，以聚酯纖維製成的不織布做底布，具有較好的耐磨性、耐水性和透水性，仿真效果好，加之易洗、易車縫、價格便宜，便成為一種廣泛使用的皮革替代品。人造毛皮是指採用機織、針織或膠黏的方式，在織物表面形成長短不一的絨毛，具有接近天然毛皮的外觀和服用性能的仿毛皮製品。

在非紡織品中，除了用量較多的皮革、毛皮、人造皮革和人造毛皮之外，還有很多傳統或是現代服裝新材料，如傳統的塑膠布、不織布、毛氈、紙漿等，新型的非紡織品材料，如 TPU（聚胺酯）衣料、太空棉衣料等。在設計師創意作品的推波助瀾下，這些傳統的和新型的非紡織品材料，已經逐漸被人們了解和接受，應用也越來越廣泛。（見圖 4-10）

圖 4-10　半透明霧面的 TPU 衣料和質輕外柔的太空棉衣料

（三）衣料性能與衣料運用

服裝衣料究竟有多少種類，幾乎沒有人能夠數得清，而且隨著時代的不斷進步和現代紡織技術的快速發展，不適應時代發展需要的舊衣料會被逐漸淘汰，新衣料也會被不斷地創造出來。也許就在我們討論這個話題的時候，一種新型的衣料就已經悄然問世了。

設計師關注服裝衣料主要側重於三個方面：一是從衣料的基本分類去辨識衣料的構成成分、特性和用途，以便掌握衣料的基本性能和外觀狀態，更好地使用它；二是要尋找到幾種自己最喜歡的和應用最順手的衣料，透過不斷地應用摸清它們的使用特性，並以此為基點再去拓展新的衣料應用空間；三是要關注服裝材料的最新發展，不斷地為自己的服裝創意吸納新衣料和新材料，為設計注入新鮮感和時尚感。

初學服裝設計，最容易出現輕視衣料的錯誤。初學者常常誤以為，服裝衣料就是為了製作服裝而生的材料，自己設計出什麼樣的款式，衣料就能夠把它表現出來，並沒有什麼值得特別關注和研究的。現實並非如此，每一種衣料都有自己的性能特徵和適合表現的服裝款式範圍。換言之，就是任何衣料都有自己的優缺點，運用不恰當就不能發揮其特長，超出了衣料所能承受的範圍，衣料的短處就會暴露無遺，就製作不出自己所預想的設計效果。

作為一名出色的設計師，不僅要善於發現衣料的特長和優勢，還要努力將衣料的多方面性能發揮到極致，做到出類拔萃才會獲得真正意義上的成功。作為服裝作品的創意，在衣料實用性能方面可能要求不高，但對衣料的薄厚、重量、硬挺度、懸垂感、表面紋理、外觀感受等方面要求較高，必須符合創意構想；作為服裝產品的設計，則要在衣料的實用性能和物理性能方面進行深入研究，才能使產品在消費者穿著使用時不會出現品質問題。衣料的服用性能主要有：保暖性、吸溼性、透氣性、熱傳導性、防水性等；衣料的物理性能主要有：織物強度、織物密度、織物彈性、耐磨度、耐熱度、色牢度、縮水率、起毛起球程度等。服裝產品的開發和創新，要讓消費者穿起來放心，用起來省心，耐穿實用，便於打理才是硬道理。

設計師對衣料的掌握，需要在真正意義上與衣料進行溝通和交流，需要心靈上的感悟和體驗，需要一次次地嘗試、試驗和探索，才能達到得心應手、運用自如的程度。就服裝製作而言，一般是厚度中等、質地樸實、外觀直挺平整、無彈性、不光滑的衣料最容易控制和掌握，適合初學者使用。這樣的衣料主要有：粗布、細布、府綢、印花布、泡泡紗、毛藍布、牛仔布、帆布、卡其、嗶嘰、斜紋布、華達呢、平絨、法蘭絨、大眾呢、粗花呢等。（見圖 4-11）

圖 4-11　棉布、混紡等衣料最容易掌握，對工藝技術要求不高

絲綢衣料、針織衣料和皮革衣料，掌握起來稍有難度，對縫製工藝也有一定的技術要求。絲綢衣料的薄、軟、滑、垂，針織衣料的彈力、孔洞，皮革衣料的厚度、硬度等方面，都具有一定的技術難度，適合具有一定設計經驗的設計師使用。這樣的衣料主要有：雙縐、塔夫綢、軟緞、縐緞、羽紗、喬其紗、針織衣料、皮革等。（見圖 4-12）

毛皮衣料、高彈性衣料和搖粒絨衣料以及一些代用材料，掌握起來難度最大，但這些衣料或材料卻最具個性特點。尤其是那些代用材料，對於服裝創意最具誘惑力。在使用時，必須對其進行軟化處理，使其具有衣料的某些實用性能。比如將大塊材料切割成小塊、將厚的變成薄的、將材料黏貼在衣料表面等。這樣的衣料及材料主要有：裘皮、人造毛皮、萊卡、金絲絨、

麻繩、銅線、塑膠、紙張、木片、竹條、珠片、貝殼、羽毛等。(見圖 4-13)

圖 4-12　喬其紗、皮革等衣料較難掌握，對縫製工藝要求高

圖 4-13　代用材料的軟化處理，使其具有了服裝衣料的屬性

二、衣料再造方法

衣料再造，是指服裝設計師對現有衣料進行的改造和第二次設計。透過衣料再造的過程，使其融入設計師的思想和情感，具有更加鮮明的個性特徵。

衣料的第一次設計，包括纖維成分、紗支粗細、組織結構、色彩花型等都是在衣料織造之前，由衣料設計師或是紡織工程師設計完成的。衣料再造，則是由服裝設計師後期設計製作的。對衣料進行再造，已經成為現代服裝設計的重要組成部分。

從衣料再造現象的表層去理解，設計師大多是出於對固定成型衣料的色澤、質地、性能等外觀效果不太滿意，才會對其進行再造處理，以凸顯服裝作品的排他性和個性。從衣料再造現象的深層去分析，衣料再造的行為實際上是順應了後現代主義思潮「否定、反叛、破壞和顛覆現存理念」的設計主張而做出的選擇。後現代主張的設計師認為，如果不加改造地使用了現有的衣料，就等於被動地、毫無條件地接受了社會的既定理念，這樣的服裝設計創造就會變得不夠純粹、不夠叛逆和不夠自由。

早在 1960、1970 年代，西方和日本的設計師就把後現代藝術的觀念融入衣料的再造和創新之中，使服裝設計發生了革命性的變化並影響至今。儘管在此之前，一些設計師也曾將刺繡、亮片、褶皺等用於高級成衣的製作，但其應用的目的只是修飾和美化，而後現代設計師的衣料再造，則是為了顛覆和破壞，兩者的做法相近但創造行為的本質卻完全不同。(見圖 4-14)

以三宅一生為例。拿到一種新衣料，他總是將衣料包裹在身上，行走、辦公、睡覺，或是站在鏡前披掛、比試，或是揮動手臂快速轉動，以確定衣料的性能和舒適程度，尋找再造的可能性。他還經常專門去找紡織工人，搜尋織壞了的次級品衣料以及地毯零碼布，希望從中獲得靈感和啟發。有時，他還自己動手去紡線、織布，所有可以用來織成衣料的東西都去嘗試，比如雞毛、紙張、橡膠、塑膠、籐條等。

圖 4-14　在成衣裁片和半成品上進行的釘珠片再造過程

在每次設計創作之前，他都會與衣料展開一次親密的思想交流，只有完全熟悉了衣料的性能，他才會動手勾畫設計草圖。正如他所說：「我總是閉上眼睛，等待織物告訴我要做什麼。」為此，他不遺餘力地對材料進行分割、扭曲、再組合等上百次加工和改進，直至成就令人耳目一新的服裝。

衣料再造在服裝設計當中主要有三方面作用：

① 提高服裝的觀賞品味。透過衣料再造，可以增強服裝的表現力，提升服裝的觀賞價值，給人不一樣的視覺感受，滿足人們對個性美的審美訴求。

② 增強服裝創意的原創性。透過衣料再造，既能把平凡的衣料變成不平凡的衣料，也能把平常的服裝變成不尋常的服裝，增加服裝創意的原創性，引起人們的關注和認可。

③ 提高成衣的附加價值。經過特殊處理之後的衣料，無論是服裝作品還是服裝產品，其藝術價值都會隨之提升。尤其是高級成衣的手工衣料再造，更能增加成衣的個性魅力和設計價值。衣料再造的形式和方法各式各樣，主要有變形再造、變色再造、加法再造、減法再造和編織再造五種類型。

(一) 衣料變形再造

衣料變形再造，就是對衣料進行擠、折、擰、堆、繫等處理，改變衣料原有的外表形態和狀態，使其產生起伏感、浮雕感的再造形式。具體的再造方法有多種，如褶皺、起筋、褶襇、絎縫、堆積、折疊、抽皺、紮結、填充、纏繞、壓花等。

1. 褶皺

褶皺，是指將衣料外表一條一條地擠壓，使平坦的衣料表面出現眾多起伏皺褶的再造方法。

由於褶皺再造都要採用熱壓定型，所以衣料應具有很好的伸展性和回彈性。借助於褶皺再造，在有序或無序、或大或小的皺褶起伏中，平淡的衣料可以變得鮮活生動，製作的服裝也會更加具有厚重感、節奏感和律動感。(見圖 4-15)

圖 4-15　褶皺衣料會增加服裝的厚重感、節奏感和律動感

2. 起筋

起筋，是指將衣料外表折起，並用縫紉機或手縫針一條一條地縫固定，使衣料表面的條條折稜突起的再造方法。

由於起筋再造必須在衣料表面壓縫固定，就使每條突起的折稜具有輪廓清晰、外觀挺拔的視覺特徵。對服裝具有很強的裝飾作用和塑型能力，既可直線狀排列，也可曲線狀造型。（見圖 4-16）

圖 4-16　起筋再造的曲線和直線排列，都具有很強的裝飾作用

3. 絎縫

絎縫，是指用縫紉機或手縫針在衣料表面壓縫一條一條裝飾線，使衣料外觀帶有裝飾線線跡裝飾的再造方法。

由於絎縫再造大都是將裡外兩層衣料縫合在一起，因此非常適合在兩層衣料中間添加一些鋪棉、薄海綿、羽絨等填充物，這樣更能增加衣料表面的凹凸感，強化裝飾效果。另外，在絎縫線跡的排列方面也有直線排列、曲線排列和交叉排列等多種選擇。（見圖 4-17）

4. 堆積

堆積，是指按照設計需要將衣料一條一條地堆砌排列，使衣料表面形態呈現凹凸起伏的再造方法。

由於堆積再造堆砌的每一條衣料形態都需要固定，所以必須使用裡外兩層衣料進行製作，外層衣料的每一次突起，都要及時地用手縫針或是黏合劑將它固定在裡層衣料上。堆積再造衣料的雕塑感強烈，有形態鮮明的衣料造型效果和多樣的外觀狀態。堆砌的形態可大可小、可直可曲、可整齊可凌亂、可密集可鬆散，要按照設計的需要進行選擇和變化。（見圖 4-18）

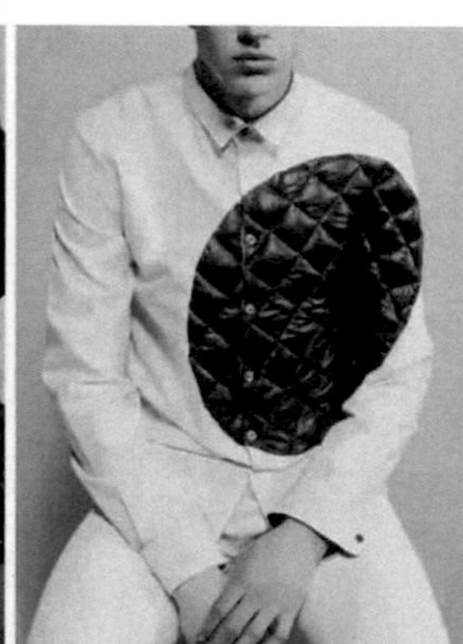

圖 4-17　隨意的手縫針絎縫和嚴謹的機械絎縫，裝飾風格各異

圖 4-18　穿插裝飾線裝飾的堆積和曲線狀排列的堆積

5. 紮結

紮結，是指將珠子、扣子、棉團等填充物放在衣料反面，再在衣料正面用手縫針綁緊縫固定，使衣料表面呈現多個球狀體的再造方法。

紮結再造只適合柔軟輕薄的衣料，因為衣料紮結之後，在紮結周圍會產生一些放射狀的皺褶，只有柔軟輕薄的衣料才能吸納和適應。紮結形成的球狀體可大可小、可疏可密、可多可少，各有不同的視覺感受。(見圖 4-19)

圖 4-19　紮結形成的球狀體可大可小，各有不同的視覺感受

(二) 衣料變色再造

衣料變色再造，就是對衣料進行染色、噴塗、褪色、拼綴等處理，改變衣料原有色彩及形態，使其帶有更多的文化品味、生活氣息或時尚感覺的再造形式。具體的再造方法有多種，如手工印染、噴塗、做舊、衣料拼接、數位印花、漂白劑褪色、腐蝕褪色等。

1. 手工印染

手工印染，是指採用扎染、蠟染、掛染、手繪等技術手法，將衣料或服裝半成品的部分顏色改變，使衣料色彩更具多樣性的再造方法。

手工印染一般有三個前提條件：一是衣料必須是天然纖維衣料；二是要盡量使用印染衣料的專用染料，如合成染料、酸性染料、鹼性染料、直接染料等，這樣可以避免衣料變硬；三是要選擇白色或淺色衣料，因為印染是一個加色的過程，可以將淺色衣料加深卻很難把深色衣料變淺。一般說來，扎染具有偶然特效，蠟染具有民族風情，掛染具有色彩漸變的現代感，手繪具有傳統國畫的水墨效果。(見圖 4-20)

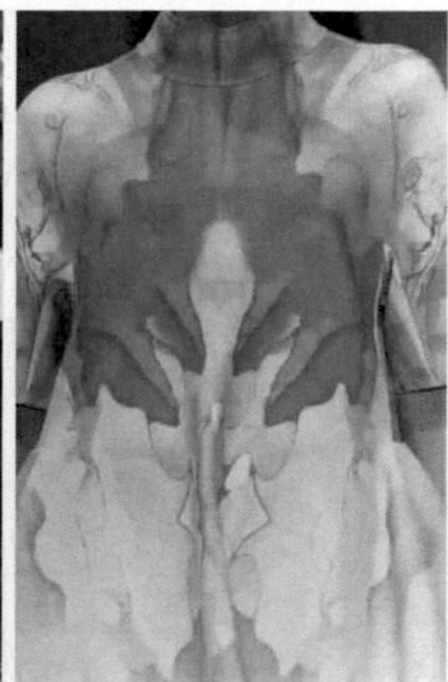

圖 4-20　蠟染具有民族風情，手繪具有傳統國畫的水墨效果

2. 噴塗

噴塗，是指採用油漆、乳膠、塑膠、丙烯等原料，在衣料或服裝半成品的表面噴繪或塗抹，以使衣料色彩更加獨特的再造方法。

噴塗，包括「噴」和「塗」兩種再造手段。噴，是指油漆噴繪。使用帶有噴頭的油漆桶，直接在衣料或服裝表面進行噴繪。既可噴繪花色，也可噴繪底色留出花色，做出不同的噴繪效果。塗，是指乳膠塗抹。使用液態的工業用乳膠或塑膠，直接在衣料或服裝表面進行塗抹，待其乾涸定型後，服裝就可以穿著使用了。噴塗不僅能使淺色衣料變深，而且能使深色衣料變淺。（見圖 4-21）

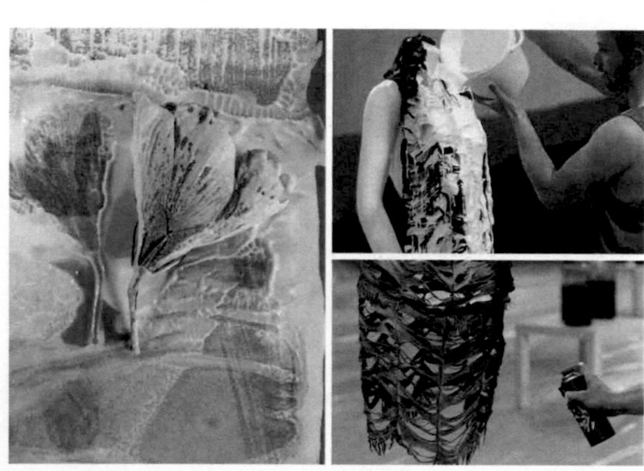

圖 4-21　白色乳膠塗抹後的半透明效果和油漆噴塗的工作狀態

3. 做舊

做舊，是指採用石磨、砂洗、水洗等方法，對衣料或服裝成品進行褪色處理，使衣料表面呈現陳舊感的再造方法。

不僅牛仔衣料適合做舊再造，各種衣料都可以進行由新變舊的褪色處理，以增加衣料的滄桑感、人情味和生活的氣息。做舊的手法也有多種。如在有色衣料表面附加一層薄薄的衣料，絎縫固定後再進行石磨，衣料表面就會出現油漆脫落般的陳舊感；將衣料煙熏火燎之後再進行砂洗，就會帶有滄桑感；將衣料做出很多皺褶之後再石磨，就會殘留生活或歲月的痕跡等。（見圖 4-22）

4. 衣料拼接

衣料拼接，是指在一塊衣料或是一件服裝上，採用色澤、花色、材質、紋理等元素各不相同的衣料進行拼接，以獲得衣料多樣統一的視覺感受的再造方法。

圖 4-22　衣料表面油漆脫落的陳舊感和煙燻火燎的滄桑感

衣料拼接也有多種多樣的表現形式，有同類衣料不同色澤的拼接，也有相同形狀不同塊面的拼接，還有不同質地不同花色的組合等。（見圖 4-23）

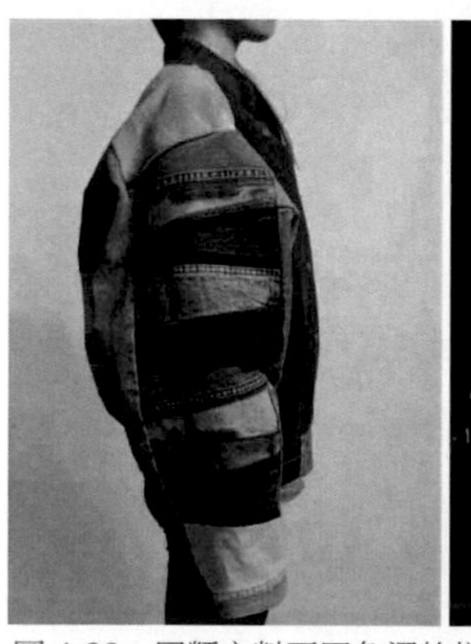

圖 4-23　同類衣料不同色澤的拼接和相同部件不同塊面的拼接

5. 數位印花

數位印花，是指採用電腦數位技術印製衣料圖像，在改變衣料原有色彩的同時，還能透過各種寫真圖像或圖案表現設計主題的再造方法。

數位印花的生產過程是：先在電腦中繪製、掃描或下載圖片，再透過電腦分色印花系統處理後，由專用的光柵圖像處理（Raster Image Processor，簡寫 RIP）軟體透過噴印系統將各種專用染料直接噴印到衣料上，就可獲得各種彩色的高精緻印花圖像。數位印花，是印染技術和電腦技術的完美結合，解決了印染工業的高汙染、週期長、圖像精緻度低等技術難題，為開發衣料新花色和滿足衣料印染的個性化需求提供了新的空間，但也存在生產成本過高等不足。（見圖 4-24）

圖 4-24　數位印花可以滿足服裝設計師對圖像的各種要求

（三）衣料加法再造

衣料加法再造，就是運用貼、縫、繡、釘、黏合、熱壓等工藝，在衣料表面添加相同或不同材質的材料，以改變衣料原有的外觀，增加衣料的裝飾感、豐富感和新鮮感的再造形式。具體的再造方法有多種，比如刺繡、貼花、縫珠片、釘金屬釘、裝飾線裝飾、繩帶裝飾、毛邊裝飾、蕾絲裝飾、半立體裝飾等。

1. 刺繡

刺繡，是指採用手繡、普通繡花機或電腦繡花機等技術和設備，按照設計的需要在衣料表面繡製各種裝飾圖案，使衣料呈現各種繡線裝飾的再造方法。

刺繡再造，是最為傳統、最為常見的服裝衣料裝飾手段。刺繡分為三種生產方式：

① 手工刺繡。手工刺繡是最古老的傳統手工藝，刺繡方式完全採用手縫針繡製。適合高級成衣的製作，在中國有蘇繡、湘繡、蜀繡和粵繡四大門類，一直流傳至今。

② 繡花機刺繡。繡花機刺繡是採用改裝後的家用縫紉機或是專業繡花機進行繡製。繡花的效率大大提高，適合繡製單件服裝。

③ 電腦繡花機刺繡。電腦繡花機刺繡是採用現代電腦技術研發的繡花機械進行繡製，一臺電腦繡花機可以同時繡製 12 個或 24 個繡片，極大地提高了生產效率，適合工業化批量生產。但電腦繡花機刺繡需要事先完成電腦程式設計，不太適合單件服裝的刺繡。刺繡又有刺繡和貼布繡兩種表現形式。刺繡，是依靠各種顏色的絲線繡製表現圖案；貼布繡，是在繡片上先貼補一塊不同顏色的布料，再在這塊布料上面和四周進行繡製。（見圖 4-25）

2. 釘珠片

釘珠片，是指在衣料表面用手縫針串縫各種材質的亮片、珠子、扣子、寶石等，在衣料表面留下不同材質、光澤、色彩和不同立體感的綴飾，使其與衣料之間形成強烈對比的再造方法。

釘珠片再造，分為同種材質裝飾和不同材質裝飾兩種方式。同種材質裝飾，比如都使用亮片進行裝飾，可以形成整齊劃一的裝飾感；不同材質裝飾，常常集合了各種不同材質質地，如塑膠、金屬、木材、水晶等，就會營造不同的光澤質感，給人更加強烈的視覺觀感，造成強化對比和加強點綴的作用。（見圖 4-26）

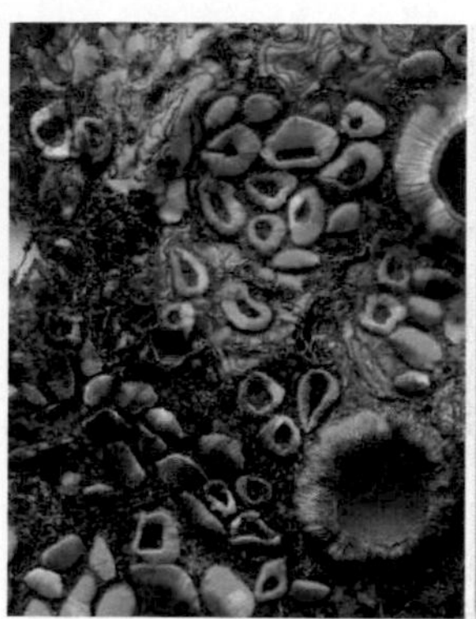

圖 4-25　刺繡是依靠各種顏色的絲線繡製表現花型的

圖 4-26　不同材質的集合和整齊劃一的裝飾，給人不同的觀感

3. 裝飾線裝飾

裝飾線裝飾，是指利用手縫針或縫紉機，在衣料外表縫製相同或不同顏色線跡裝飾的再造方法。

如果採用縫紉機壓縫裝飾線，更加適合服裝產品的批量生產。但就衣料再造而言，採用手縫針縫製裝飾線更加具有靈活性，可以不受線跡長短的限制。手縫針縫製既可以按照設計的需要，縫製出具有自由度和表現力的線跡，也可以利用裝飾線的長短疏密、組合排列的方向、色彩的配置等表現設計主題。（見圖 4-27）

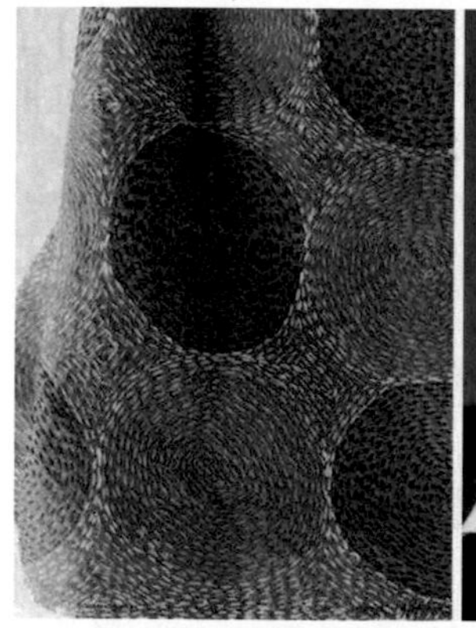

圖 4-27　按照裝飾線的長短疏密、排列方向表現不同的設計主題

4. 繩帶裝飾

繩帶裝飾，是指利用絲帶、繩帶或是採用衣料製作的條帶，在服裝表面進行盤繞裝飾，以獲得不同紋樣裝飾的再造方法。

較細的絲帶和繩帶可以在服裝材料行買到，較寬的條帶則需要自己利用衣料進行縫製。繩帶裝飾再造的關鍵是解決在服裝上如何盤繞、在哪個部位盤繞和盤繞多少等問題。盤繞的表現方式分為兩種：一種是布滿服裝表面，但要注意線條的靈動性和韻律感；另一種是集中在服裝的中心部

位，但要注意形態的疏密有序、錯落有致的主次關係和色彩搭配的和諧與對比。(見圖 4-28)

5. 半立體裝飾

半立體裝飾，是指在衣料外表附加半立體的形態裝飾，以增加衣料或是服裝的空間立體感和向外的擴張力，改變原有衣料外觀感受的再造方法。

圖 4-28　繩帶裝飾的運用，要注意線條的靈動性和色彩變化

半立體裝飾再造的顯著特徵，就是再造之後具有鮮明的立體感和形態的擴張感，而且這些形態都不是衣料或服裝所連帶的，而是在衣料表面或是服裝成型之後附加的。半立體裝飾的手法有很多，如外加大小不一的棉球體、外加曲折盤繞的扁狀體、外加條條疊置的條形布料、外加層層疊壓的其他材料等。(見圖 4-29)

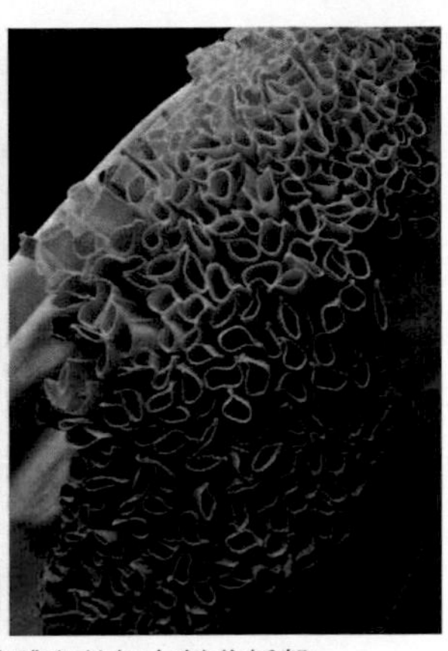

圖 4-29　外加大小不一的棉球體和外加布料曲折盤繞的扁狀體

(四) 衣料減法再造

衣料減法再造，就是在衣料原有狀態上進行抽紗、撕扯、剪切等破壞性處理，以改變衣料的外觀形態和狀態，使其產生殘破感或是不完整感的再造形式。具體的再造方法有多種，比如抽紗、鏤空、燒烤、腐蝕、刮磨、撕扯、剪切、磨毛、縫份外露等。

1. 抽紗

抽紗，是指抽去衣料的經紗或緯紗，使衣料表面出現一種虛實相間或裸露的錯落有致的再造方法。

抽紗再造要選取紗線組織疏鬆、織紋脈絡清晰的平紋衣料，不適合大面積應用，可透過突出透與不透之間的對比，來增加服裝的層次感。(見圖 4-30)

圖 4-30　透與不透的對比可以增加服裝的層次感

2. 鏤空

鏤空，是指在衣料某些部位製造出規則或是不規則的孔洞，使衣料表面出現一種空靈剔透感覺的再造方法。

鏤空再造，有機械製造和穿著磨損兩種再造效果。機械製造效果，是採用剪切、刺繡、鐵環鎖釘、繩帶編結等手法，留出邊緣整齊、形態規則的孔洞；而穿著磨損效果，是仿照服裝被刮破或是被磨穿的狀態，在衣料或服裝局部留下邊緣不整齊、形態不規則的孔洞。(見圖 4-31)

3. 縫份外露

縫份外露，是指將服裝的縫份設計在外面，讓其不加掩飾地暴露在服裝表面，給人一種服裝反穿或是未加工完成感覺的再造方法。

從嚴格意義來講，在服裝縫製時採用縫份外露的方式，只能算是縫製工藝的創新，而非衣料再造。但從近幾年的服裝設計趨勢來看，縫份外露已成為設計新潮和穿著時尚的標誌，並已經不再滿足服裝結構縫的縫份外露，而是越來越多地被當作一種裝飾效果或是衣料再造手段在運用，以表現服裝縫製的故意不收邊、不完成、不守常規，有意叛逆傳統的服裝創意效果和設計理念。(見圖 4-32)

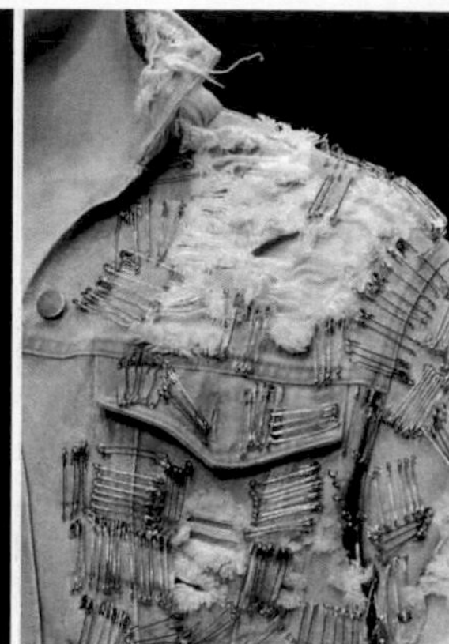

圖 4-31　孔洞規則的機械製造效果和孔洞不規則的穿著磨損效果

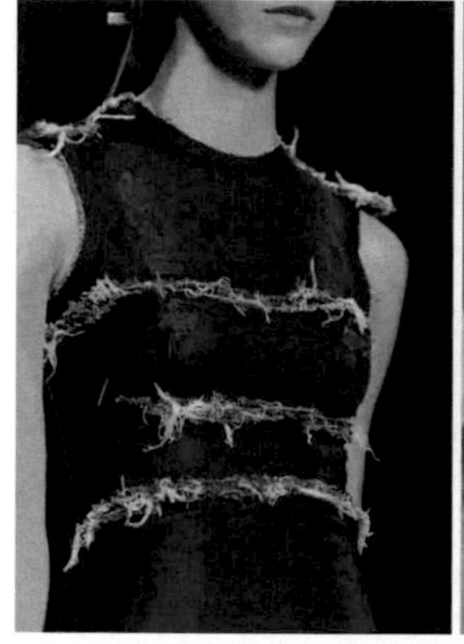

圖 4-32　縫份外露現已成為時尚，成為衣料再造的表現手段

(五) 衣料編織再造

衣料編織再造，就是運用絲帶、繩帶或是條狀衣料，透過編織、打結、纏繞等工藝手法，將其編結成型或是構成服裝體表形態的再造形式。衣料編織雖然也被歸屬為衣料再造，但這種再造形式並不是對現有

衣料的改造，而大多是直接編織和創造服裝。具體的再造方法有多種，如繩帶編織、條帶編織、衣料編織、花邊編織、毛皮編織等。

1. 繩帶編織

繩帶編織，是指用購買來的繩帶，借助於交織、排列、打結、盤繞等手法，將其編結成服裝形態的再造方法。

透過採購可以得到的繩帶有絲帶、鞋帶、皮條、線繩、麻繩、毛線、塑膠繩等，大都是採用專業機器織造而成。繩帶人人都可以買到，並不是問題。問題的關鍵是買到繩帶以後，怎樣進行編織和怎樣與人體相結合。把這兩個問題解決了，就可以獲得服裝別樣的視覺美和裝飾感。(見圖4-33)

圖 4-33　形式、方法和如何與人體結合是繩帶編織的關鍵問題

2. 條帶編織

條帶編織，是指採用自製的條帶，借助於交織、排列、疊壓等手法，將其編結成服裝形態的再造方法。

編織再造中的條帶，大都是設計師自己用衣料裁製而成，再經編織縫製成服裝的。自己動手採用手工工藝裁製的條帶，一般要比繩帶寬闊，也不如機器織造的繩帶精緻，而且這種條帶編織很少使用打結和盤繞的表現手法，會更多地使用交織、排列和疊壓的表現手法。同時，條帶的寬窄並用、交錯疊壓和翻折垂掛等狀態，也是其重要的個性特徵。(見圖 4-34)

圖 4-34　寬窄並用、交錯疊壓和翻折垂掛是條帶編織重要的個性特徵

3. 衣料編織

衣料編織，是指將衣料切割成多個寬布條，再相互編結並留出飄散的寬布條頭尾，以獲得服裝形態鬆緊相映成趣的再造方法。

衣料編織再造，給人一種鬆軟、散射和自由的外觀感覺，明顯區別於條帶編織的平挺、嚴謹和冷峭的外表。衣料編結再造也有多種多樣的表現方式：

① 經緯編織。將衣料反覆折疊之後再橫豎交織，自由飄散的部分會有輕盈飄逸之感。

② 交錯編結。將衣料編結部分聚攏成繩狀，再像編辮子一樣交錯編結，就會出

現自由蓬鬆之感。

③ 填充編結。將衣料縫製成圓筒，在裡面填充合成棉等填充物，使其膨起再編結，就會具有立體感強烈的軟雕塑的外觀感受。（見圖 4-35）

圖 4-35　經緯編織的輕盈飄逸感和交錯編結的自由蓬鬆感

三、衣料再造的設計

衣料再造的最終目的大多是服裝設計。那麼，衣料再造和服裝的設計構想，究竟是哪個在先，哪個在後，還是同時在進行？面對這個問題，即便是設計師也很難區分清楚。因為，哪一種情況都有可能發生。但無論是哪一種情況，設計師都離不開「是什麼」、「為什麼」和「如何去做」三個問題的思考。

① 是什麼？要知道自己的設計意圖是什麼，要表達什麼樣的設計主題，要傳達什麼樣的思想情感，進而弄清楚自己想要什麼樣的效果，想要選擇哪一種衣料和哪一種再造方法以及要達到什麼樣的狀態等。

② 為什麼？要時常自問幾個「為什麼」，為什麼要用這種再造方法，為什麼不採用其他方法，為什麼這樣做的效果不理想等。

③ 如何去做？要明確衣料再造與人體之間、與服裝之間、與設計主題之間是怎樣的關係，衣料再造用在何處、使用多少和如何應用等。

衣料再造的方式方法有很多種，別人用過的再造方法，只要是符合自己的設計需要，同樣可以用不同的形式和不同的狀態出現。同時，也可以自己去創造未曾見過的衣料再造方法。但衣料再造與服裝設計一樣需要靈感，需要從生活的各方面汲取養分，才能去創造那些美麗動人的傳說。

（一）衣料再造的靈感

衣料再造與服裝設計之間，具有相互促進、相互依賴和相輔相成的密切關係。衣料再造可以觸發設計靈感，設計靈感也可以促進衣料再造。面對一個設計主題，隨著衣料再造靈感的湧現，服裝的設計靈感也會油然而生。衣料再造的靈感來源，可以是生活的各方面，最常見的來源主要有自然形態、生活細節、加工工藝和構成形式四個方面。

1. 自然形態的遐思

大自然的景象是奇妙而美麗的，若想仔細地欣賞和領略大自然的美，既要有一種清靜淡泊的心境，還有要一顆探究根源的好奇心，更要懷著一種強烈的創造熱情和願望，只有這樣才會在被自然之美感動的同時，萌生衣料再造的創造靈感。自然之

美常常體現在形態細節上，如植物花朵、蟲草貝殼、珊瑚浪礁、土石沙漠、冰川峭壁、雷電風火等。(見圖 4-36)

圖 4-36　靈感來自鮮花簇擁的形態和月球表面的肌理

2. 生活細節的啟示

人類生活的本身同樣豐富多彩，只要細心觀察，就會在自己的身邊發現許多生動而又富於情趣的生活細節，並從中獲得啟示，比如撕碎揉皺的廢紙、盤繞錯落的絲線、散亂堆積的石塊、舊木乾枯的裂痕、油漆脫落的斑駁、肆意塗抹的塗鴉等，都有可能成為妙趣橫生的衣料再造全新形象。(見圖 4-37)

圖 4-37　靈感來自油漆脫落的斑駁和肆意塗抹的塗鴉

3. 加工工藝的聯想

各種各樣的衣料再造加工工藝，如折、擠、堆、繫、拼、縫、繡、釘、染、噴、黏合、熱壓等，經過奇思妙想都會創造出面目全新的再造效果。即便是採用同一種加工工藝，也會由於使用方法的不同、衣料薄厚的不同、構成狀態的不同也會產生不同的再造效果。因此，衣料再造非常強調試驗，需要先對加工工藝進行小面積的嘗試性試驗，才能確認衣料再造的最終效果。有了再造試驗的結果，再去談論如何應用才能做到有的放矢，創造出全新的衣料再造狀態和服裝外表形態。(見圖 4-38)

圖 4-38　從加工工藝進行聯想，突顯刺繡和皮革工藝的特色

4. 構成形式的創新

即便是採用了相同的衣料再造方法，如果構成的形式不同、排列的方式不同、表現的主題不同，也同樣會給人以全新的視覺感受。構成形式，就是衣料再造表現的方式方法。如橫線、豎線、斜線、曲線、規則或不規則排列的方式，大與小、疏與密、平行與疊壓、規整與自由的布局狀

態，以及粗與細、薄與厚、軟與硬的質感對比等。不同的構成形式會產生不同的美感，會彰顯自己有別於他人的獨特個性。(見圖 4-39)

圖 4-39　從構成方式進行創新，彰顯形態布局和排列方式的個性

(二)衣料再造的要點

運用衣料再造的設計手法，常常會使服裝具有更加鮮明的形式美感和更加強烈的個性特徵。因此，衣料再造的應用，也具有一些與眾不同的特殊要求。衣料再造的設計要點，主要有以下幾個方面。

1. 不能為了再造而再造

衣料再造並不是目的，只是服裝設計創造的手段。設計師進行衣料再造的目的只有一個，就是服裝創意的落實和創造個性的表現。因此，衣料再造不能是為了再造的表面效果而再造，要具有能為服裝設計增添光彩的實際價值。就衣料再造而言，再造並沒有限制，只要能夠按照某一種特定的目標去製造，並形成自己的獨特風貌，就可以成為一種再造方式，比如衣料被刮破了一道口子或是畫上一筆油漆，並不屬於衣料再造。但是，如果有意去將這道口子或是這筆油漆進行複製，並按照一定的規則進行排列和拓展，造成一種特殊的視覺效果，便成了衣料再造。類似的衣料再造效果可以做出很多，但又不是所有的衣料再造都適合製作服裝。不適合製作服裝的衣料再造大致有以下三種情形。

(1) 過於沉重的再造效果。有些衣料本身的份量就很重，經過多次重疊再造後，更是加重了衣料的重量，製作出的服裝穿在身上會讓人不堪重負。

(2) 過於寒酸的再造效果。簡陋、寒酸、粗製濫造等，都是不被人喜歡的字眼，倘若服裝的衣料再造效果能夠讓人直接聯想到這些詞彙的話，就不會是一個成功的設計。(見圖 4-40)

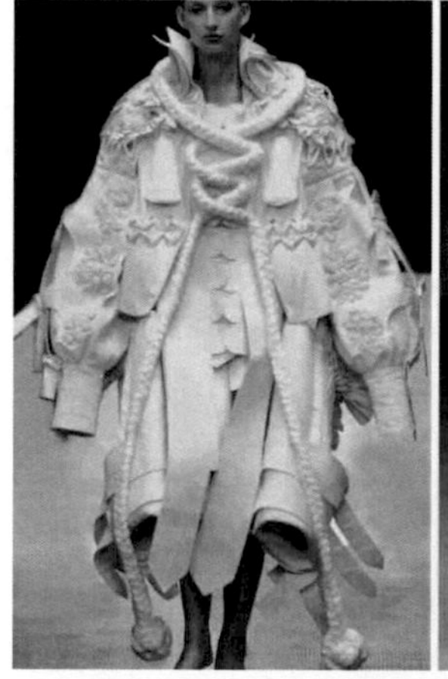

圖 4-40　過於沉重的服裝體積重量和過於寒酸的設計效果

(3) 過於堅硬的再造狀態。衣料再造並不局限在衣料本身，還可以利用很多替代材料來烘托效果，如珠釘、亮片、鈕扣、塑膠、木材、竹片、麻繩、石塊、金屬等。這些替代材料的使用一定要進行加工或軟

化處理，將其轉化為服裝語言，如果使用堅硬的材質再造後製作服裝，就會讓人感到僵化笨拙、生硬牽強。

2. 不是為了作秀而再造

衣料再造的服裝效果，非常適合注重外觀效果的創意作品和參賽作品。但衣料再造的意義絕非僅限於此，服裝產品的設計同樣需要衣料再造。透過衣料再造，可以讓服裝常規的結構和普通的款式化腐朽為神奇，使之充滿時尚感和新鮮感，不僅可以增加產品的市場競爭力，還能成為商品行銷的新亮點和新賣點。比如牛仔裝加入做舊或是殘破感的衣料再造效果，就成了熱銷產品。類似這樣的行銷案例有很多，但又不是所有的衣料再造都能夠用於服裝產品。適合轉化為服裝產品的衣料再造有以下三種情形。

(1) 再造效果要與衣料特色相吻合。再造的效果一定要與衣料的風格特色相統一，不能有生搬硬套或畫蛇添足之感。再造效果與衣料之間的外觀風格要一致並達到珠聯璧合的程度，經得起近看和細看。有些衣料的再造效果遠觀尚可，一旦走近細看，就會漏洞百出，很難經得起穿著、使用和洗滌的考驗。

(2) 再造手法要細膩、巧妙、靈活。再造的做工要精緻、細膩和考究，粗糙的再造做工，服裝就上不了檔次。再造與服裝的結合也要巧妙，生硬彆扭的組合不會產生自然的觀感。再造的運用還要靈活，要盡量用在服裝的關鍵部位，要力求以少勝多、以一當十。(見圖 4-41)

圖 4-41　不能走近細看的效果和做工簡陋粗糙的上衣

(3) 再造工藝要多用機械少用手工。除了高級成衣定製的服裝提倡多用手工再造以外，一般的大量生產的服裝產品，並不提倡採用手工再造。服裝產品的衣料再造，大都要對再造進行工藝簡化，以便能夠運用機械替代手工進行生產。從而降低生產成本，提高衣料再造品質，提升衣料再造後的實用性能。

3. 再造效果要做到極致

極致，是指把某一件事情做到極點、達到極限，做到別人難以超越的程度。生活中，能把某一件普通的事情做到極致，同樣可以讓人嘆為觀止。比如做某一件事的速度非常快、唱歌唱得非常好聽、能夠舉起別人拿不動的重量等。衣料再造也是一樣，能夠輕輕鬆鬆就達到的再造效果，你能做到別人也同樣能夠做到的，就不會具有新奇感。因此，衣料再造要做到別人做不到的程度，使其達到極限。這樣的衣料再造效果才能打動人心，讓人記憶深刻。把衣料再造做到極致，大致有以下三種情形。

(1) 把一種再造手段做到極限。當採用某一種衣料或某一種方法進行再造時，就需要將這種衣料再造的效果做到極限，最好做到別人想不到也做不到的程度，才能給人留下深刻的印象。把某一種再造手法做到極限，也包括將同一種再造手法變換不同的形式去表現，並非一成不變地使用。(見圖 4-42)

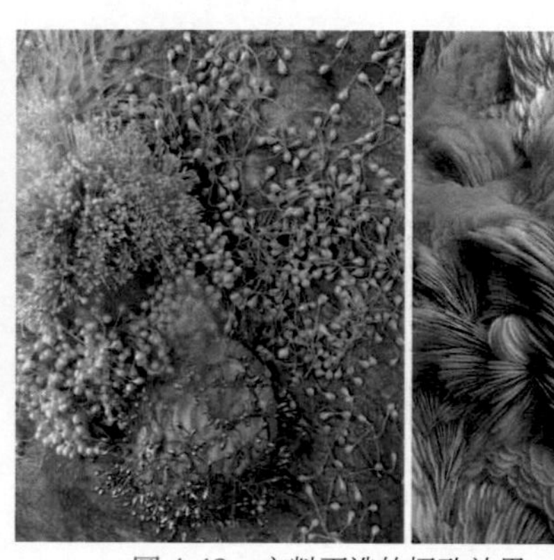

圖 4-42　衣料再造的極致效果，語言簡明，內容豐富而具表現力

(2) 把多種再造手法綜合利用。如果一種再造手法的製作效果還不能讓人滿意，也可以考慮將多種再造手法組合在一起使用。多種再造手法的組合，可以更加細膩、豐富和更有創造性地表現衣料再造的綜合效果，給人以更加多樣化、更具變化性的外觀感受，如果運用恰當，給人的視覺衝擊力將會更加強烈。(見圖 4-43)

圖 4-43　衣料再造的綜合利用，主次得當，手法細膩而具感染力

(3) 把不同材質的衣料搭配使用。把不同材質的布料進行搭配組合，外加衣料再造和結構創新，也是近幾年服裝設計發展的新趨勢。如把皮革、毛皮和透明紗料進行搭配，把針織、牛仔和花色布料進行拼　接，將呢絨、蕾絲和金屬進行組合等。這些看似不近情理的衣料混搭，外加衣料再造的特殊功效，常常會顛覆人們對服裝組合的普遍認知，產生一種新奇感和迷離感，可以體現設計師試圖突破傳統審美局限的反傳統的心理訴求和反常規的思考方式。

(三) 衣料再造的創意

唐代詩人王昌齡在〈詩格〉中說，「詩有三境。一日物境。欲為山水詩，則張泉石雲峰之境，極麗絕秀者，神之於心，處身於境，視境於心，瑩然掌中，然後用思，瞭然境象，故得形似。二日情境。娛樂愁怨，皆張於意而處於身，然後馳思，深得其情。三日意境。亦張之於意而思之於心，則得其真矣。」物境、情境和意境，是古詩文創作的三種境界，也同樣是評價衣料再造與服裝創意境界的三個標準，它反

映了服裝設計創造三種層次的思考。

(1) 物之境。物之境是指衣料再造或設計表現的內容，只是處在模仿事物物態的外表形式或是表現事物表象的層面上。這樣的例子不勝枚舉，比如將京劇臉譜不加改變地裝飾在服裝上，將傳統建築的某些部分直接扛在肩膀上，將植物的葉子、花朵直接插在服裝表面等。

時光進入 21 世紀，服裝設計也步入風格多元化的時代。在後現代的反傳統和顛覆現存理念的設計思潮的影響下，服裝設計更是到了「語不驚人誓不休」的程度。尤其是在剛畢業的學生和新生代設計師眼中，「沒有做不到，只有想不到」，不管什麼樣的創新，只要是與過去、與傳統有別，就盡情地去創造。但觀眾卻未必會理解，也就出現了普通人眼中「走秀服裝越來越醜、越來越看不懂」的現象。面對後現代主義思潮形形色色的反叛和創新，別說是普通人，就是設計師也未必都能看得明白。尤其是那些只是停留在物境層面的所謂的創造，是很難讓人接受和認可的。

(2) 情之境。情之境是指服裝設計擺脫了事物物態的簡單模仿和束縛，進入到設計師的主觀情感抒發、注重美感創造和審美理想實現的層面上。服裝設計儘管容許各式各樣的創新和創造，但能給人留下深刻印象的，一定是那些能夠引發觀眾情感共鳴的和注重形式美感的創新與創造。不管是符合傳統的美學標準，還是符合現代的審美意識，只要能夠給人一種舒適或是愉悅的視覺感受，就具有了情感的內涵和意義。詩人寫詩，如果缺少了詩情，詩就不能感人。設計師的服裝設計，倘若缺少了詩情畫意，同樣會讓人感到枯燥無味。設計師情感的抒發，一是要擺脫對事物物態形象的依賴。要努力與原有的物態形象「拉開一點距離」，避免題材取自花卉，就離不開鮮花的形象化處理；靈感來自建築，就把屋簷安放在人身上的簡單化、概念化處理。二是設計一定要有感而發。要源於真心的感動或是一種創作的衝動，要化設計構思的被動為主動。面對同一件事物，可以是喜歡，也可以是不喜歡。不管是喜歡還是不喜歡，都要借助於服裝這一載體表達自己的看法和態度。只要做到了動之以情、曉之以理，設計作品就會傳遞出這種情緒，並會直接或是間接地感染觀眾。

(3) 意之境。意之境是指服裝設計上升到精神、文化、社會等方面的思考，進入到揭示人的內心感悟、心靈超越和人生哲理的層面上。服裝設計的最高境界就是創造一種意境，即寓意之境。服裝創意當中的「意」，具有立意、意象、意念、意境等多重含義。服裝創意，就是設計師把自己的情緒感受、審美品味和創新思想，透過設計的過程，借助於服裝這個特殊的載體，將內在的意念轉化為具體可感的有意味的形式表達出來。當設計師內心的「意」與服裝構成所營造的「境」高度融合為一體，並能夠在觀眾情感上產生共鳴時，服裝創意的意境也就生成了。

這樣解釋意境，似乎還是有些不好理解，能夠達到寓意之境的設計，確實不是隨隨便便就能做到的，必須擁有非常豐富的設計經驗和閱歷，並對設計以及為什麼設計有著獨特見解的人才能做到。以建築為例，如德國的科隆主教座堂、澳洲的雪梨歌劇院、中國的鳥巢體育館，還有貝聿銘的封山之作蘇州博物館、王澍的獲獎設計寧波博物館等，都是具有意境之美的設計，都能讓人深深地感受到「意」與「境」的完美結合。這些建築不僅功能性極強，而且能讓人萌生很多遐思與妙想，得到很多感悟和思考。再以服裝為例，英國的麥昆、日本的三宅一生等設計師的創意精品（見圖 4-44），也同樣會讓人怦然心動。第一個感受就是醒悟，產生「服裝原來還能這樣設計」的感慨；第二個感受就是領悟，原來設計一件服裝作品，思考的絕不只是服裝本身，還要想到許多服裝之外的東西。

圖 4-44　鴕鳥毛染色和人造毛皮再造的經典創意，麥昆和三宅一生作品

關鍵詞：著用性能　副料　裡料　襯料　完成度　意境

著用性能：是指衣料在製作成衣服後，在穿著使用過程中所體現出的特性和功效。主要包括保暖性、吸溼性、透氣性、染色牢度、抗起毛起球性、抗勾耐刮性等。

副料：服裝輔助材料的簡稱，是指除衣料以外的製作服裝的所有材料。比如襯布、裡布、縫紉線、鈕扣、拉鏈、花邊等。

裡布：是指用於製作外衣的裡層布料。大多數外衣的製作，尤其是秋冬季外衣，都需要裡外兩層衣料。裡布大多要求輕薄、柔軟、光滑、透氣或具有溫暖感。常用的裡布有羽紗、美麗綢、尼龍綢、軟緞、絨布、棉布或網格布等。

襯布：是指貼附在服裝裁片裡面造成襯墊作用的材料。服裝成衣製作都要求在衣領、袖口、袋蓋、門襟等處的衣料裡面貼附或黏貼襯布，以使這些部位的製作效果外觀平挺、外形美觀和牢固耐用。常用的襯料有毛襯、樹脂襯、厚襯和薄黏合襯等。

完成度：是指借助於材料和裁剪縫製技術，去實現設計師設計目標和設計構想的成品（樣衣或成衣）製作的完成程度。既有符合設計師內心成衣標準的作品完成度，也有符合行業規範的產品完成度。

意境：即寓意之境，是指服裝作品中體現的設計師思想感情與所揭示的自然或生活景象融合產生的藝術境界和情調。

課題名稱：衣料再造訓練

訓練項目：

(1) 衣料成分分析
(2) 再造效果收集
(3) 形色再造設計
(4) 加減再造設計

教學要求：

(1) 衣料成分分析（課後作業）

透過走訪布料市場，收集 4~5 種不同種類的布料樣卡，完成一份衣料分析測試報告。

方法：先將收集到的 4~5 種布料進行剪裁，製成 6cm×8cm 大小的樣卡（黏貼在衣料分析測試報告上）。對剪裁剩餘的布料進行測試，內容包括拉伸試驗、揉皺試驗、縮水試驗、石磨試驗、火燒試驗、染色試驗等。要注意觀察布料試驗中的各種變化，並隨時記錄試驗結果，最後完成一份衣料分析測試報告。

衣料分析測試報告的研究內容：

① 樣卡實物。
② 衣料相關資訊（包括衣料名稱、產地、幅寬、顏色、薄厚、纖維成分、織物組織、外觀特色和手感等）。
③ 衣料試驗結果（包括試驗內容、試驗過程、試驗結果等）。
④ 衣料適合款式（包括適合製作的服裝款式、簡略的服裝款式圖等）。內容採用手寫或是電子檔均可，紙張規格：A3 紙。

(2) 再造效果收集（課後作業）

借助網路收集衣料再造圖片，完成 5~6 種衣料再造效果和 5~6 件衣料再造服裝的圖片收集。

方法：所收集的衣料再造手法不能相同或相似，衣料再造效果一定要特色鮮明，具有一定的表現力和新鮮感。將 5~6 種衣料再造效果和 5~6 件衣料再造服裝圖片分別放置在兩個文件夾當中，要在文件夾檔名中標註圖片名稱和自己的姓名。以 JPEG 格式儲存，不需影印，用電子檔形式交作業。

(3) 形色再造設計（課堂訓練）

利用變形、變色的衣料再造手法，構想和繪製一個系列 3 套創意女裝設計手稿。

方法：在本教材介紹的變形、變色衣料再造手法當中，任選一兩種自己最感興趣的衣料再造效果，或是自己構想其他的變形、變色衣料再造手法，進行衣料再造的系列服裝創意構想。將選定的再造手法描畫在畫面一角，並以此作為設計思考的切入點，進行服裝應用的創意和構想。服裝要有系列感，單套服裝的個性要鮮明、內容要豐富，要努力將衣料再造效果表現到極致。採用多種衣料再造手法，要注意主次關係，要以一種為主其餘為輔。採用鋼筆淡彩的表現形式。紙張規格：A3 紙。（圖 4-45 ～圖 4-57）

(4) 加減再造設計（課後作業）

利用加法、減法或編織的衣料再造手法，構想和繪製一個系列 3 套創意女裝設計手稿。

方法：要求同上。（圖 4-58 ～圖 4-69）

（堆積+纏繞）

圖 4-45　變形再造設計
盛一丹

（抽縮+填充）

圖 4-46　變形再造設計
劉亞藝

（抽縮變形）

圖 4-47　變形再造設計
劉佳悅

（海綿填充）

圖 4-48　變形再造設計
龔萍

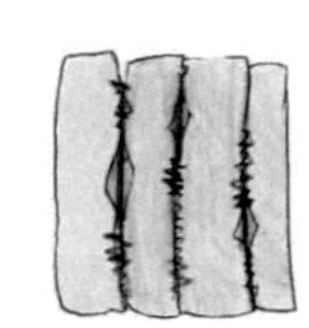

（填充+拼接）

圖 4-49　變形再造設計
楊雅琴

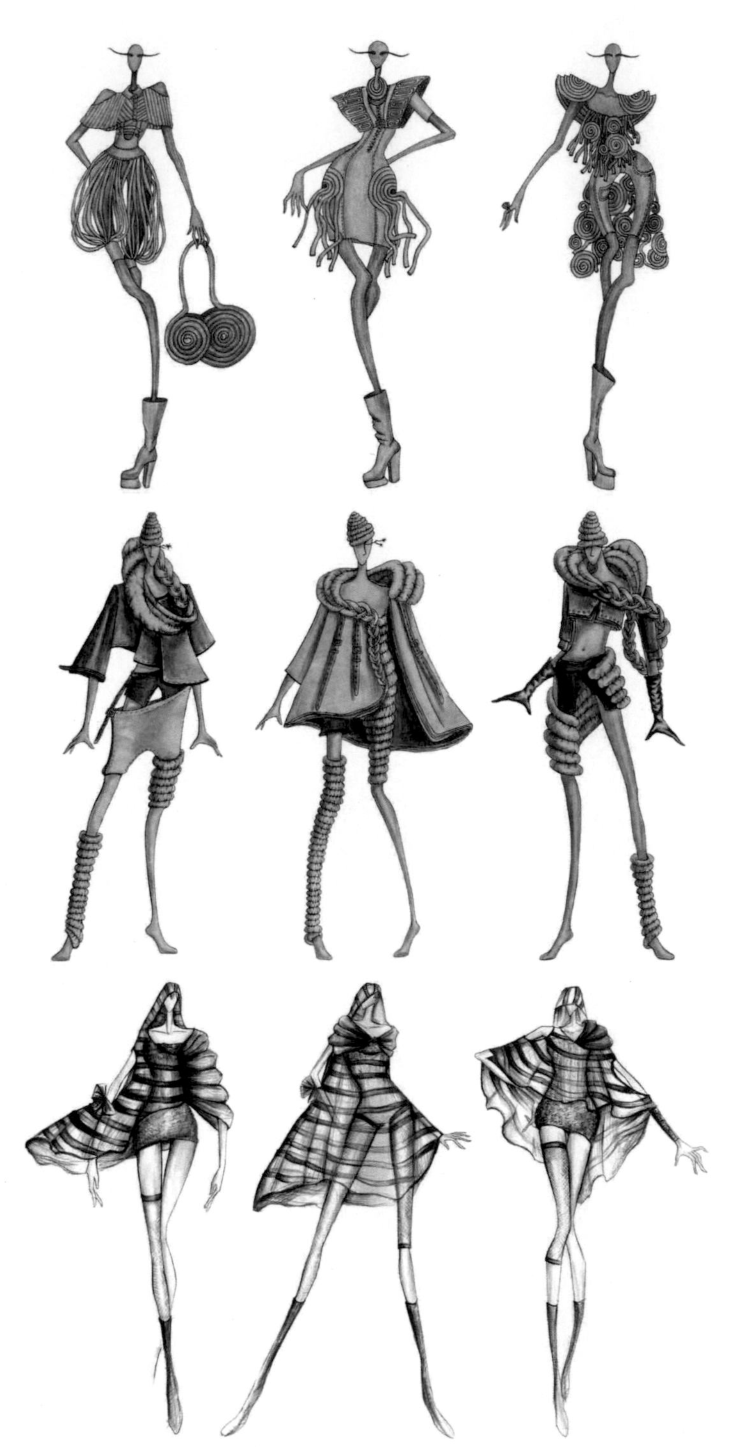

（盤繞+拼接）
圖 4-50　變形再造設計
龔麗

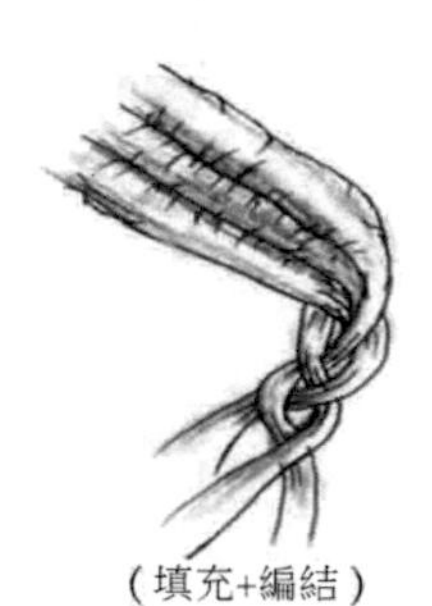

（填充+編結）
圖 4-51　變形再造設計
曹健楠

(拼接+變色)
圖 4-52　變色再造設計
姚運煥

(鏤空+變色)
圖 4-53　變色再造設計
楊建

(褶皺+變色)
圖 4-54　變色再造設計
劉佳悅

(編織+變色)
圖 4-55　變色再造設計
龔萍萍

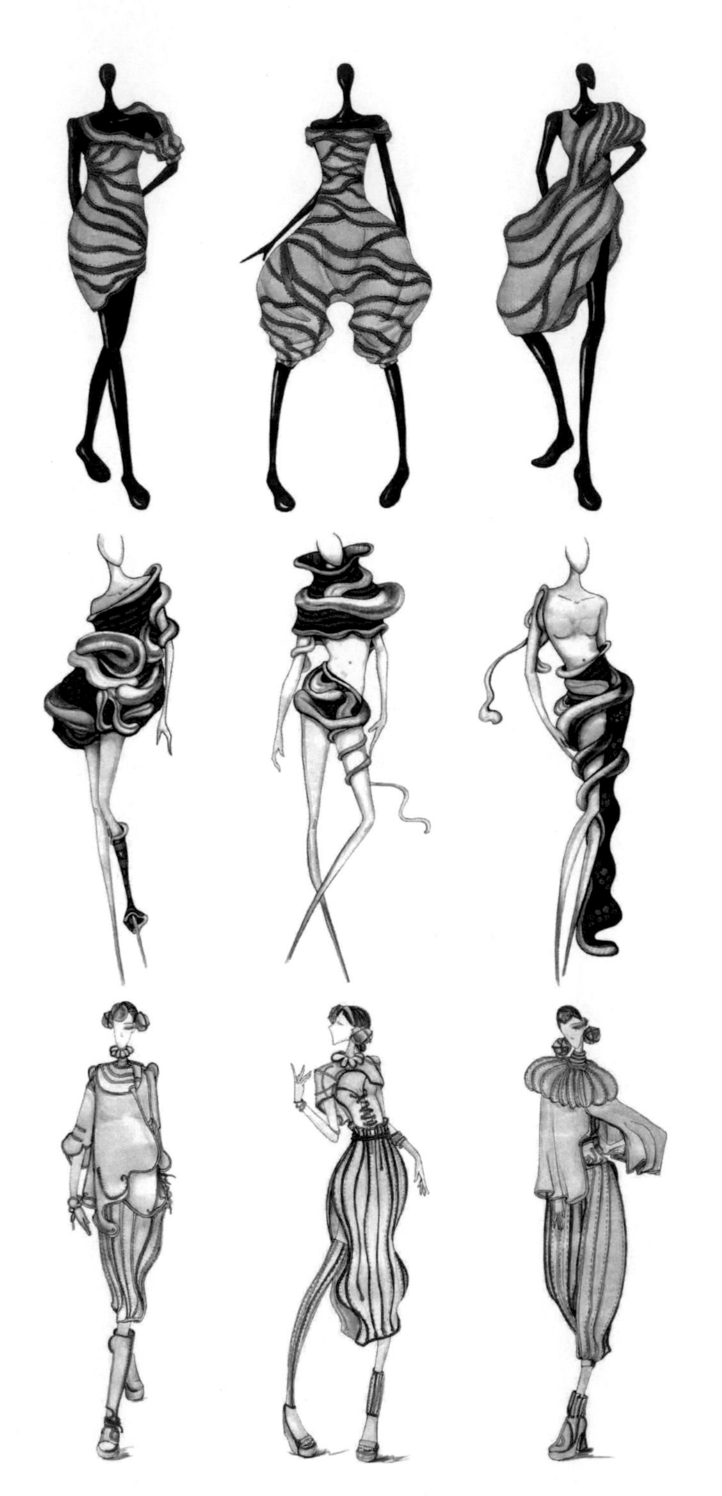

(拼接+變色)

圖 4-56　變色再造設計
王菲

(填充+變色)

圖 4-57　變色再造設計
劉晨

(夾縫彩條)

圖 4-58　加法再造設計
張勝男

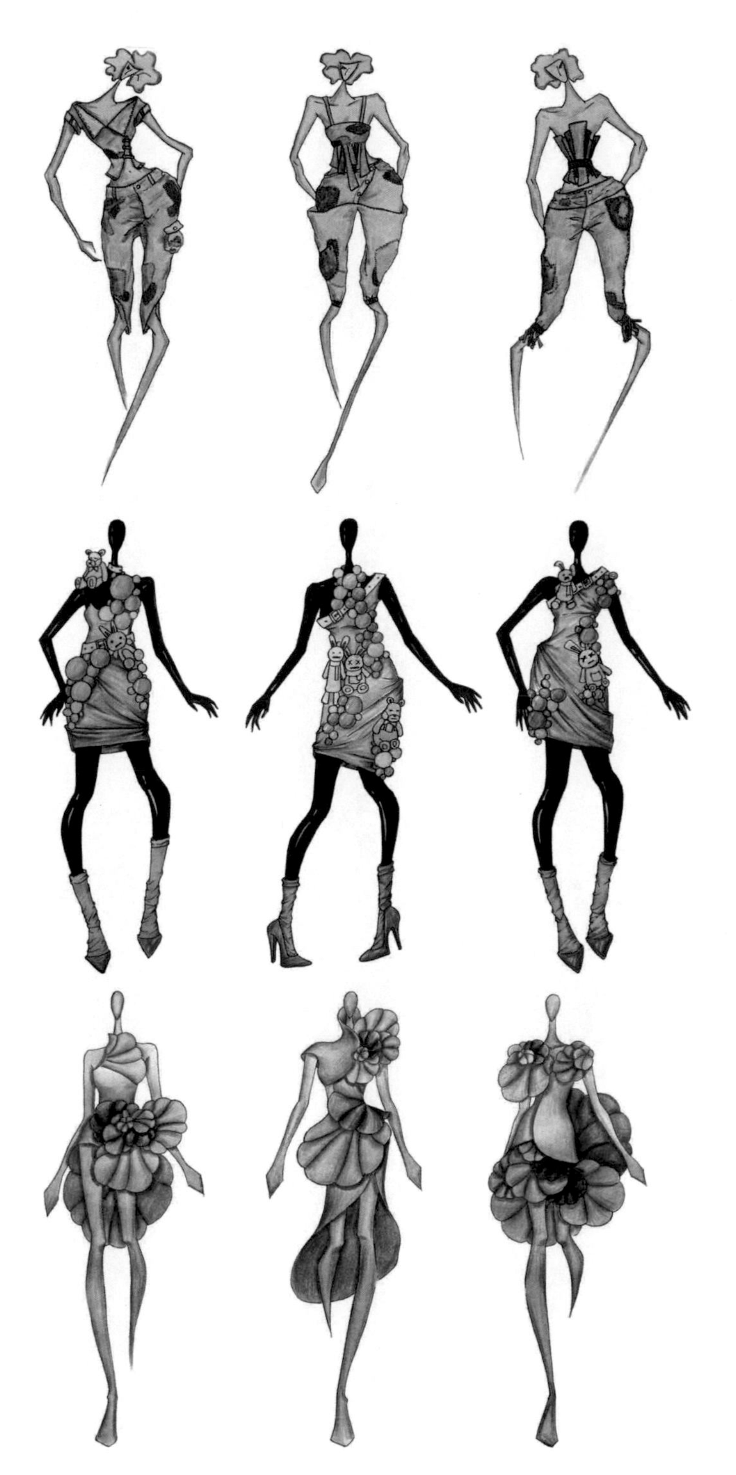

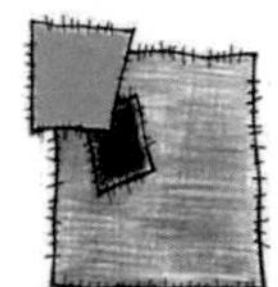

(貼補+邊飾)

圖 4-59　加法再造設計
楊建

(填充裝飾)

圖 4-60　加法再造設計
趙凌雲

(拼接+疊壓)

圖 4-61　加法再造設計
胡問渠

（抽縮+珠釘）

圖 4-62　加法再造設計
胡問渠

（圖案+亮片）

圖 4-63　加法再造設計
龔萍萍

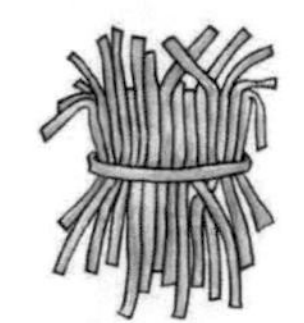

（拼接+鏤空）

圖 4-64　減法再造設計
邱垚

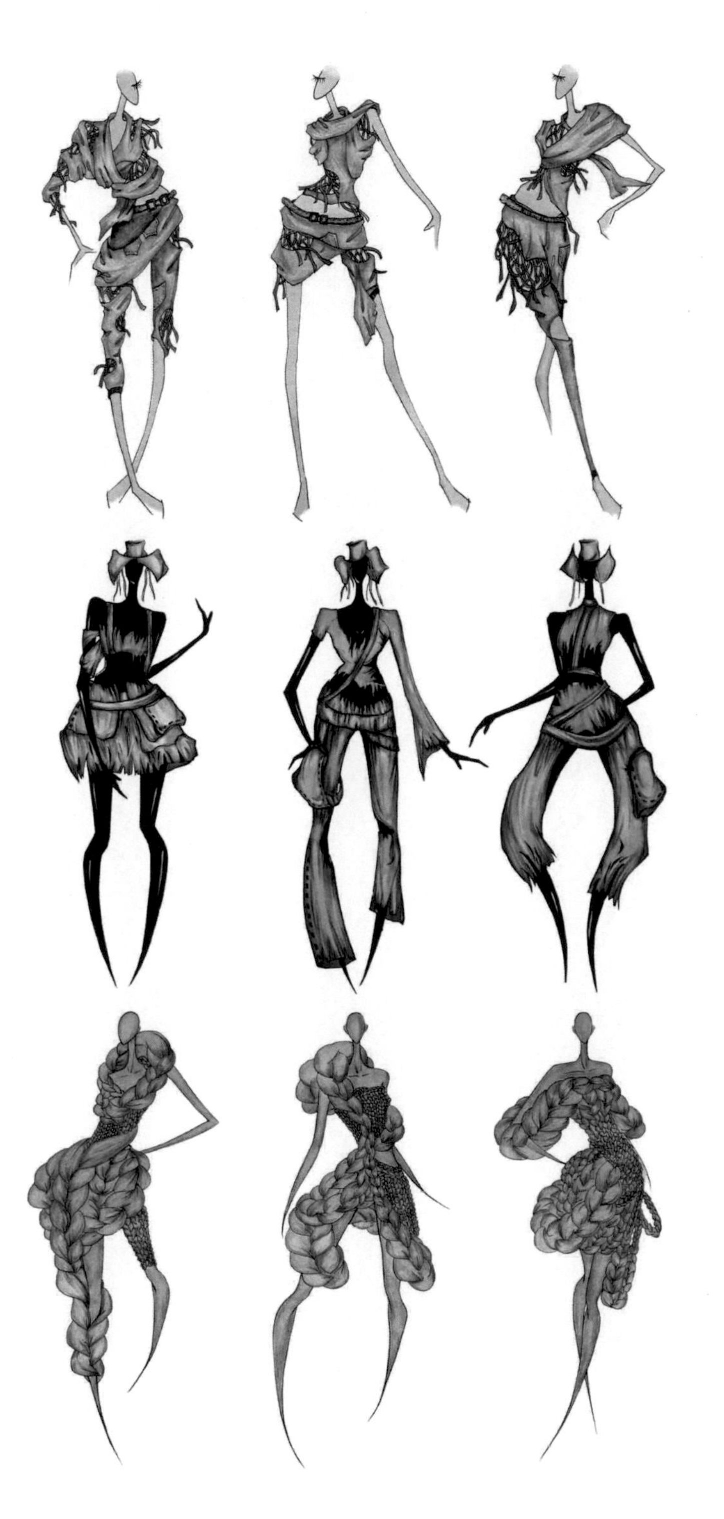

(鏤空+編織)

圖 4-65　減法再造設計
龔甜

(殘破+變色)

圖 4-66　減法再造設計
盛一丹

(填充+編結)

圖 4-67　編織再造設計
曹碧雲

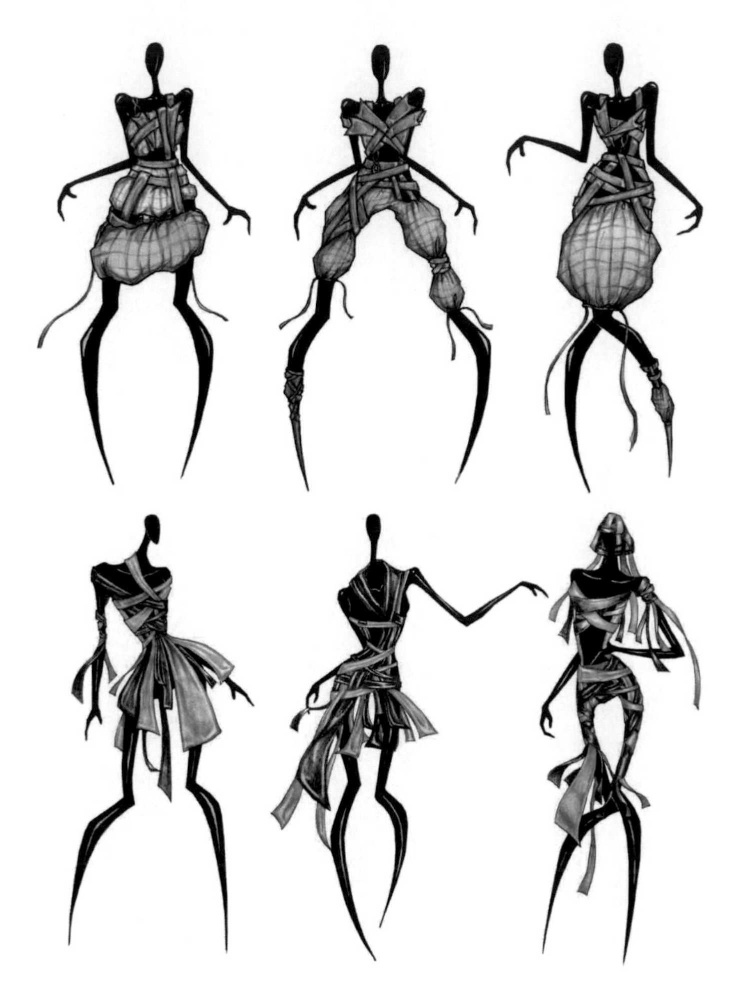

（抽縮+編織）

圖 4-68　編織再造設計
童佳豔

（纏繞+編織）

圖 4-69　編織再造設計
龔萍

課題五 結構解構創意

服裝結構，是指服裝各個組成部分的構造方式。服裝是由各塊裁片及各種副料組成的，裁片和副料的形狀及相互構成關係的不同，形成了服裝結構的千差萬別。

一、服裝結構與構成

(一) 服裝結構的起源

服裝的構成，並非一定要有結構，在其漫長的發展歷程中，就曾出現過沒有結構的歷史。據史料記載，從古埃及一直到歐洲古羅馬時代末期的數千年間，只有一種披掛式的服裝構成形式。披掛式服裝通常是由一塊或多塊衣料構成，基本不需要裁剪或是稍加縫製即可。服裝是透過纏繞或披掛的方法包裹人體或利用腰帶捆繫披掛在身上，一旦離開人體，自身形象與布料相差無幾。當時，以古希臘被稱為「希頓」(chiton) 的服裝樣式最為典型。它有兩種最常見款式，一種是增多了一層折返的多利安式 (Doric Chiton) 希頓，另一種是從兩肩到袖口間隔固定的愛奧尼亞式希頓 (Ionic Chiton)。(見圖 5-1)

服裝結構的萌芽最早出現在 14 世紀。後人在格陵蘭島考古發現了一件長衣，見證了這一時期歐洲服裝從二維平面裁剪向三維立體裁剪的轉變。這件具有服裝史里程碑意義的長衣，被命名為「格陵蘭長衣」。格陵蘭長衣的特殊價值：一是採用了分片裁剪。它的衣身前片和後片在肩部縫合，兩側及前後共有 12 塊三角形插角布，袖子腋下各有 2 塊插角布，整件服裝共由 20 個衣片組成，並出現了前所未有的側身衣片的結構形式。二是採用了打褶技術。在每個側身衣片的上端，使用了打褶技巧，使服裝更加合乎人體體態，減少了多餘的份量，成為三維立體裁剪的起點。(見圖 5-2)

圖 5-1　古希臘時期的多利安式希頓和愛奧尼亞式希頓

格陵蘭長衣三維立體的服裝構成意識和裁剪方法，除了改變了當時的服裝造型以外，還對此後西方的服裝發展產生了深遠影響。經過幾個世紀的不斷發展和演變，由平面衣片轉換成立體造型的服裝裁剪技術不斷完善並日趨成熟，逐漸形成了近現代東西方服裝走向大同的服裝結構構成體系。(見圖 5-3)

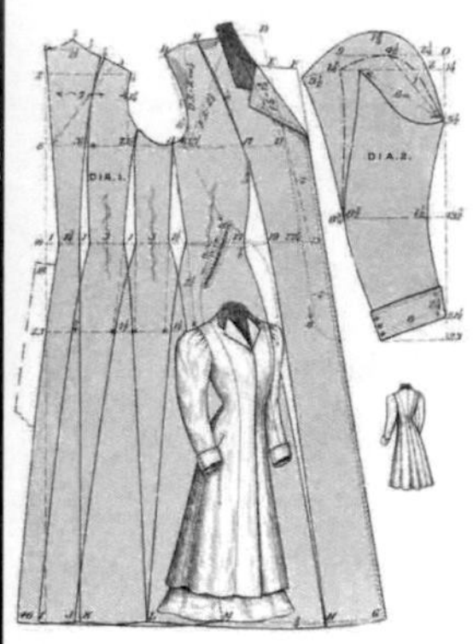

圖 5-2　格陵蘭長衣的打褶技術開創了現代服裝的打褶形式

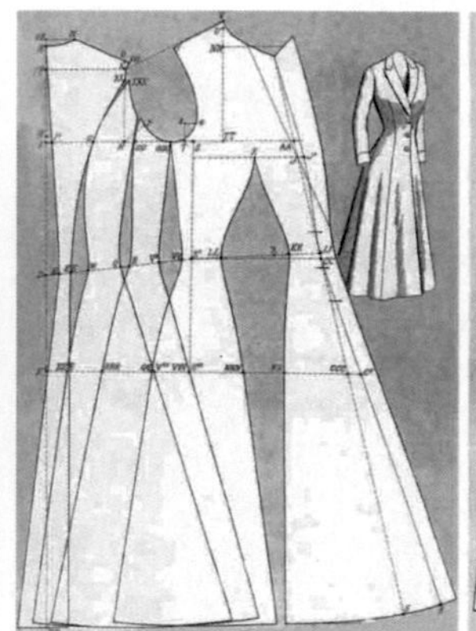
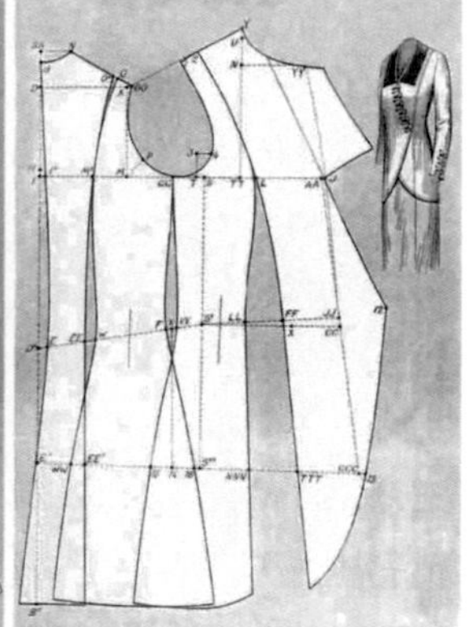

圖 5-3　東西方服裝走向大同的服裝結構構成體系逐漸形成

東西方服裝在 13 世紀前都是平面化的服裝結構形式，與格陵蘭長衣同時期的中國正處於元代，長袍是元代的主要著裝樣式。平面裁剪的結構形式在中國一直延續到近代。在清末民初，寧波的「紅幫裁縫」才開始向歐洲人學習西裝裁剪技術，並逐漸向全國推廣和發展，由此傳統的平面結構才開始發生根本改變。在中國服裝史上，「紅幫裁縫」創立了五個第一：中國第一套西裝，第一套中山裝，第一家西裝店，第一部西裝理論專著，第一家西裝工藝學校。

（二）服裝結構的作用

從服裝結構的起源和發展過程，大致得知服裝結構主要有兩方面作用：一是可以讓服裝更加合身。服裝更加合乎人體體態，既可以方便人體的活動，也能突顯人體的自然美和曲線美。因此，若想讓服裝更加合身，就需要對人體體態的各個部分進行測量，以獲得準確的人體數據，確定各個衣片的裁剪形狀及大小，包括衣片的長短、寬窄、角度、數量以及領口、袖襱、腰線的位置等。源自西方的立體裁剪，就是直接在人檯上提取人體數據的直觀、便捷的裁剪方式（見圖 5-4）。二是便於局部或是裁片的造型。就服裝創意的多元化、多樣化和創造性而言，只是滿足於合身的目標還遠遠不夠，還需要根據服裝創意的需要，塑造更多不同形式、不同狀態的局部或是裁片的造型，才能配合服裝設計發展的多方面需要（見圖 5-5）。因此，一件服裝的結構構成，只有涵蓋人體體態特徵和服裝造型特徵兩方面的數據，才能進行衣片的準確定位和服裝的精準製作。

圖 5-4　立體裁剪是直接在人檯上提取人體數據的裁剪方式

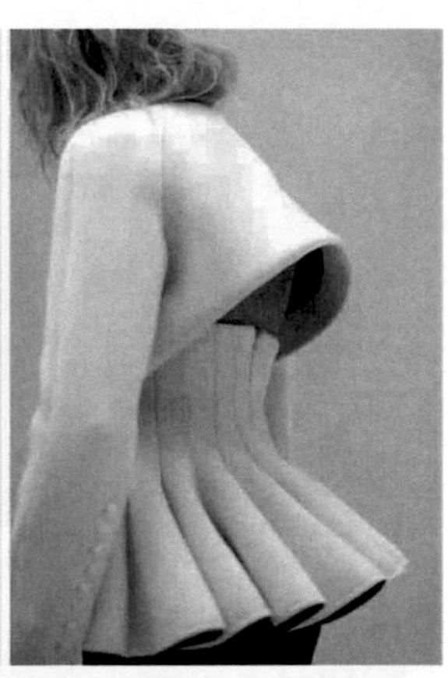

圖 5-5　服裝結構還需塑造不同形式、不同狀態的局部或裁片造型

人體是由軀幹、四肢和頭等部分構成的，人體的各個部分不僅是立體的，而且是可以活動的。因此，要想用平面的衣料將人體「包裝」起來，變成合乎人體體態特徵的服裝，就需要先將衣料進行分解，裁剪成若干個裁片。然後保留有用的部分，去掉多餘的部分，再經縫合連接，使其由二維空間向三維空間轉換，服裝的造型與結構才能完成。

服裝的完整形象，是由人體和服裝兩部分組合而成的，故而服裝才有「人體第二層皮膚」、「人體包裝」和「人體軟雕塑」之稱。服裝的造型，離不開對人體體態的依賴。人體各部分體態都近似於圓柱體，服裝也就圍繞著這些圓柱體呈現圓筒造型。在圓筒造型的基礎上，服裝結構還要解決能讓服裝合乎人體的三個技術難題：一是胸部如何隆起、腰部如何收縮。女裝的胸部隆起和腰部收縮要依靠打褶技術來解決。胸部是以 BP 點（即乳頭點 bustpoint）為基點，向四周發散安排褶份，去掉周圍衣料餘份，使胸部隆起。腰部是將圍繞腰部取褶份進行均勻分配，去掉腰部衣料餘份，使腰部收縮。二是袖子與衣身如何連接。袖子和衣身分屬於兩個圓筒造型，它們的連接需要設計一條袖瀧線，才能去掉腋下多餘的衣料，便於上肢的活動。三是臀部與兩個褲腿如何連接。褲子的臀部是一個筒型，褲腿是兩個筒型，兩者的連接離不開立襠線。缺少了立襠線的設計，褲子就很難合體。

在服裝結構構成中，有一些剪接線是不可或缺的，缺少了這些剪接線，服裝就難以製作完成（見圖 5-6）。這樣的剪接線，被稱為結構剪接線。此外，還有一些與服裝結構關係不大，製作當中可有可無，缺少了並不影響服裝的製作，卻對服裝的外觀造成修飾美化作用的剪接線。這樣的剪接線，被稱為裝飾剪接線或是分割線。

就服裝結構而言，服裝構成的組成部分越多，衣片形狀差異越大，服裝的結構也就越複雜。反之，組成部分越少，衣片形狀越接近，服裝的結構也就越簡單。就服裝設計而言，結構縫和裝飾縫都是需要考慮的結構設計因素，會直接影響服裝造型和外觀效果。結構簡單、外觀簡潔的設計，是一種美；結構複雜、外觀繁複的創意，也是一種美。因此，設計師需要了解結構縫和裝飾縫在服裝構成中的作用，才能在設計當中更好地利用它們。

圖 5-6　結構縫不可或缺，缺少了服裝就很難製作完成

1. 結構剪接線的作用

(1) 連接作用。把兩個形狀不同的衣片連接縫合，使服裝表面產生一定的轉折、起伏或構成立體的狀態，如領口縫、袖襱縫、褲子側縫、立襠縫等。

(2) 收縮作用。收縮作用類似打褶的效果，在剪接線中隱藏褶份，去掉衣料多餘部分，使服裝表面收縮。收縮以縱向結構縫為主，如上衣側縫、公主線縫等。

(3) 加量作用。在剪接線處增加衣片面積，使服裝的某些部位寬鬆膨起，如裙襬縫、裙腰縫等。

(4) 改變角度。直邊與斜邊、直邊與曲邊、曲邊與曲邊、直邊與折角邊、折角邊與折角邊等邊縫的縫合，都能改變衣片的角度。衣片角度的改變，既能塑造各種立體的局部造型，也能創造全新的結構形式，給人全新的感受。

(5) 附加裝飾。在剪接線上夾縫或附加裝飾，要比在衣片的中間添加裝飾更容易，也更加合理。裝飾的方法有很多，如加出芽滾邊條、加花邊、加絲帶、加流蘇等。

(6) 夾藏附件。在剪接線中夾縫拉鏈、口袋、袢帶等附件，效果較為隱蔽，可以增加服裝的精緻感和巧妙感。(見圖 5-7)

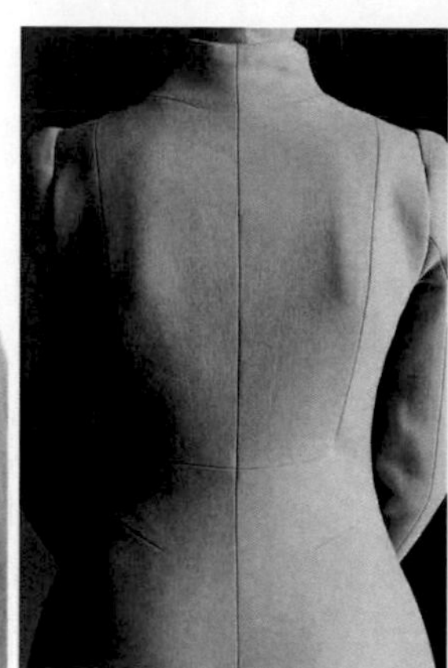

圖 5-7　結構縫的裝飾強調和結構縫的巧妙利用

2. 裝飾剪接線的作用

(1) 分割作用。把完整的衣片切斷再縫合連接，留下的剪接線便構成了分割效果。分割可以充實款式細節，增加表現內容。服裝分割線越多，款式效果越活潑，服裝就越有活力。(圖 5-8)

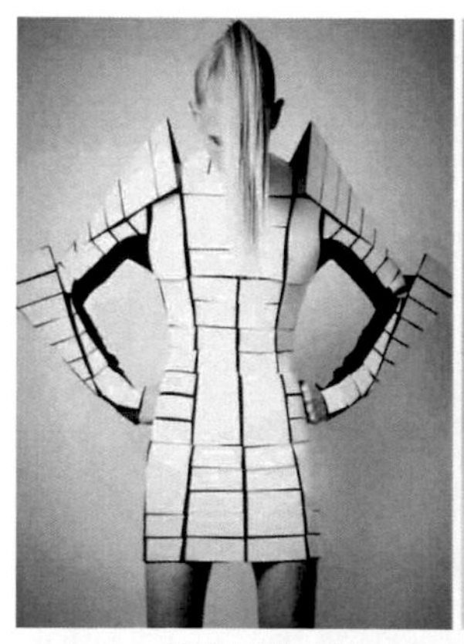
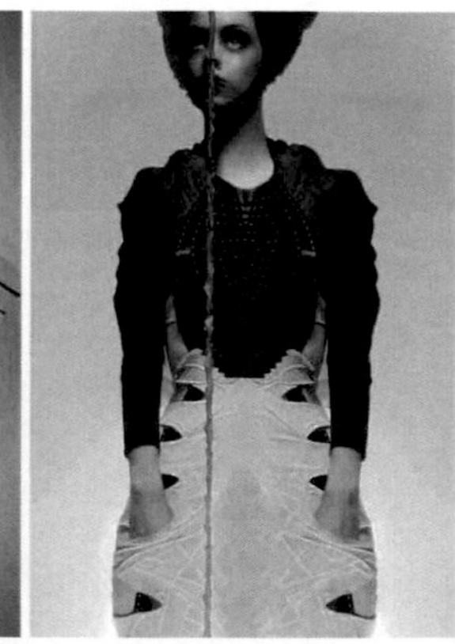

圖 5-8　裝飾縫的直線分割和裝飾縫的曲線分割

(2) 拼布作用。把完整的衣片切斷，把裁下的部分衣片換成另一種顏色或花色的衣

料，再經拼接縫合便構成拼布效果。拼布可以增加服裝的色彩變化，形成色彩對比，加強視覺感染力。

(3) 裝飾作用。裝飾縫具有很強的裝飾效果，如在素色衣料的剪接線處車縫裝飾線、將剪接線縫份外翻或是在剪接線上面再加修飾等，都能引起人的特別注意。

(4) 夾藏裝飾。在完整的衣片上面再增加一層衣料或是添加一些花邊、條帶、絲帶、流蘇等裝飾，最好的辦法就是把衣片切斷，把增加的衣料或裝飾夾縫在剪接線裡。這樣，既可增加牢固性，連接的效果又顯得自然合理。

(三) 服裝結構與造型

造型，現代中文詞典的釋義是：

① 創造物體形象；

② 創造出來的物體形象；

③ 製造塑形。也就是說，造型既有動詞的含義，是指創造物體形象的過程；也有名詞的含義，是指創造物體形象的結果。

利用一張紙的變化過程來理解造型的概念，更能清楚它的含義。一張紙是平面的，只有長度和寬度二維空間，此時可以稱為「造形」，與造型無關。如果將一張紙捲曲成為一個圓筒或是折疊構成一個方盒時，其過程和其結果便可稱為「造型」了。因為，透過這一捲曲或是折疊的過程，這張紙不僅有長度和寬度，還擁有了厚度，具有了三維空間的特性。所以，造型通常是指占有一定空間的、立體的物體形象以及這一形象的創造過程。服裝布料最初也是平面的，當把衣料製作成服裝或是將衣料披掛在人體上，衣料也就經歷了由二維空間向三維空間的轉變過程，因此也就形成了服裝造型的概念。(見圖 5-9)

圖 5-9　服裝造型形成於衣料由二維空間向三維空間的轉變

就物體的三維特性而言，造型又分為實心體和空心體兩類，如圓柱形的原木就是實心體，圓柱形的水管就是空心體。服裝也是空心體，不僅占有長度、寬度和厚度的外圍空間，還擁有自己的內空間。服裝的內空間不僅要容納人體，還要在服裝與人體之間空留一定的間隙，以方便人體活動。(見圖 5-10)

圖 5-10　服裝的內空間不僅可以容納人體還可以方便人體活動

除此之外，服裝造型還包括整體造型和局部造型兩個組成部分。整體造型是指服裝整體的外觀形態；局部造型是指服裝各個部件或是相對獨立的局部形態，如衣領造型、袖子造型、口袋造型、半立體局部造型等。服裝的局部造型形式及狀態十分多樣，有立體型、半立體型、部分凸起的具象型或抽象型等。由此，也就形成了服裝造型的複雜性、多樣性和生動性。（見圖 5-11）

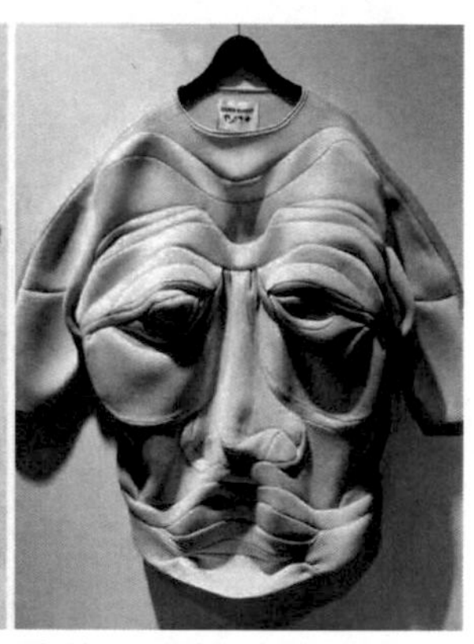

圖 5-11　服裝的局部造型可以增加服裝的多樣性和生動性

1. 服裝造型與廓型

由於服裝造型的複雜性和多樣性，需要運用一種直觀、明確和高度概括的表述方式，來識別和傳達這些不同的服裝造型。國際通用的做法是，用輪廓形狀表示服裝造型。輪廓形狀，是服裝造型外輪廓的簡稱。用輪廓形狀代表服裝造型的基本特徵，不僅形象生動、通俗易懂，還可以抓住服裝造型的本質特點。服裝輪廓形狀的表示法也有多種，使用最多的是字母型表示法和物態型表示法。

(1) 字母型表示法。字母型表示法是指用英文字母形態表現服裝造型特徵的表述方法。字母型表示法具有簡單明瞭、易識易記等特點。基本以 A 型、H 型、X 型、T 型、Y 型等為主。（見圖 5-12 ～圖 5-14）

圖 5-12　服裝肩部合體、衣擺寬鬆，是 A 型的基本特徵

圖 5-13　服裝衣身呈直筒型、不收腰，是 H 型的基本特徵

圖 5-14　服裝肩部誇張、腰部瘦緊，是 Y 型的基本特徵

(2) 物態型表示法。物態形表示法是指用大自然或生活中某一形態相像的物體，表現服裝造型特徵的表述方法。物態型表示法具有直觀親切、富於想像力等特點，是使用較多的表示法，比如喇叭型、吊鐘型、花冠型、氣球型、口袋型、桶型等。物態型表示法十分通俗形象，容易被人接受和記憶。在運用時，要用人們普遍了解的物體來確定服裝造型的名稱，不能使用只有少數人知道的物體來命名，同時物體的形像要經典，並要具有一定的穩定性。(見圖 5-15 和圖 5-16)

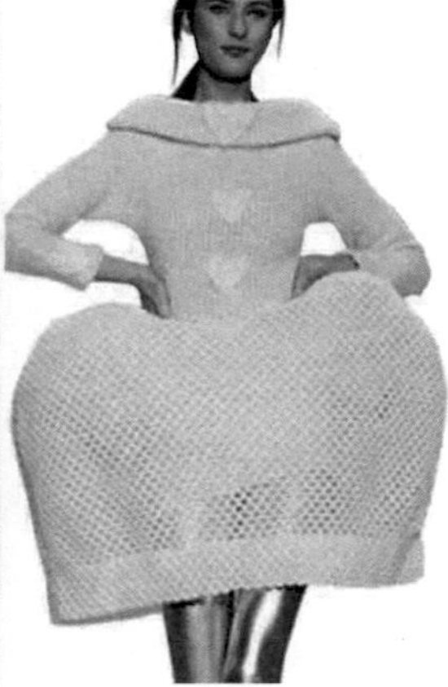

圖 5-15　裙襬寬敞的喇叭型和像大鐘的吊鐘型服裝造型

圖 5-16　花瓶形狀的花瓶型和像氣球的氣球型服裝造型

用輪廓形狀表示服裝造型，儘管傳遞的只是剪影般籠統的服裝外觀資訊，但對設計師卻具有非常重要的意義：一是有利於掌握服裝流行趨勢。在每年每季的流行中，服裝款式千變萬化，難以掌握。如果從服裝輪廓形狀入手，就能夠透過現象看到本質，可以根據服裝的不同造型進行歸類，進而發現流行服裝的共性特徵。二是有利於掌握服裝的整體感。在服裝構成當中，服裝輪廓形狀是有限的而服裝款式則是無窮的，同一個服裝輪廓形狀，可以用無數種不同款式或是不同結構去構成。在無窮無盡的款式變化中，設計師若不想被款式細節所迷惑，就需要經常回歸到服裝整體，去調整款式細節。

2. 服裝結構與造型

服裝結構與造型具有非常密切的關係，任何形狀的服裝造型，都需要借助恰當的結構構成形式才能將其製作出來。同時，任何一種造型都不會只有一種結構構成

形式，只要經過研究就會發現結構是「活的」，是可以靈活多變的。以體育比賽用球為例。籃球、排球和足球都是空心的球狀體造型，都需要採用真皮、PU 人造皮革或是 PVC 人造塑膠等材料拼接而成，但其結構構成形式卻可以完全不同。籃球通常採用 8 塊瓜皮狀的 PU 人造皮革或 PVC 人造塑膠拼接而成，排球是採用 18 塊長條狀的羊皮（一共 6 組，一組 3 塊）拼接而成，足球則是採用 32 塊（12 塊五邊形和 20 塊六邊形）牛皮拼接而成。但這些只是賽事規定的比賽用球製作標準，並不能囊括球狀體造型的所有結構。如足球的結構，就一直在發生變化。1970 年，愛迪達（Adidas）根據球面幾何計算出最合理的拼接方式，生產了第一個由 12 塊五邊形和 20 塊六邊形拼成的電視之星（Telstar），並成為世界盃比賽的標準用球。2006 年德國世界盃，愛迪達開始偏離傳統設計，創造出了 14 塊材料拼接的團隊之星（Teamgeist）。2010 年的南非世界盃，球面又少了 4 塊材料，變成了 10 塊材料拼接的普天同慶（Jabulani）。2014 年的巴西世界盃，球面又變成了 6 塊材料拼接的森巴榮耀（Brazuca）。（見圖 5-17）

圖 5-17　籃球、排球和足球的結構和 6 塊材料拼接的桑巴榮耀

同為空心體的服裝造型與結構，與這些體育用球的構成原理具有異曲同工之妙。儘管服裝的造型絕不會變成足球式的外觀，也不會追求那種呆板謹嚴的結構，而是要體現「軟雕塑」的服裝的造型特徵。但在造型與結構的關係方面，這些體育用球的結構變化可以為服裝造型提供諸多啟示。服裝造型的結構，也同樣不是固定不變的，人們所面對的服裝結構不管有多麼嚴謹和合理，它所體現的都只是眾多結構形式中的一種構成形式而已。絕不能把它理解成唯一的和不可改變的。（見圖 5-18）

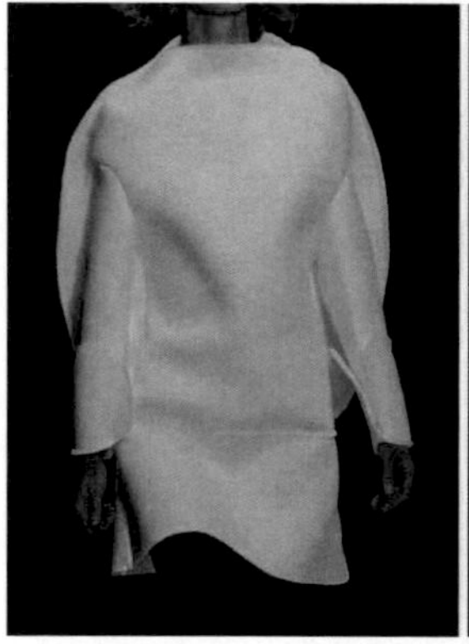

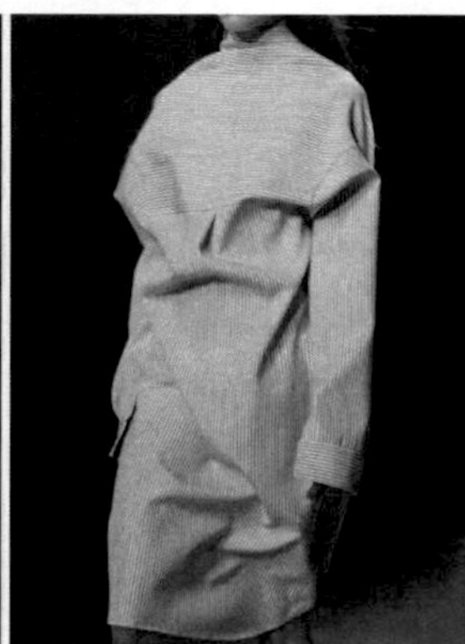

圖 5-18　服裝的「軟雕塑」造型特徵，有多種多樣的結構形式

傳統的常規的服裝結構構成形式，比如西裝、旗袍、晚禮服、牛仔褲等，是人類共同智慧的結晶和財富，是經過多代人的實踐探索總結的寶貴經驗，具有非常重要的實用價值、社會意義和存在的合理性，並不會一下子就被拋棄。但就服裝創意而言，服裝結構一定會以多元化和多樣化的形式存在，任何單一的結構形式都不可能持久不變。因為，時代在發展，社會在進步，不管理解還是不理解，接受還是不接受，全新的服裝結構形式一定會不斷出

現。(見圖 5-19)

圖 5-19　服裝結構一定會以多元化和多樣化的形式存在

二、服裝結構與解構

(一) 結構與結構主義

結構並非服裝所獨有，建築、語言、社會等都有其獨特的結構構成形式。結構的不斷發展和演化，是一個哲學思辨和實踐探索的過程，幾乎涉及社會的各個領域，並形成了各種思潮。服裝結構的發展也毫無例外地受到藝術思潮的衝擊和影響，只有了解各種藝術思潮的不同主張，才能真正地解讀服裝設計師的設計思想，才能讀懂服裝作品的真正意義。

1. 結構主義思潮

「結構」一詞，最初只用於建築學，是指「一種建築樣式」。17—18 世紀，「結構」的意義被拓寬為「事物系統的諸要素所固有的相對穩定的組織方式或聯結方式」，並逐漸成為一個具有跨學科意義的術語，廣泛用於社會科學、人文科學和自然科學的各個領域。20 世紀初，在對結構研究的基礎上，逐漸派生出了結構主義哲學，成為一種認識事物和研究事物的方法論。結構主義哲學認為：兩個以上的要素按照一定方式結合組織起來，構成一個統一的整體，其中諸要素之間確定的構成關係就是結構。結構主義（constructionism）是一種認識和理解對象的思考方式，即在人文科學中運用結構分析方法所形成的研究潮流或傾向。瑞士語言學家斐迪南·德·索緒爾（Ferdinand de Saussure）被後人稱為現代語言學之父、結構主義的鼻祖。他主張研究語言學，首先是研究語言的系統（結構），認為一個時代的語言系統是由相互依存、相互制約的要素構成的，各個要素的佳作取決於它與其他要素的種種對立關係。1960 年代，結構主義已經成為一種有重大影響的哲學思想。法國哲學家克勞德·李維史陀（Claude Lévi-Strauss）在《結構人類學》一書中，對結構提出了四點說明：一是結構中任一種成分的變化都會引起其他成分的變化；二是對任何一個結構而言，都有可能列出同類結構中產生的一切變化；三是由結構可以預測出當某一或幾種成分變化時，整體會有什麼反應；四是結構內可以觀察到的事實，能夠在結構內得到解釋。結構主義認為元素的意義不在於元素本身，而在於元素與其他元素間的關係，這種關係成為元素組成某一整體的模式。

結構主義還認為：結構分為表層結構和深層結構。表層結構是人們可以直接觀察到的；深層結構是事物的內在關聯，只有透過某種認知模式才能認識到。結構主義的最大特點就是強調相對的穩定性、有序性

和確定性，強調應該把認識對象看作整體結構。（見圖 5-20）

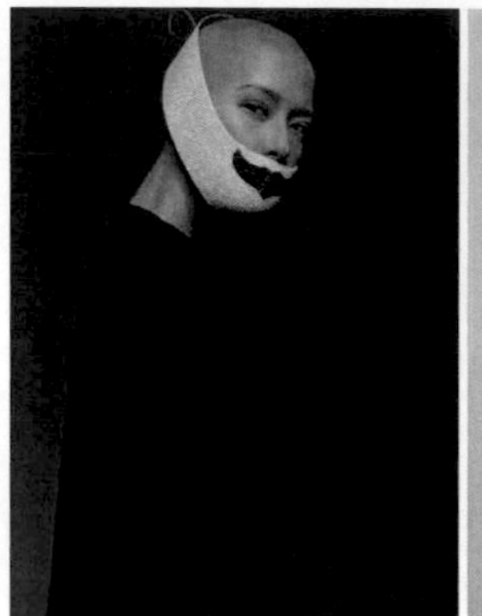
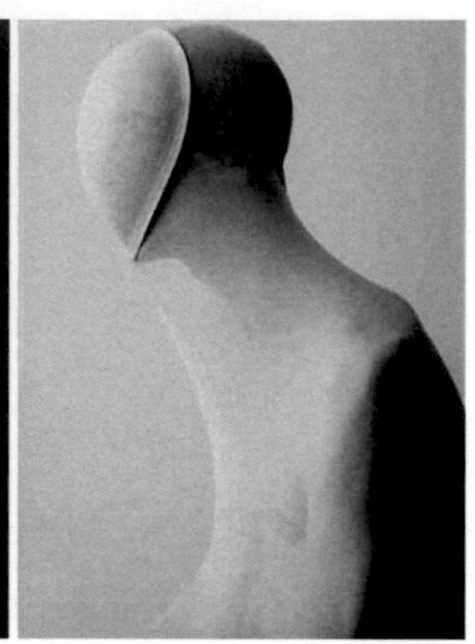

圖 5-20　結構主義強調，應該把認識對象看作整體結構

2. 結構主義服裝

1919 年 4 月在德國魏瑪成立的包浩斯設計學院，開創了現代藝術設計的先河，其核心思想正是結構主義。包浩斯認為，藝術設計應該透過有序運動而得到高度的平衡與協調，透過歸納事物表面的雜亂無章，找到它們內在結構的構成規律，創造高度的邏輯性視覺傳達，使設計在結構的秩序中得以完成。包浩斯對現代設計的影響是多方面的，它創造了當今工業設計的模式，並且為此制定了標準。他是現代設計的助產士，改變了一切東西的模樣——我們正坐著的椅子、正在使用的茶杯、正在閱讀的圖書、正在居住的房屋等，從其造型和結構樣式都能看到包浩斯的影響。

服裝設計也不例外，在結構主義設計思潮的影響下，人們創造了簡約、理性，甚至是透過數學運算來取得視覺平衡的設計方法，形成了對結構進行科學分析、按照黃金分割設計比例以及注重單個配件與整體之間關係的思考模式，強調服裝結構與人體的空間組合，使服裝的功能效應和形式美感都能透過結構得以實現。（見圖 5-21）

圖 5-21　早期的經典作品，簡約、理性、注重功能效應和形式美感

結構主義服裝不但注重服裝嚴謹的結構設計，還十分注重服裝三維空間效果的表現，在服裝造型上強調外觀形式的變化和形式美感的呈現，具有較強的立體層次感和空間感。對於結構、形體與空間美感的追求，形成了鮮明的結構主義服裝風格特徵。（見圖 5-22）

圖 5-22　對結構、形體與空間美感的追求，形成了結構主義服裝風格特徵

在世界服裝發展的歷史演變中，具有結構主義設計思想，並已經形成自己獨特設計風格的設計師不勝枚舉，且大多活躍在1950、1960年代。結構主義服裝設計師的傑出代表有：以「新風貌」設計一舉成名的克里斯汀·迪奧（Christian Dior）、被譽為「剪裁的魔術師」的克里斯托伯爾·巴倫西亞（巴黎世家）（Christobal Balenciaga）、帶有建築造型美感的皮爾·卡登（Pierre Cardin）（見圖5-23）、能「賦予時裝一種詩的意境」的伊夫·聖羅蘭（Yves Saint Laurent）、華貴浪漫具有貴族氣派的卡爾·拉格斐（Karl Lagerfeld）、享有「活動的建築」美譽的皮埃爾·巴爾曼（Pierre Balmain）、被稱為「高級時裝的最後騎士」的紀梵希（Givenchy）等。

圖5-23　皮爾·卡登（Pierre Cardin）帶有建築造型和宇宙探索情結的服裝作品

3. 結構主義設計原則

據說在古希臘，有一天畢達哥拉斯（Pythagoras）走在街上，在經過鐵匠鋪前時，感覺鐵匠打鐵的聲音非常好聽，於是駐足傾聽。他發現鐵匠打鐵的聲音之所以好聽，是因為鐵匠打鐵的節奏很有規律，這個聲音的比例被他用數理的方式表達出來，就成為後來被廣泛應用在眾多領域的黃金比例。黃金比例是一種數學上的比例關係，主要有長度比例（將整體一分為二，較大部分與較小部分之比等於整體與較大部分之比，其比值約為1：0.618）和長寬比例（黃金矩形，矩形的長邊為短邊的1.618倍）。黃金比例具有嚴格的比例性、藝術性和和諧性，蘊藏著豐富的美學價值。黃金比例曾被認為是建築和藝術中最理想的比例。建築師對數字0.618特別偏愛，無論是古埃及的金字塔，還是巴黎的聖母院，或者是近現代的很多經典建築，都有與0.618有關的數據。即便是現在人們使用的紙張、門窗等的長寬比也大多是1：0.618。同時，黃金比例也毫無例外地被應用到了服裝設計當中。（見圖5-24）

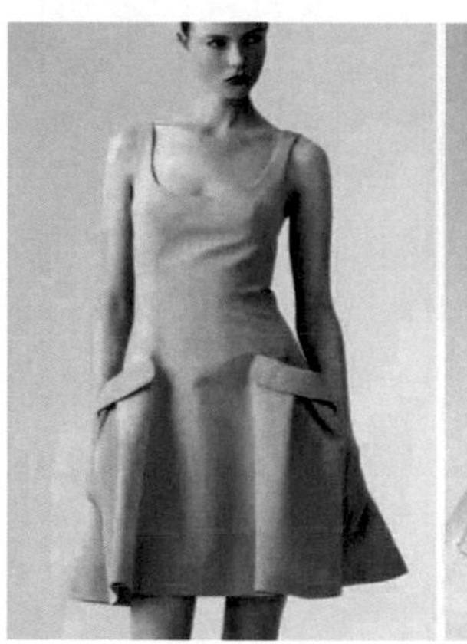

圖5-24　袋口位置和色彩分割，都以黃金比例為依據的服裝設計

西方傳統美學所提出的以數學計算為基點，按固定比例的黃金比例，運用排列、分割、比例和秩序等形式的美學要素進行設計，不僅廣泛用於建築，也被服裝設計

所吸納。結構主義服裝，不但注重服裝理性的結構設計，而且更醉心於服裝三維空間效果的表現，具有較強的建築學造型因素。由此形成的結構主義服裝的基本特徵是：以人的肢體造型為基礎，注重嚴謹的結構設計，強調服裝造型的立體感、比例感、層次感、秩序感和功能性，充分反映了西方傳統服裝的審美理念。結構主義服裝的設計原則主要包括理性、合理、簡化和標準四項原則。(見圖 5-25)

圖 5-25　符合理性、合理、簡化和規範原則的結構主義服裝設計

(1) 理性原則。結構主義服裝設計大多都是理性的、節制的，要符合最佳化設計的各項原則和標準。要盡可能精確的吻合人體曲面，運用打褶、剪接線、分割線等結構設計要素來表現服裝與人體之間的合理、簡約、精確的對應關係，透過整體的主次布局，安排相應的局部細節。為了突出設計主體，其他部分要盡可能精簡。

(2) 合理原則。服裝構成的合理和巧妙，是結構主義設計的核心主張。衡量設計是否合理通常有兩條標準：一是要到位，剪接線的部位、弧度、角度、鬆緊度等是否恰到好處，是否能夠與人體體態達到吻合；二是要巧妙，要努力找到能夠與眾不同，具有以一當十的多重功效或是具有出人意料的別緻的結構構成方式和各裁片的組織方式。

(3) 簡化原則。設計強調「少就是多」的簡化原則。在不影響外觀效果的前提下，結構工藝要盡可能地進行簡化處理，要努力去掉任何多餘的部分，以降低加工成本，減少製作工序，使作品易於批量加工生產。在某些情況下，可由一片裁片或是一條剪接線承擔多個功能，以達到工藝簡化、外觀簡潔的目的。

(4) 標準原則。標準化的款式設計、結構設計和縫製工藝，不僅便於利用機械進行大批量生產，還能提高服裝的生產效率，保證服裝的製作品質。即便只做一件服裝，標準化的設計也同樣重要，因為標準化也是服裝內在品質的保證和象徵。

結構主義服裝設計在外觀上注重形式美感的表現，但也逐漸暴露了它的形式化、同質化傾向；結構上過於沉迷於數學計算卻輕視了創造的熱情和偶然性；創意上既想有所創新和突破又不敢超越傳統劃定的藩籬；功能上太過強調服裝的著用效能卻少了一些人為關懷。因此，儘管結構主義服裝對現代服裝的發展做出了非常巨大的貢獻，但在人類進入 21 世紀之後，面對解構主義思潮的挑戰，也只能發出「無可奈何花落去」的感慨。

(二) 解構與解構主義

1960、1970 年代，是法國高級成衣業的崛起和高級時裝業的衰退時期，在經歷了「嬉皮風格」、「龐克風貌」等街頭文化的強烈衝擊後，解構主義思潮逐漸興起，並在 1980 年代迅速傳播，至今仍然保持著強勁的發展趨勢，對世界服飾文化產生了巨大衝擊和廣泛影響。解構主義有著深刻的社會、歷史、思想和文化根源，充斥於哲學、社會學、心理學、文學、藝術以及生活本身。但解構主義並不等同於後現代主義，更確切地說，解構主義是後現代主義的一個極其重要的流派。同時，「解構」也是後現代主義的一個基本特徵。

1. 解構主義思潮

「解構主義」(deconstruction) 一詞是從結構主義演化而來的，是在反結構主義的基礎上產生的。「解構」從字面上理解：解，即解開、分解、拆卸；構，即結構、構成、構造。兩個字合在一起，即為解開之後再構成。

早在 1967 年，法國哲學家賈奎斯·德里達 (Jacques Derrida) 就提出了解構主義思想。在德里達的抨擊下，確定性、真理、意義、理性、明晰性、理解、現實等觀念變得空洞無物。解構主義理論讓人們用懷疑的眼光掃視一切。但解構主義作為一種藝術思潮的形成，卻是在 1980 年代以後。解構主義認為，結構沒有中心，也不固定，由一系列的差別組成。由於差別的變化，結構也會隨之發生變化，因而結構有著不穩定性和開放性。這種思想起初由建築設計師率先運用，他們強調打破舊的單元秩序，再創造更為合理的秩序。透過將對象分解成各個組成部分再進行重新組合，對傳統進行顛覆。目前，解構主義建築已經遍布各地，如布拉格的尼德蘭大廈、巴黎的維萊特公園、紐約的華特·迪士尼音樂廳、北京的中央電視臺等。建築史學家吳煥加教授將解構主義建築的特徵概括為散亂、殘缺、突變、動態和奇絕五個方面。

(1) 散亂。在整體形象上破碎、零散，在外觀上參差交錯，在形狀、色彩、比例、尺度、方向的處理上極度自由，超脫了建築學已有的一切程序和秩序。

(2) 殘缺。往往力避完整、齊全，在許多地方故意做成破損狀、缺落狀、不了了之狀，看後令人愕然，但又耐人尋味。

(3) 突變。各種元素和各個部分之間的連接往往沒有過渡，也沒有預示，表現得很偶然、很突然，看上去生硬牽強，似乎無規律可循。

(4) 動態。常常採用顛倒、傾斜、扭曲、變形等手法，造成建築物的失穩、滑移、錯接、傾覆、墜落等動感，使建築呈現出某種動態，或有危危然如履薄冰之感。

(5) 奇絕。常常採用一些超越常理、常規、常法以至常情的概念和手法，極盡標新立異之能事，極力追求一種出人意料的反常效果。(見圖 5-26)

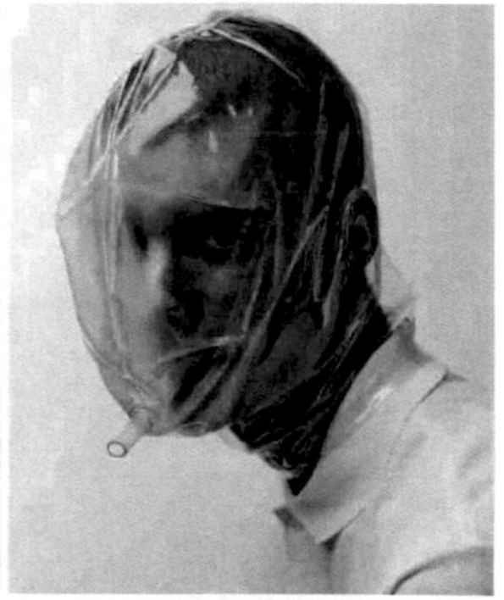

圖 5-26　解構主義在服裝上的超越常理的標新立異設計

解構主義在理論上看似反叛了結構，但其真正反叛的是結構主義的理念和主張，而不是結構意識本身。解構主義非常重視結構的基本配件，認為基本配件具有表現的特徵，完整性不在於作品本身的完整統一，而在於配件元素的充分表達。解構主義所表現的形式看似凌亂，實質上形與形之間、元素與元素之間具有一定的協調性、關聯性，是內在的而不是表面的，是有機的而不是機械的。(見圖 5-27)

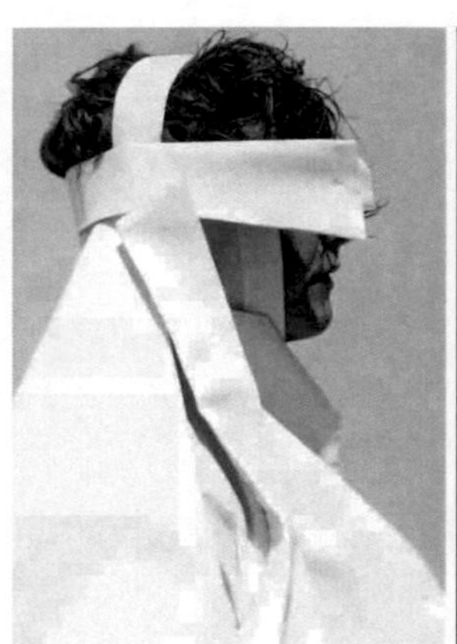

圖 5-27　解構主義的形式看似凌亂，實質上具有內在的協調性

2. 解構主義服裝

解構主義是在反結構主義的基礎上產生的，其實質就是對結構主義的破壞和分解。解構，說到底就是打破以往的固定模式，開創多種多樣的可能性，其結果必然是標新立異、靈活多變、散亂怪誕和令人耳目一新的。在解構主義思潮的感召下，解構主義的服裝也逐漸快速發展起來，並對現代生活和人們的思想觀念產生了重大影響。解構主義服裝的解構，主要表現在對服裝意義的解構、對服裝結構的解構、對圖形圖像的解構和對傳統材料的解構四個方面。

(1) 對服裝意義的解構。解構主義完全背離了服裝為人所穿並要符合人體的傳統概念，經常是從一件獨立的藝術品的角度去設計服裝，考慮更多的是服裝本身，而不是服裝與人體的關係。例如，三宅一生在 2010 年發布了 132.5 系列服裝（見圖 5-28）。該系列服裝的靈感來自日本摺紙，共包括 10 個由一塊布料剪裁而成的，可以折疊成一個個規則的平面幾何形的服裝新樣式。數字 1 代表一整件衣料；3 代表三維立體；2 表示折疊後的二維形狀；5 則代表全新的立體體驗。

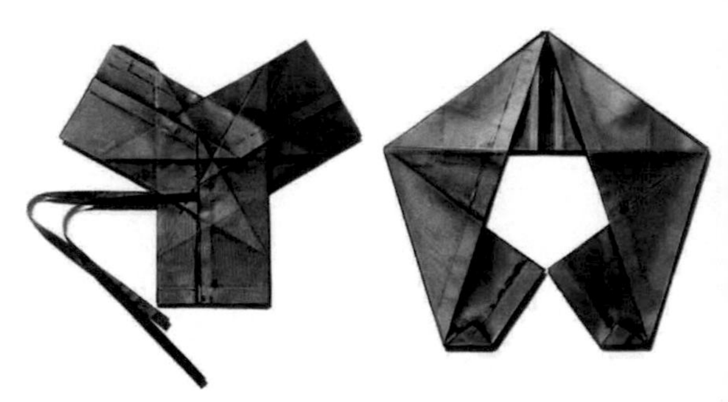

圖 5-28　三宅一生 132.5 系列服裝中的兩款平面幾何形

就在三宅一生還沉迷於服裝構成本身的美感時，很多新生代設計師早已走得更遠，他們的設計更加自由和隨意，模特兒的臉部被恣意遮擋和隨意「踐踏」，服裝穿在人身上也極不合身，脫下來或許會變成一堆雜亂的破爛。衣料或是其他材料，已經被分解成任意形狀，其構造形式與傳統的服裝含義及樣式相差甚遠，以至於連被稱為服裝都十分勉強。(見圖 5-29)

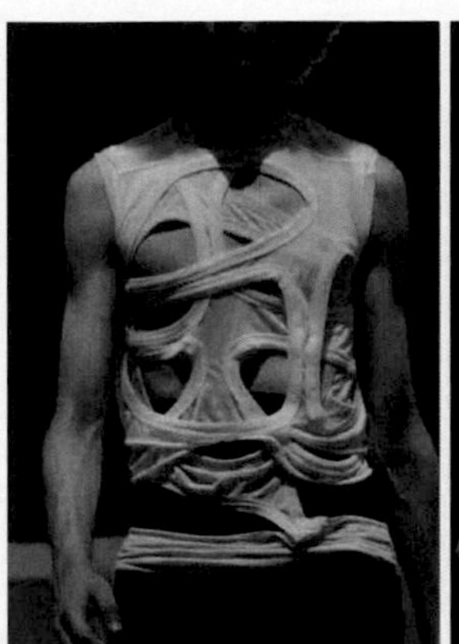

圖 5-29　新生代設計師毫無顧忌和自由隨意的服裝解構設計

圖 5-30　結構主義服裝的偏移、錯位、似是而非的設計

(2) 對服裝結構的解構。對傳統的服裝結構進行解構，是解構主義服裝設計的核心內容。在解構主義設計師看來，服裝沒有必要按照與人體曲面的對應關係來劃分前片、後片或是身片，服裝的構成可以不受任何限制，也沒有固定的模式，可以根據設計師的個人理解而定，正如有 100 個讀者，就有 100 個哈姆雷特。即便是不得不使用結構，也往往會採用偏移、扭曲、顛倒、錯位、似是而非等方式，改變傳統結構的形式和狀態，進行非常規的結構組合和表現。服裝結構一旦沒有了規則的限制，也就沒有了秩序。因此就出現了解構主義服裝形象的隨意堆砌、殘破扭曲、疏鬆零散和顛倒錯位等特徵，充分體現了反常規、非理性、將反常視作正常的解構主義設計主張。(見圖 5-30)

(3) 對圖形圖像的解構。現今社會是一個圖形圖像泛濫的社會，自從有了電腦網路之後，各種媒介將大量圖形圖像傾瀉給觀眾。但要知道，圖形或圖像本身是帶有歷史含義的，既有對遺失往事的懷念，也有對過去歷史的記憶。倘若有人將毫不相關的圖形圖像進行了全新的組合，就會引發人們對逝去時光的再想像或是產生全新的聯想，同時也會造成對歷史的混淆或是時間感的缺失。由此，也就促發了解構主義設計師對圖形圖像的解構熱情。在解構主義服裝中，歷史的、民族的、街頭的、現代生活中的各種圖形、圖像或形象，都被拿來廣泛應用，成為創意靈感的嬉笑對象。(見圖 5-31)

圖 5-31　現代生活中的各種圖形、圖像或形象，都被拿來應用

(4) 對傳統材料的解構。在對服裝結構進行解構和顛覆的同時，解構主義服裝絕不會忘記對傳統材料的解構。因為材料是服裝構成的物質載體和基礎，如果沿用傳統的衣料，解構就不可能做到徹底。因此，有的設計師故意將服裝的外表做成殘缺狀、破碎狀或不了了之狀；有的尋求不同以往的衣料再造效果，力求借助變形、變色、編織、拼綴、堆積等手段，達到對傳統材料解構的目的；還有的乾脆直接使用與傳統材料迥異的新材料、替代材料或是使用高科技手段製作新材料，用於服裝的創造。其本質，都是出於對傳統服裝材料的否定和不接受。(見圖 5-32)

解構主義服裝始於 1970 年代，經過近 50 年的發展，已經成為不可忽視的設計力量，並呈現方興未艾之勢，對新生代設計師及現實生活影響巨大。解構主義服裝設計師的代表人物有：要「發掘和服後面的潛在精神」的三宅一生（Issey Miyake）、能使眾多混亂元素神奇統一的侯塞因·卡拉揚（Hussein Chalayan）、有著頑童般叛逆心理的尚 - 保羅·高緹耶（Jean-Paul Gaultier）、被稱為「鬼才」的亞歷山大·麥昆（Alexander Mcqueen）、想去掉「多餘的東西」的川久保玲（Rei Kawakubo）、服裝帶有強烈戲劇化魅力的約翰·加利亞諾（John Galliano）、夢想「能夠穿越時間進行設計」的山本耀司（Yohji Yamamoto）等。(見圖 5-33)

圖 5-32　替代材料應用和麥昆用活蛆改變衣料形象的設計

圖 5-33　川久保玲的特別造型和山本耀司的外觀不整設計

3. 解構主義設計方法

解構主義主張的服裝設計，高舉反結構、反傳統和反理性的大旗，對傳統的服裝結構、設計理念、審美標準進行了近乎徹底

的顛覆。並創造了很多造型奇特、結構怪誕、形式多樣的服裝作品，但卻沒有像人們所期待的那樣再建一個全新的設計原則和秩序。正如美國一位解構主義者所說：「解構主義者就像拆卸父親手錶並使其無法修復的壞孩子。」因此，對服裝結構解構之後，並不能期盼有人告訴你應該怎樣去做，而是要根據自身的理解、理念和意願，想怎樣就怎樣。觀眾看到了什麼，那便是什麼。

解構主義服裝採用的設計方法，主要有打散與重組、拼貼與堆砌、變異與誇張、戲說與反諷四種。

(1) 打散與重組。解構並不是盲目的，而是具有針對性的，那就是對傳統原有結構的否定、反叛和顛覆。因此，原有的服裝結構必然成為解構的基礎，需要對其進行拆解、打散，再按照自己的意願將其重新組合。整個打散和重組的過程一定是一個服裝構想的逆向思考過程，原有的概念崩塌了，原有的審美顛倒了，原有的秩序打亂了，原有的結構錯位了，原有的形態扭曲了，原有的衣料淩亂了……重組並沒有什麼規則或是規律可以依託，也不是將服裝的結構完全丟掉，而只是去除理性，達到非理性。去除了理性之後，剩下的就只有感性了。「跟著感覺走，抓住夢的手」，就是對解構重組的最好詮釋，也是解構設計所要追求的最佳狀態。(見圖 5-34)

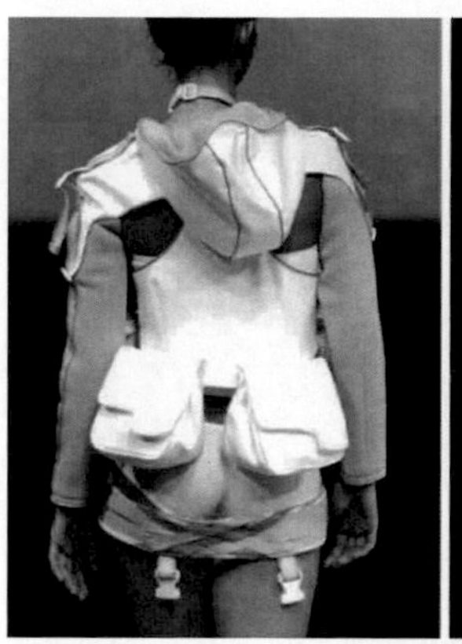

圖 5-34　將原有結構打散，按照自己的意願將其重組

(2) 拼貼與堆砌。解構運用的拼貼常常具有隨意、混雜、荒誕的意味，並不僅僅是指對服裝衣料的綜合再造以及不同材料的混合，也可能是一些裁片荒誕不經的拼接，或是互不相干圖案、不同時期圖像乃至截然相反概念的混雜，將不同風格和年代的東西拼湊在一起，從而混淆了時間和空間的界限，達到顛覆傳統觀念、增加服裝趣味的目的（見圖 5-35）。如果說拼貼是指平面形象的隨意組合，那麼堆砌就是立體形態的肆意疊加。堆砌的表現，既包括將不同材質、色彩、質地的衣料堆積在一起，製造凹凸不平的服裝表面立體效果；也包括利用衣料製作的立體配件的羅列；還包括將生活當中或是大自然中的其他物體直接安放在服裝上，從而達到標新立異甚至是觸目驚心的服裝視覺效果。

圖 5-35 解構運用的拼貼常常具有隨意、混雜、荒誕的意味

(3) 變異與誇張。解構使用的變異，並非普通意義的形態變化，而是要達到突變、畸變、怪異程度的變化狀態。在造型上，或是透過增加臀部、肩部或其他部位的厚度，改變人體原有的曲線；或是在服裝夾層中添加各種填充物，以創造奇特怪異的服裝造型。在結構上，常常在不需要變化的地方出現了變化，把不應該添加的形態添加了上去，目的就是讓人感到捉摸不定或百思不得其解，以打破常規的思考方式。變異與誇張經常是相依並存的，透過誇大事物的某一方面，可以使事物的形體特徵、動態特徵和情感特徵得到突出顯現，以打破原有結構的正常秩序，與服裝常規的造型形成強烈的反差。(見圖 5-36)

(4) 戲說與反諷。為了與傳統對抗，或是為了表現自己否定傳統的超然態度，常常採用戲說、遊戲、搞笑的形式，創作無厘頭的、碎片化的、語言模糊的服裝形象。偶然的、即興的、戲劇化的表現手法被大量應用，豐富了解構主義服裝的多樣性。反諷則是透過黑色幽默的方式戲謔和嘲諷傳統。解構主義在顛覆傳統的同時，也消除了各種文化之間的界限。文化的界限一旦被消除，自己立足其中也會變得十分困難，既不能是其中任何一個，也不能有深度。那就只有拾取各種文化的碎片，用戲說或是反諷的方式將其荒誕地對接或是隨意利用。比如把過去要遮蓋的東西（乳房、臀部、內衣等）顯露出來，把需要顯露的部分（臉部、頭部、雙手等）遮蓋起來，達到反諷的效果。又比如，把美好的變成醜陋的，高雅的變成低俗的，完整的變成破爛的，都會具有反諷的功效。(見圖 5-37)

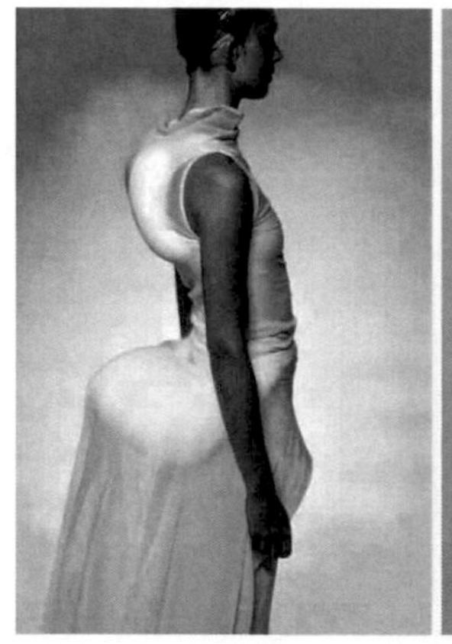
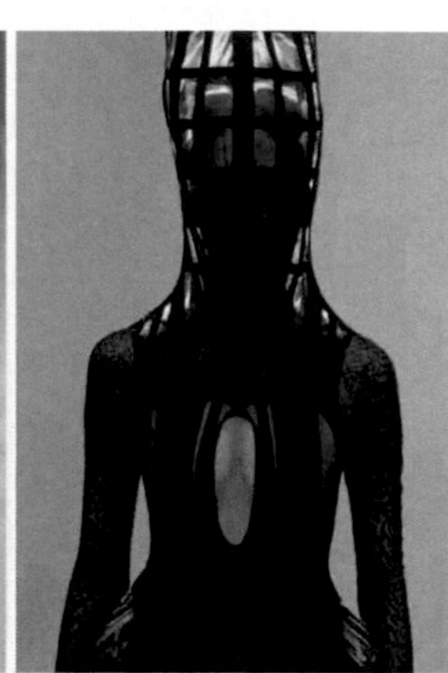
圖 5-36 增加臀部厚度的變異和擴大原有衣領形態的誇張

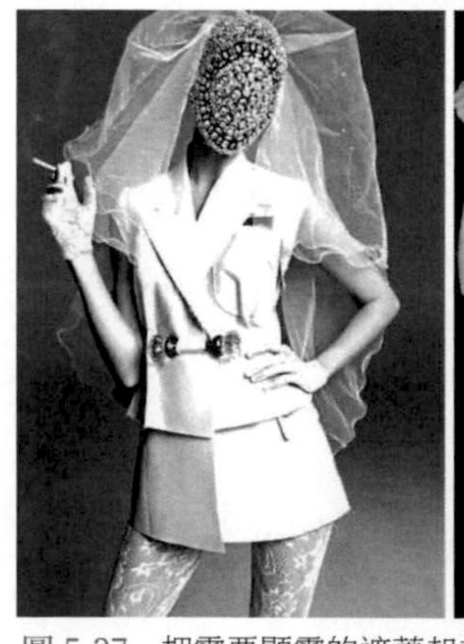
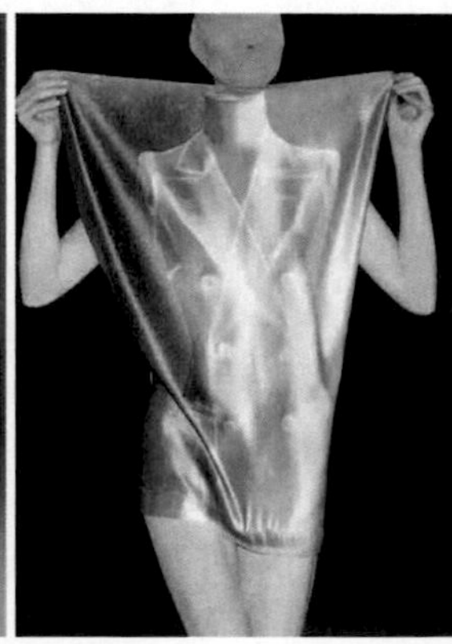
圖 5-37 把需要顯露的遮蓋起來，達到戲說和反諷的效果

(三)結構、解構與多元化

結構主義服裝的創新和創意，由於符合了人們習以為常的傳統審美觀念，很容易被理解和接受。而解構主義服裝的顛覆與反叛，與傳統的審美觀唱的是反調，就不能按照以往的審美標準去評價。同時，這些解構主義設計師也不希望人們去理解他們的作品。川久保玲曾說過：「如果我創造了什麼新鮮事物，它肯定不會被理解，倘若得到人們喜愛，我反而會非常失望，因為這說明設計還沒有到達極致程度。」三宅一生也說過：「若是看到與我的設計有類似的東西，不管誰說它好，我也不要了。」由此可知，解構主義設計師追求的目標是特立獨行和把設計做到極致，並不是為了人們的理解和接受，更不是為了提供著裝便利。在普通人看來，服裝就應該是能穿著的，不能用於穿著的服裝還有什麼意義？其實，解構主義服裝並不是一般的服裝商品，它更趨向於服裝的試驗品，是用來探討的，而不是用來穿著的。它所努力創造的是一個全新的服裝概念，是對服裝構成形式的獨特思考，是對服裝未來發展進行的一種想像、一種探索或是提供的一種可能。人類如果只是關注現在和滿足現狀，不去思考、創新和規劃未來，這反倒是不能接受的和非常可怕的。任何一個新事物的出現，都有一個從不理解到理解、從不接受到接受的觀念轉變過程。服裝的發展也是一樣，從概念到商品化，沒有不可踰越的鴻溝，只需去除浮誇的、多餘的和不適合的部分，就有可能轉化成生活當中的服裝。

結構主義和解構主義多年對抗的結果，看似解構主義徹底顛覆了結構主義，創造了很多驚世駭俗的服裝作品並已深入人心。但實際上，無論解構主義如何抗爭，都沒有改變結構主義設計最重要的功能特點，僅僅是對結構主義設計進行了修正和補充，服裝設計在本質上並沒有發生根本轉變。解構主義從表面上反叛和解構了傳統的結構，但其真正反叛的是結構主義僵化的設計理念、審美觀念和設計方法，而不是結構意識本身。縱觀那些解構主義大師的後期作品，比如三宅一生、山本耀司、川久保玲、麥昆、加利亞諾、梅森·馬丁·馬吉拉（Maison Martin Margiela）等，不難發現他們在強調非理性的同時，理性的參與也越來越多，簡單的盲目的乃至荒誕的非理性越來越少。他們在不斷顛覆傳統文化觀念的同時，又在以新的觀點重新認識那些被認為是傳統事物的價值。按照傳統文化的發展理論來分析，結構主義和解構主義之間的抗爭，必然是「合久必分，分久必合」，一定會在共同的發展當中相互碰撞和相互融合，最後走向大同。(見圖5-38)

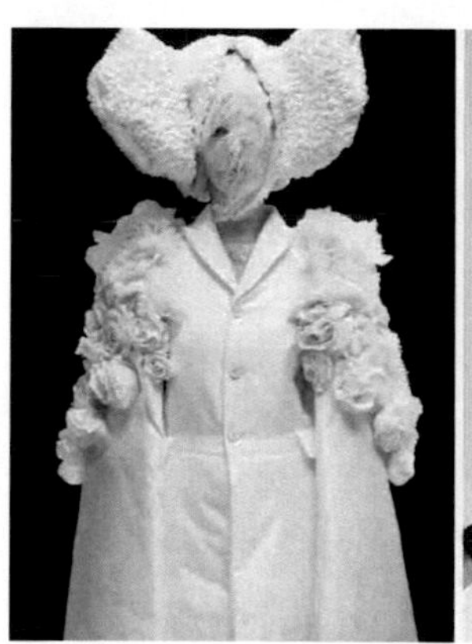

圖 5-38　解構主義同樣具有很強的結構意識，主張結構的創新

在服裝作品設計方面，解構主義服裝反叛傳統的設計主張和標新立異的視覺感受，已經壓倒了結構主義服裝的潮流，越來越多地受到人們的關注和青睞。解構主義在顛覆和否定傳統的同時，還致力於挖掘過去創作實踐中被忽略的方面，特別是在突破傳統的設計思考模式方面，創造和演繹了千變萬化的服裝表現形式。儘管解構主義服裝設計在很多方面還不能被人普遍理解和接受，但其勇於探索、敢於創造和不走尋常路的表現，迎合了年輕人求新、求異、求變的時尚心理。因此，人們對它的接納、寬容和推崇，也盡在情理之中。

在產品設計方面，講究服裝功能、注重服裝結構的結構主義服裝仍然是主流。看看商場裡正在熱銷的服裝商品，再看看身邊人的衣著穿戴，就不難理解結構主義思潮影響的根深蒂固。因為服裝若想滿足生活的需要，功能方面的要求是最重要的標準。除此之外，還涉及人們的審美觀念，需要一個較為漫長的轉變過程。儘管如此，解構主義對於服裝產品設計的影響也不容小覷，它正在以時尚之名，悄然滲透到人們的生活當中。如褲子的殘邊破洞、上衣的縫份外露、結構錯位的服裝造型、標新立異的圖案裝飾、男裝設計的女性化傾向、女裝設計的內衣外穿等，都不可迴避地受到解構主義思潮的影響。（見圖5-39）

時光進入 21 世紀，電腦網路的飛速發展改變了人們的生活方式，加快了生活的節奏，也沖淡了人們對於設計思潮的關注程度。儘管解構主義服裝仍然是一個吸引人的話題，但對其討論的熱度已經趨於平緩，人們已經能夠坦然地接受各種各樣的設計主張，由此也就標誌著服裝設計進入一個多元化的新時代。

圖 5-39　受解構主義思潮影響的毛衣衣料再造和牛仔服裝的殘邊破洞

在離不開手機的資訊膨脹和圖像泛濫的現實生活裡，每個人都被淹沒在那些不斷刺激眼球和不斷更新變化的資訊之中。人們接受的資訊越多，更新的速度越快，資訊被遺忘的速度也就越快。這樣一來，人們不得不優先關注那些對自己有用的資訊，或者將已有資訊進行提煉和重組，並由此導致了資訊擷取的扁平化、碎片化和多樣化。人們不會再去計較哪一件作品源自哪一個流派，哪一件服裝究竟適不適合穿著，只要是存在的，就會有存在的理由。雖然那些思想前衛的設計師豐富了服裝設計的詞彙，創造了標新立異的服裝樣式，值得人們讚賞。但那些仍然信奉功能至上的設計師正在為人們提供衣著，滿足人們的生活需要，同樣值得尊重。

三、服裝結構與創意

（一）無結構的創意

無結構，是指以人體的包裝為目的，不受服裝是否合身的限制，根據設計的需要自由剪裁的服裝構成形式。無結構服裝並非真的沒有結構，而是不存在傳統的常規的立體結構，可以根據設計的需要自由設定一些簡單的結構形式和縫製方式來完成服裝的製作。無結構服裝的設計，很適合沒有學過平面裁剪技術的人使用。這種方法可以利用披掛、纏繞、包裹、繫結、捆綁等多種多樣的形式或手法，進行服裝的設計表現。設計出的服裝具有形式多樣、手法多變、無拘無束、簡便靈活等優點。

在服裝的發展歷史中，無結構服裝的出現要比有結構的合身的服裝早很多，比如古希臘的希頓、古羅馬的托加（Toga）等。而且，無結構服裝的穿著使用時間更長，從古代一直沿用到近代或是現代，如中國的漢服、印度的紗麗、日本的和服，乃至僧人穿著的袈裟等。就是在現代的服裝設計領域，無結構的服裝設計也是層出不窮。從三宅一生的「132.5 系列」服裝設計，到 3D 或是 4D 影印服裝的問世，都具有無結構服裝的基本特徵。（見圖 5-40）

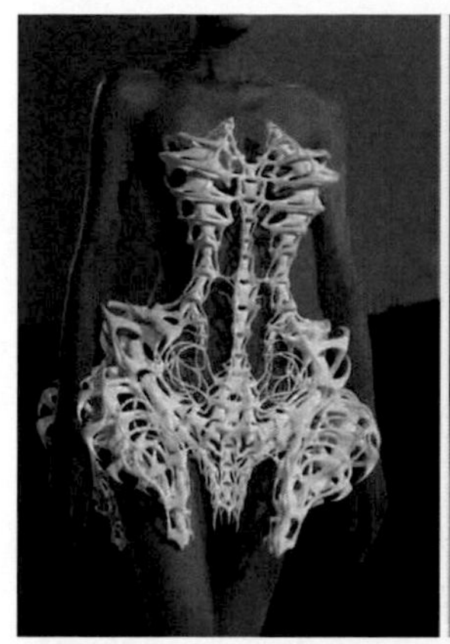

圖 5-40　利用現代 3D 列印技術製作的高科技無結構服裝

1.「發現」服裝

三宅一生認為：「時裝沒有固定的樣子，人們可以依照他們想要的樣子去穿著。」既然服裝沒有固定的樣子，那麼設計師就可以按照自己的想像或意象，創造一個與以往完全不同的全新樣式，賦予服裝一個新概念。

「發現」服裝，並不是尋找已經存在的服裝，而是要去探索和發現那些尚不存在的服裝樣式。既然這些服裝尚不存在，就不可能在已有的服裝當中搜尋到，而是要在生活的其他方面去尋找。比如看到天上的白雲，有可能發現雄獅就隱藏其中；看到層巒疊嶂的山峰，也可能發現神祕的大佛正仰天酣睡。所要發現的服裝，或許就在生活的某些角落裡，或許就在大自然的山石草木之間，或許就在自己的苦思冥想或是睡夢當中。生活是取之不盡用之不竭的設計靈感源泉，要學會觀察和發現，尤其是要關注生活的細節。要善於捕捉它們的形態、狀態、構成形式、個性特徵等，並將其轉化為獨特的服裝語言，表現服裝的全新樣式。

服裝設計構想，當被解除了結構、功能、形式等方面的限制時，設計師的思想就如同被放飛的籠中之鳥，可以自由自在地展翅飛翔。此時，如果還是覺得這也不是、那也不行，那就不是別人在限制你，而是你自己在限制和束縛自己。

2.「發現」形式

英國藝術評論家克萊夫·貝爾（Clive Bell）在《藝術》一書中指出：「在各個不同的作品中，線條色彩以某種特殊方式組成某種形式或形式的關係，激發我們的審美感情。這種線、色的關係和組合，這些審美的感人的形式，我稱之為有意味的形式。有意味的形式就是一切藝術的共同本質。」服裝的構成也是一樣，要努力發現一種獨具特色和有意味的表現形式。同一種事物，會有各式各樣的不同的表現形式。同樣是花，種類、樣式多得數不清；同樣是魚，形象、狀態也各不相同。那麼，服裝怎麼可能只有我們所見到過的存在形式呢？

「發現」形式並不是很難，難度在於如何找到具有意味的服裝表現形式。意味，可以理解為有意思、有意境、有含意、有味道、有趣味、有品味等。因此，有意味的形式才能成為藝術的本質，才能夠打動人和感染人。否則，就會讓人感到平淡和乏味。有意味的表現形式，並不等於一定要多麼深刻或是多麼具有意義。恰恰相反，過於注重內涵的形式，常常會因為過於沉重的負擔而失去應有的鮮活和生動。因此，有意味的服裝表現形式，常常就是一種設計表現比起其他的有意思或是有味道的感覺。

發現有意味的形式之後，就可以按照變化與統一的形式法則，對其進行具體的設計表現。「變化」是指形態之間的差異性，在服裝構成當中，形態變化越多，內容也就越充實，效果也就越加活潑，越加具有生動感；「統一」是指形態之間的一致性，形態變化越少，整體感也就越強烈，效果也就更加和諧或是更加具有條理性。（見圖5-41）

圖 5-41　按照變化與統一的形式法則設計的無結構服裝

3.「發現」材質

衣料是製作服裝的主要材料，衣料從薄到厚、從軟到硬、從光滑到粗糙、從梭織到針織，具有完全不同的性能特色和外觀感受。因此，設計師要根據不同衣料的不同特色確定不同的設計方案，或者是根據不同的設計目標和效果，選擇適合的衣料來製作「這一件」服裝。

「發現」材質，一定要把自己的視野放寬，既要發現不同衣料的不同特性，從而揚長避短，表現自己的設計追求，還要發現各種衣料進行再造的各種可能性，衣料再造的變形、變色、加法、減法、編織、綜合等手法中，哪一種可用，哪一種效果更好。還可以把目光放在與衣料相關的其他成品或是半成品上，如手套、帽子、布鞋、口罩、口袋、服裝裁片、破舊的上衣或褲子等，這些物品都可以視為無結構服裝構成的原材料。那些不是衣料的材料，如毛氈、紙漿、紗網、麻袋、絲帶、拉鏈、塑膠布、不織布等，或許都可以拿來嘗試和使用。

不同的材質會給人不同的視覺感受，也需要運用不同的形式和手段去表現。比如光澤衣料、褶皺衣料、毛織衣料、透明衣料、棉布衣料、花呢衣料、網眼衣料、花色布料等，都有自己獨特的外觀狀態和與之適應的設計手法。有的適合簡潔立體的造型，有的適合堆積纏繞的方式，有的適合繫結捆綁的狀態等。(見圖 5-42)

圖 5-42　適合簡潔造型的厚重衣料和適合纏繞的輕薄衣料

(二) 常規結構的創新

常規結構，是指以顯現人體體態美為目的，注重服裝實用功能，並已成為行業規範的服裝結構形式。常規結構服裝，大多沿用符合傳統規範的立體的結構形式，多採用常規的平面或立體裁剪的方法，利用樣板原型或人檯獲得所需要的衣片形狀來完成服裝的裁剪和製作。常規結構服裝的設計，需要具備一定的平面或立體裁剪技術，以及對標準的縫製工藝有所了解才能運用自如。可以利用局部誇張、裁片巧用、圖案裝飾、衣料再造等多樣的形式或手法進行服裝的設計表現。

人們平時穿著的和被普遍接受的服裝，採用的大都是常規結構。常規結構服裝具有結構嚴謹精緻、外觀簡潔大方、穿著舒適實用、便於人體活動等特徵。常規結構服裝設計的結構原型主要有旗袍、襯衫、西裝、中山裝、直筒褲、直筒裙、斜裙等。

常規結構服裝的設計，也同樣注重結構的創新，但創新要以不影響服裝的實用功能為原則。因此，結構變化的力度明顯偏弱，結構之外的設計創新表現常常更為突出。(見圖 5-43)

圖 5-43　在圖案裝飾方面先聲奪人的常規結構服裝設計

1.「更新」理念

理念，是人們對某種事物的觀點、看法和信念。結構主義思潮是一種傳統的設計理念，解構主義思潮是一種反叛傳統的設計理念，並由此產生了完全不同的設計主張。生活中的每個人，對於服裝設計也都有自己的理念，而且理念也有大小之分，大的理念可以是一種思潮、信念和思想，小的理念可能只是一種觀點、看法和認識。理念，既會決定人們對待事物的態度，也會影響人們的行為方式和價值取向。在普通人看來，「服裝就是用來穿著的」，因此會把服裝的實用功能放在第一位。在愛美女性眼中，「服裝應該讓人更美麗」，這會導致她們認為衣櫥裡永遠缺少一件稱心的衣服。川久保玲在「我想破壞服裝的形象」的理念引導下，創造了在人體臀部、背部增加很多填充物的「腫塊」作品（見圖 5-33 和圖 5-36）。三宅一生在「發掘和服後面的潛在精神」的信念感召下，成為「服裝創造家」，一直行走在既不是西方的也不是東方的服裝創造之路上。理念，的確具有這樣的神奇力量，能在一般人認為不可能的地方創造種種可能。

「更新」理念，對常規結構服裝的設計尤為重要，是解放思想、卸下包袱、擺脫慣性思考束縛的行之有效的方法。不管過去對服裝存在什麼樣的認識，都要樹立「服裝上的一切都是可變的」理念，才有可能放開手腳，盡情想像和創造。設計的一般過程是先做「加法」，把自己能夠想到的內容盡可能地添加上去。之後再做「減法」，按照服裝功能和結構構成的需要刪繁就簡，去掉多餘部分，設計也就趨近於完成了。（見圖 5-44）

圖 5-44　設計後期要按照服裝功能和結構構成的需要刪繁就簡

2.「更新」結構

常規結構服裝，頸部的領口、肩部的袖攏、胸部的剪接、腰部的收褶、門襟的扣合、褲子的立襠等是結構構成最為關鍵的部位。這些部位的結構和形態也是一直處於變化當中的，否則結構主義服裝也就難以發展了。只不過這些變化常常是萬變不離其宗，離不開符合人體體態特徵這一核心，但也不反對為了服裝造型的需要，對某些局部進行誇張的變形設計。

「更新」結構，就是對這些結構的關鍵部位或裁片進行創新，運用解構的誇大、拉長、縮小、減缺、轉向、翻折、拼接、移位、交錯、加量、增加層次和添加裝飾等手段，獲得全新的視覺形象（見圖 5-45）。那些陳列在商場或是網路商店的那些服裝產品，對於結構的創新設計一刻也沒有停止。即便是解構主義設計大師，在設計他們品牌的產品時，也同樣需要顧及服裝的使用功能。比如川久保玲的「Comme desGarçons」品牌、山本耀司的「Y3」品牌，都能找到適合於平時穿著的服裝結構。在商品化的現代社會，任何主義的思潮和主張都不能夠擺脫商業因素而存在。商業的介入使設計師所強調的創造自由受到了影響，它產生的直接結果就是作品設計的某種成功或是引人注目的某些因素，被傳播開來並成為某種時尚的元素。在強大的商業背景條件下，無論是新生代設計師還是老牌設計師，單純地依賴作品設計得以生存就會非常困難，必須同時具有產品設計能力，借助服裝市場這個銷售通路才能獲得社會資金的支持。因此，設計師必須為社會創造價值，才能成就自己的創造夢想。為社會提供穿著，也是社會賦予設計師的職責所在。

圖 5-45　常規結構設計要對結構的關鍵部位和裁片進行創新

3.「更新」方式

現代服裝設計的發展早已超越了服裝設計本身，進入設計師需要幫助人們解決生活當中遇到的問題階段。比如在運動中如何解決忽冷忽熱容易感冒的問題，在不同場合如何解決需要改變形象的問題，在下雨天如何解決衣服不被弄髒的問題等。由此引發了以人為本和人性化設計的現代設計思想。「以人為本」就是將穿著服裝的主體需要放在第一位，重視穿著者的心理感受和穿著體驗，服裝要為穿著的「人」服務；「人性化設計」就是要讓服裝穿著起來更方便、更舒適、更體貼，設計要體現人文關懷和對人性的尊重。無論是以人為本還是人性化設計，都強調了服裝設計的關注點從「物」到「人」的轉移，也對設計提出了更高的要求，要求設計師為消費者著想，從服裝穿著和使用的視角去思考問題。

「更新」方式，不僅需要更新設計師的設計方法，更需要更新設計師的思考方式。比如看到消費者在運動當中遇到問題，就可以考慮服裝的智慧化設計，讓消費者能夠隨時掌握體溫變化或是讓服裝能夠調節溫度；知道消費者存在改變形象的需求，也可以設計一衣多穿或是某個部位可以調節的服裝，滿足不同場合的多重需要；了解到消費者擔心下雨把衣服弄髒，還可以引進高科技的奈米防水布料，開發設計相應的服裝產品。

進入 21 世紀，在電腦網路及各種高科技的參與和衝擊下，服裝產品的大眾化定製時代很快就會到來。此時，服裝產品的先生產再銷售的行銷方式將一去不復返，取而代之的將是設計師先設計樣品在網上預訂，經過消費者意見的參與和多次修改，在獲得訂單之後再進行生產和銷售。這樣的設計方式已經不是設計師一個人在完成，而是設計師和消費者、設計師與行銷團隊共同打造完成的。那時，以人為本和人性化設計的理念就會得到真正意義的實現。

（三）非常規結構的創造

非常規結構，是指以服裝創新為目的，創造的既不影響服裝的著用功能、又不符合常規的服裝結構形式。非常規結構服裝，大多擺脫了平面裁剪公式計算的束縛，採用立體裁剪的方式方法，設計建構與以往不同的新結構。在設計當中，並不排斥和反對服裝的實用功能，而是將功能進行重新解讀和詮釋，為服裝注入全新的內涵，創造全新的穿著方式和穿著狀態。多利用奇特的服裝造型、多變的衣領門襟、偏移的結構縫線、不對稱的局部形態等手段塑造服裝新形象。非常規結構服裝具有設計理念先進、結構靈活多變、外觀造型新穎、觀賞性強等優點。

非常規結構服裝的設計師多是有個性、有見解和具有自己獨特的思考方式的人。他們大都受到解構主義思潮的影響，不願意被保守僵化的常規結構所約束，喜歡原創和獨樹一幟，喜歡追求自己獨有的設計風格。設計的服裝不被大眾喜歡和接受也不在意，認為消費者是可以被教育和被引導的，因此他們的服裝設計絕不盲目地跟隨潮流，而是努力引領流行和創造流行。非常規結構服裝的受眾，大都是極具個性的和經濟條件較好的小眾群體。這些小眾群體儘管人數較少，但卻具有很高的品牌忠誠度。反過來講，非常規結構服裝本身也很「挑人」，也並不適合大眾群體穿著。（見圖 5-46）

圖 5-46　深受小眾群體青睞的非常規結構服裝設計

1.「創造」結構

非常規結構的設計，因為沒有可以借鑑的服裝結構形式，需要設計師自己去創造結構，去創造有別於常規的結構。非常規結構的創造，一般可以從四個方面去思考。一是將剪接線位移或轉向。將標準的剪接線進行位置移動或是轉變方向，也包括由直線轉變為曲線。比如袖襱的上移或下落、脅邊線的前後移動或改變角度、領口的不規則和不對稱等。二是重塑整體或局部造型。結構變化要與造型變化一同構想，改變造型可以強化服裝的整體感受。比如改變衣身的造型、改變袖子的造型、改變肩部的造型、改變褲筒的造型等。三是將對稱變成不對稱。不對稱形式具有靈活、自由、動感等特性，左右形態的不對等、不相同就可以出奇制勝。比如衣領的不對稱、門襟的不對稱、袖子的不對稱、口袋的不對稱等。四是改變下擺形態。改變衣擺或裙襬現有的單一形態，使其呈現多樣化的狀態。如多層下擺、立體下擺、不對稱下擺、前短後長下擺等。

「創造」結構，有時也會延伸或發展成為全新裁剪方法的創造，歐洲最新興起的一種減法裁剪法（Subtraction Cutting）就是例證。所謂「減法裁剪」，就是減去大片衣料中的一小部分，再經過簡單的連接縫合，就完成了服裝的全新裁剪方式。具體做法：

① 將兩塊整幅寬的衣料上下疊放，將其左右和上邊縫合；
② 將前後衣身樣板上下相對並傾斜交錯地擺放在上面；
③ 用粉片描畫樣板邊線；
④ 用外弧線連接兩側的上下腰點；
⑤ 剪掉前後衣身之間的上層衣料；
⑥ 縫合前後衣片的肩線、脅邊線和弧線處；
⑦ 將縫合好的服裝裡外翻轉，縫份留在裡面；
⑧ 將服裝穿著在人檯上，根據需要整理下擺形態和各部分細節，完成服裝的製作。（見圖 5-47）

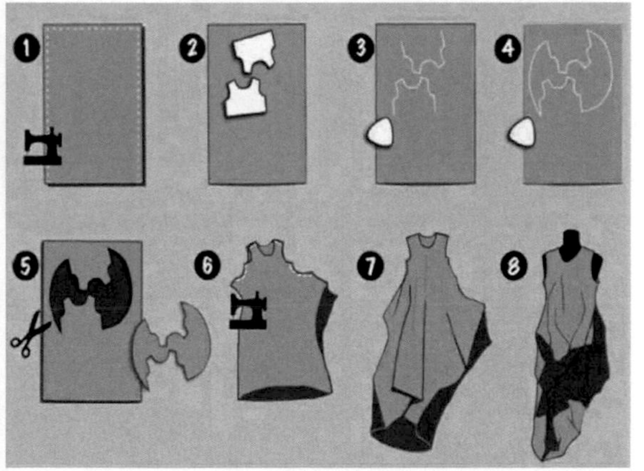

圖 5-47　具有非常規結構特徵的減法裁剪和製作過程

作為能夠普及推廣的裁剪方法，絕不會只有一種構成狀態，減法裁剪只要靈活運用，還有無窮無盡的創造想像空間。如將衣身樣板橫向擺放或是放在衣料中間、將衣身樣板分成四片並分開擺放、將上下層衣料的開口位置向上提高、將兩層衣料縫合成圓形或其他形狀等，都能獲得形態各異的服裝新形象。

2. 「創造」規則

「我以一顆唯美的心在街頭捕捉靈感」，這話出自奉行解構主義的麥昆口中，確實讓人感到意外，但細細想來又在情理之中。解構主義設計師也同樣需要崇尚和追求美，只不過是對美和美感的概念進行了重新定義，重新設定了審美的標準和規則。在過去，衣服褲子刮破了、弄髒了、壓皺了，都會讓人覺得很難堪，但現在這些都是時尚，是美的表現。在過去，內衣外露了、褲腰鬆落了，也會讓人感到不好意思，但現在內衣外穿、褲子鬆垮都是流行的另類的美。審美標準不是一成不變的，人們的審美觀也已經進入多元化時代。在現實生活當中，簡約是美，豐富也是美；單純是美，裝飾也是美；新潮是美，復古也是美，甚至還可以以「醜」為美、以「怪異」為美。

「創造」規則，就是按照設計想法的需要建立一種全新的秩序，以保證服裝設計的高品質。任何優秀的設計作品都是經得起時間考驗的，解構主義服裝也是一樣。解構並非等同於簡單粗暴和粗製濫造，同樣要追求設計的高品質。在打破傳統結構的同時，還要建立一種新的規則和秩序。也就是說，無論是什麼樣的設計想法，在具體的結構設計、元素組合和形態布局等

方面，都要合乎一定的方式或規律，才能處理好服裝各個部分的變化與統一、整體與局部、服裝與人體之間的關係。（見圖5-48）

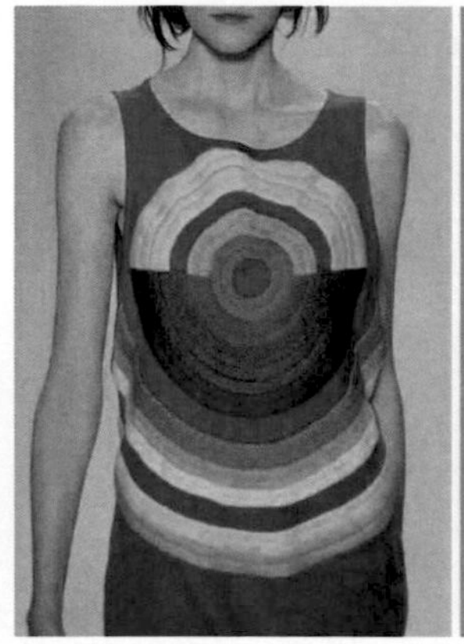

圖 5-48 要按照設計的需要建立一種全新的規則和秩序

3.「創造」功能

功能是指服裝設計不可迴避的最為重要的設計因素。服裝如果不具備應有的著用效能，那就會成為真正意義上的藝術品，只能觀賞而不能穿用。儘管只能用於觀賞的服裝也時常出現，但大多都是過眼雲煙，僅僅是曇花一現而已。功能為何如此重要？因為創造服裝就是為了穿著和使用，設計就是為了創造「物」而存在的。

「創造」功能，是為了開發和拓展服裝的使用效能，而不是迴避功能。不管是服裝作品還是服裝產品，功能可以不是唯一或至上的，但絕對是不可缺少的。1998 年，解構主義設計師候塞因·卡拉揚曾經發布了「皇帝的新衣」式的作品，他在沙灘上豎立了三根木棍，木棍之間用一根棉線相連。然後，讓三個女模特兒赤裸站在棉線圍住的區域裡，象徵著模特兒已經「穿」上了服裝。這種無視服裝功能的舉動，除了可以向傳統的服裝觀念宣戰以外，怕是沒有其他任何實際的意義。傳統的服裝可以被解構，其形式也可以被廢除，但生活當中的人們，不可能再回到全身赤裸的原始社會。在傳統的服裝結構被解構、被否定之後，必須提供全新的服裝，才能滿足人們的生活需要。解構主義服裝正在面臨這樣一種挑戰，即打破一個舊世界並不難，建設一個更加美好的新世界卻十分不易。而解構主義服裝在這一方面，似乎還沒有準備好。因此，融合吸納百家之長，避己之短，才是現代服裝設計的真諦。重視服裝功能的開發和利用，又不被功能所束縛，才是設計師應該具有的正確認識。（見圖5-49）

圖 5-49 重視服裝功能的開發和利用，又不被功能所束縛

關鍵詞：結構　版型　紅幫裁縫　服裝造型　黃金分割　無結構形式

結構：指各個組成部分的構造方式。廣義的結構概念，是指事物系統的諸要素所固有的相對穩定的組織方式或聯結方式。

版型：指服裝裁片的具體形狀和所構成的服裝外觀形態。

紅幫裁縫：紅幫裁縫是清代和中華民國時期以浙江奉化和鄞縣一批裁縫為代表的，縫製西裝見長的寧波裁縫的總稱，是寧波商幫的組成部分，曾經為孫中山縫製第一套中山裝。紅幫裁縫原為奉幫裁縫，特指奉化籍裁縫，由於吳語上海話中「奉」與「紅」同韻，又由於這批裁縫為「紅毛人」（即西方人）服務，因此誤傳為紅幫裁縫。

服裝造型：指服裝立體形象的創造過程和其結果。

黃金分割：又稱黃金比例或黃金律，是指事物各部分之間一定的數學比例關係，即將整體一分為二，較大部分與較小部分之比等於整體與較大部分之比，其比值約為 1：0.618。0.618 被公認為最具有審美意義的比例數字。上述比例是最能引起人的美感的比例，因此被稱為黃金分割。

無結構形式：指打破服裝的常規結構，不以服裝合身為目標，根據某一構成狀態的需要進行自由裁剪的服裝結構形式。

課題名稱：結構解構訓練

訓練項目：

(1) 解構作品賞析
(2) 無結構的創意
(3) 標準結構的創新
(4) 非常規結構的創造

教學要求：

(1) 解構作品賞析（課後作業）

收集解構主義服裝作品及相關文字資料，撰寫一篇解構主義服裝作品賞析的小論文。

方法：透過網路收集解構主義服裝作品圖片 3~5 幅，查閱相關的文字資料，並對其進行綜合分析和研究。論文內容可以從設計主張、表現形式、設計手法、結構造型、衣料色彩和工藝細節等方面進行分析，要有自己的見解和觀點。要將收集到的作品圖片作為圖例穿插在論文當中，以圖文並茂的形式闡述自己的看法。論文內容優秀者，可到講臺前向大家介紹自己的論文內容。論文字數在 1,000 ～ 2,000 字，用電子檔形式交作業。

(2) 無結構的創意（課堂訓練）

以某一奇思妙想為起點，構想和繪製一個系列 3 套無結構女裝創意設計手稿。

方法：無結構的服裝創意，既沒有固定的構成形式可供參照，也沒有不可以使用的材料和設計手法，唯一的限制就是不能與已有的服裝雷同。設計內容要充實不能空泛、服裝不能妨礙人體運動。可以隨心所欲地按照自己所構想的人體包裝樣式，去發明，去暢想，去創造。一切束縛，只能來自於自己，是自己捆綁和限制了自己的思考。設計定位：新、奇、怪、特和未曾相識。採用鋼筆淡彩的表現形式。紙張規格：A3 紙。(圖 5-50 ～圖 5-59)

(3) 標準結構的創新（課堂訓練）

以某一種標準服裝結構為原型，構想和繪製一個系列 3 套女裝的創新設計手稿。

方法：以自己選定的標準服裝結構為原型，進行服裝的創新設計。要努力突出服裝的某一局部形態特徵或是對服裝的某一部位進行創新變化。利用誇大、拉長、縮小、減缺、轉向、翻折等手法對其進行解構和重構，以獲得全新的服裝形象。設計定位：既要注重服裝的功能，又要強調創意表現。要比標準結構的服裝更新鮮、更大膽、更前衛，具有引導時尚潮流的功效。採用鋼筆淡彩的表現形式。紙張規格：A3 紙。（圖 5-60 ～圖 5-68）

（4）非常規結構的創造（課後作業）

以非常規、不多見的服裝構成形式，構想和繪製一個系列 3 套女裝的創造設計手稿。

方法：以虛擬的人體體態為依據，構想立體裁剪的情景，進行非常規或不對稱服裝構成形式的設計構想。要注意服裝美感、新鮮感和著用功能的表現。要以某一局部形態變化為重點，帶動服裝其他部分的改變。可以利用呼應、節奏、分割、動感、份量感、強調、弱化等手段，塑造服裝全新形象。要充分發揮服飾品的作用，要講究服飾配套。設計定位：以服裝的美感表現為主，兼顧服裝著用功能的表現。採用鋼筆淡彩的表現形式。紙張規格：A3 紙。（圖 5-69 ～圖 5-77）

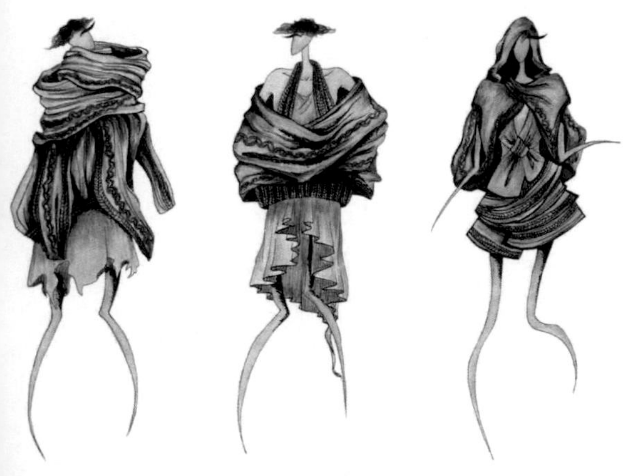

圖 5-50　無結構的創意　李若倩

圖 5-51　無結構的創意　胡問渠

圖 5-52　無結構的創意　王禹涵

圖 5-53　無結構的創意　曹健楠

圖 5-54　無結構的創意　葉其琦

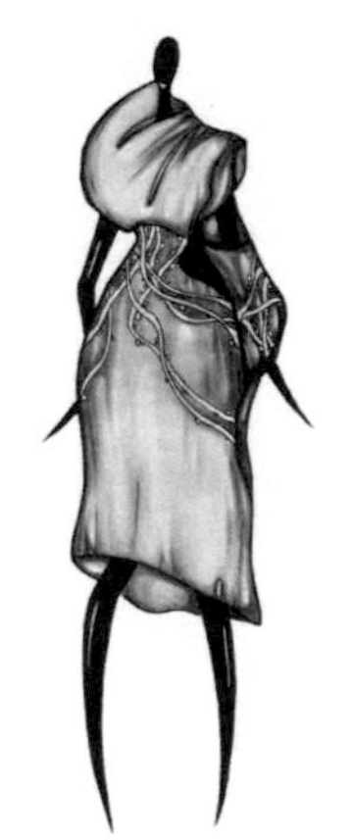

圖 5-55　無結構的創意　盛一丹

圖 5-56　無結構的創意　龔萍

圖 5-57　無結構的創意　楊雪平

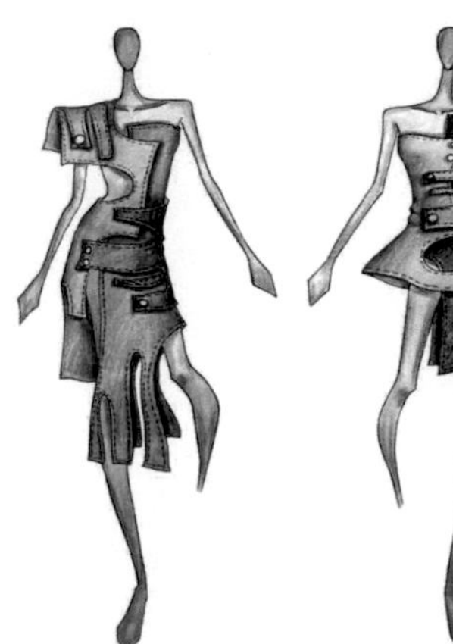

圖 5-58　無結構的創意　胡問渠

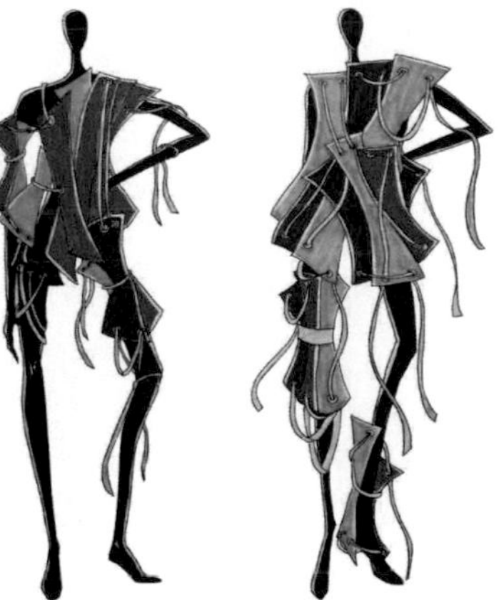

圖 5-59　無結構的創意　卜彥博

圖 5-60　標準結構的創新　楊美玲

圖 5-63　標準結構的創新　童佳豔

圖 5-61　標準結構的創新　楊美玲

圖 5-64　標準結構的創新　曹碧雲

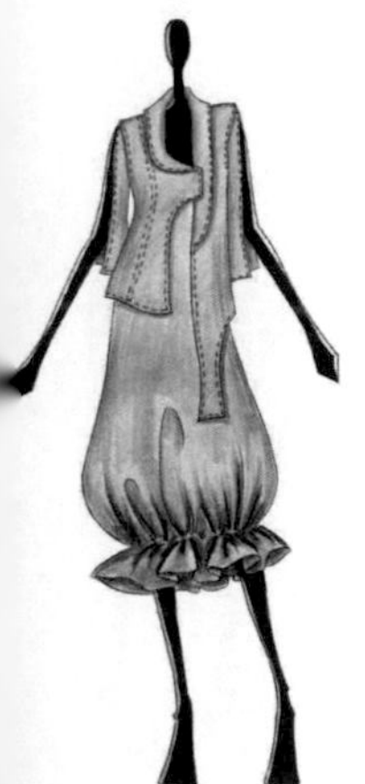

圖 5-62　標準結構的創新　胡問渠

圖 5-65　標準結構的創新　包曉蓉

圖 5-66　標準結構的創新　肖霞

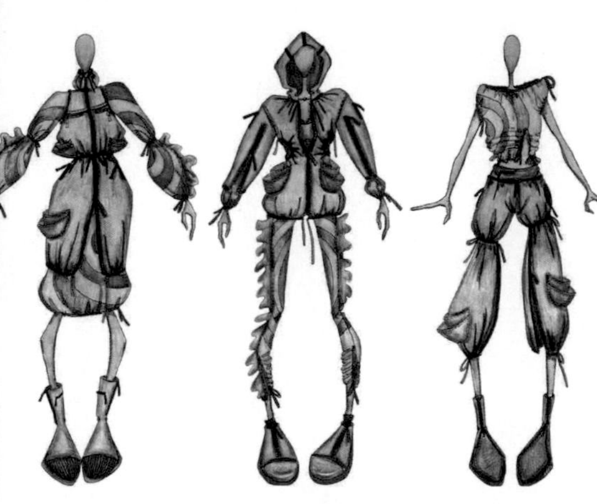

圖 5-67　標準結構的創新　邱垚

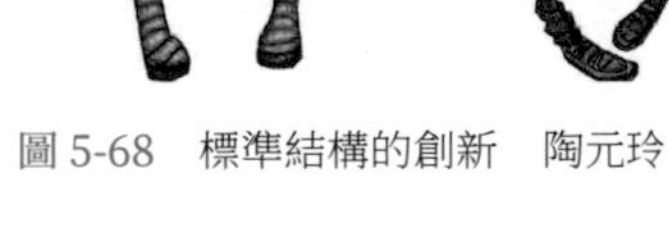

圖 5-68　標準結構的創新　陶元玲

圖 5-69　非常規結構的創造　楊美玲

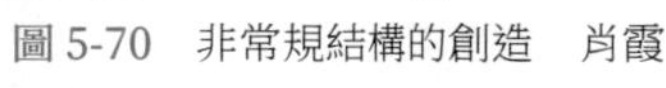

圖 5-70　非常規結構的創造　肖霞

圖 5-71　非常規結構的創造　曹健楠

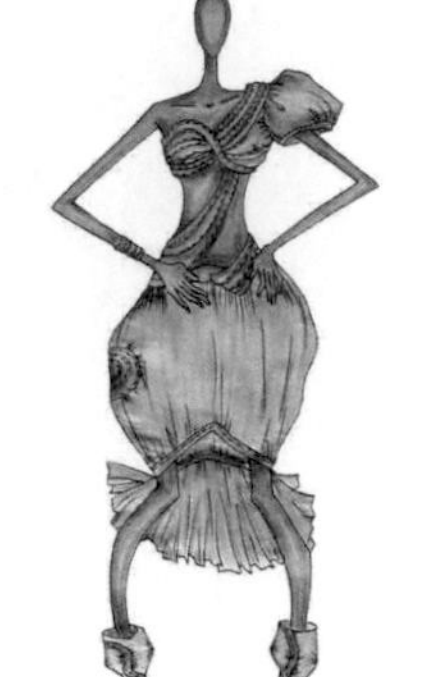

圖 5-72　非常規結構的創造　楊美玲

圖 5-75　非常規結構的創造　龔萍

圖 5-73　非常規結構的創造　肖霞

圖 5-76　非常規結構的創造　肖霞

圖 5-74　非常規結構的創造　曹健楠

圖 5-77　非常規結構的創造　肖霞

課題六 服裝部件設計

服裝是由各個部件組合而成的，比如一件上衣，往往是由衣領、袖子、口袋、門襟等部件構成的。服裝部件儘管只是服裝整體的組成部分，還不能脫離服裝而單獨應用，但由於每個部件大都具有相對的獨立性，內容也相對集中，很適合在學習服裝設計時將其分解，進行深入研究和探討。

一、衣領結構與設計

(一) 衣領功能與作用

衣領，是服裝構成中最重要的部件，一方面是衣領處於服裝的最高點，又與人的臉部、頸部以及胸部緊密相關；另一方面是衣領常常會被設計師視為服裝的視覺中心，突出了衣領形態，服裝的其他部分便可適當簡化。衣領不僅具有防風、隔塵、保暖、散熱等著用功能，還具有很強的裝飾作用。(見圖 6-1)

(二) 衣領分類與設計

衣領的結構、形態、狀態千變萬化，形式、樣式、造型更是難以盡數。衣領的設計訓練，首先要了解最基本、最常見的幾種衣領結構的構成形式，並以此作為切入點，深入領會衣領的結構、外形和作用。然後以點帶面，構想和創作更多的衣領。最後逐漸進入到衣領設計自由創造的境界當中。衣領最基本的結構構成形式，主要有無領、立領、平領、翻駁領、青果領、連衣領六種。

圖 6-1　設計師常常會把衣領作為服裝整體形象的視覺中心

1. 無領

無領，是指只有領口形態，沒有領子的一類領型。無領主要包括圓領、方領、V 字領、一字領等，多用於夏季服裝，比如上衣、內衣、洋裝、晚禮服等，具有簡潔、輕鬆、自然等特點。(見圖 6-2)

無領的結構比較簡單，是在前後衣片的上面，沿著頸部下端剪出一個前低後高的圓口（也稱領窩）作為衣領的基本形態。在此基礎上，進行方形、圓形、曲邊、多角邊、不對稱、連帶裝飾等變化，就形成了形態各異的領口形狀和各不相同的無領結構特徵。在工藝方面，一般要有附加的內貼邊或外貼邊，才能保證領型外觀的平整、穩定和美觀。無領設計有以下三個要點。

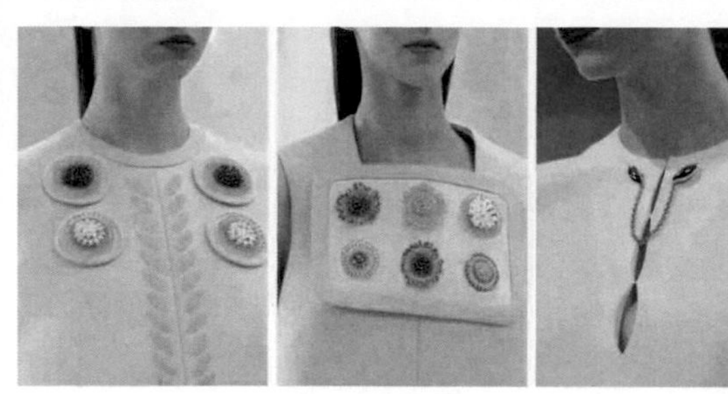

圖 6-2　無領只有領口形態，沒有領子，具有簡潔、輕鬆、自然等特點

(1) 領口變化。領口可以加寬、加深、改變角度、改變形狀等。

(2) 開口變化。開口，是指為了衣領能夠打開而設計的可以開合的口子。領口若大於頭圍就無須開口，若小於頭圍且衣料沒有彈力則必須設計開口，以方便服裝的穿脫。開口部位在前面、後面、左側、右側均可，開口角度可垂直、可傾斜，扣合方式有扣子、拉鏈、綁帶等多種選擇。

(3) 裝飾變化。裝飾變化有滾邊、繡花、鏤空、拼色、鑲花邊、加花邊、加條帶等。(見圖 6-3)

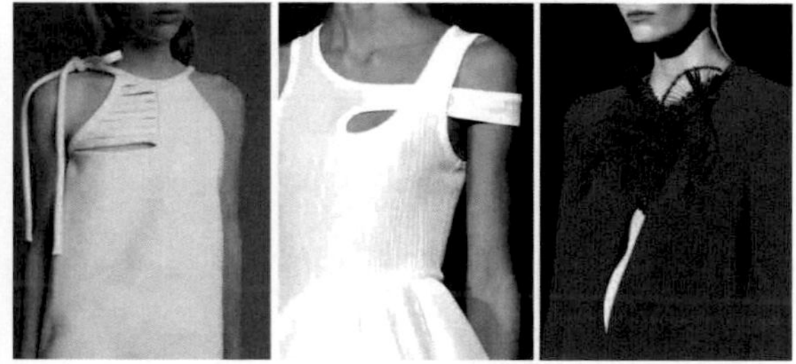

圖 6-3　滾邊綁結、不對稱形式、立體裝飾的無領設計

2. 立領

立領，是指領子呈現出直立狀態的一類領型。立領大多屬於封閉型衣領，防風保暖的功能性較強，可以有效地保護人的頸部不受損傷。立領多用於春秋裝和冬裝，夏裝也有一定應用，如外衣、風衣、夾克、旗袍、洋裝等，具有挺拔、嚴謹、莊重等特點。(見圖 6-4)

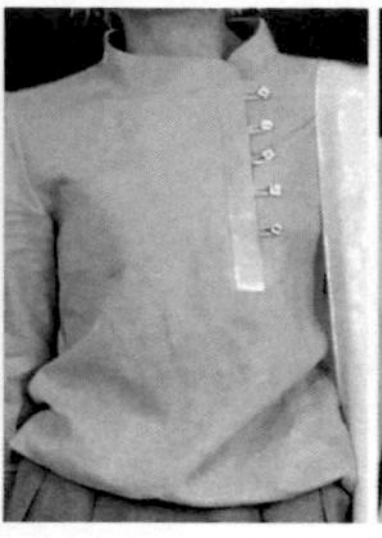

圖 6-4　立領外觀的直立狀態，具有挺拔、嚴謹、莊重等特點

立領的結構也不複雜，主要是外加一個直立狀的領子（類似於一般衣領的領臺），領子下緣與上衣領窩縫合連接。在此基礎上，可以將領子形狀進行各種變化，如加寬變高、變成不對稱、變成多層次、增加裝飾等。在工藝方面，立領一般要用裡外兩層衣料製作，並要在裡層衣料（裡領）上貼襯，以增加衣領的直挺平整感（見圖 6-5）。立領設計有以下三個要點。

(1) 領口變化。領口可以橫向加寬、縱向加高，還可以向下方延展。

(2) 衣領變化。領子在形狀上進行圓形、方形、角形、不規則形及左右不對稱等變化。還可以增加一些裝飾，使領子的形象豐富多彩。

(3) 開口變化。立領的領口若小於頭圍，就需要設計開口。開口有前開、側開、後開等不同位置設定，開口與領子的連接要順暢、巧妙。扣合方式有扣子、拉鏈、綁帶等多種形式。

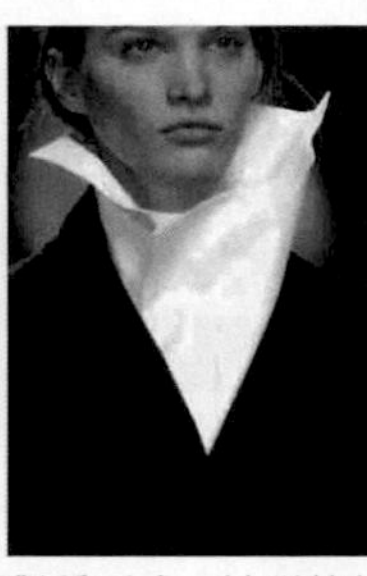

圖 6-5　不對稱形式、誇張的外形、多層次構成的立領設計

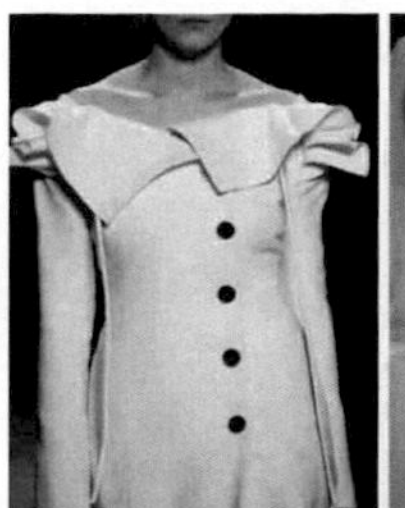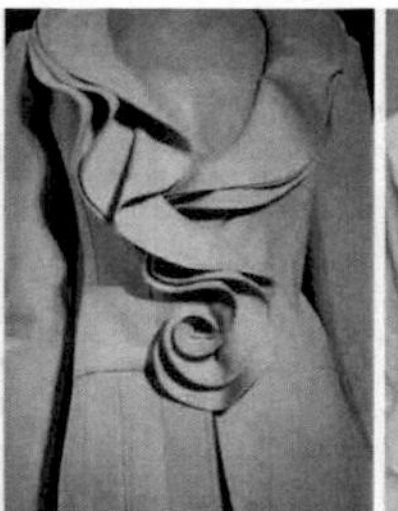

圖 6-7　一字形領窩、多層次衣領、不對稱形式的平領設計

3. 平領

平領，是指沒有領臺，領子直接與領窩連接並貼伏在肩膀上的一種領型。平領多用於女裝、少女裝和童裝，男裝也有少量應用，具有平緩、舒展、柔和等特點。(見圖 6-6)

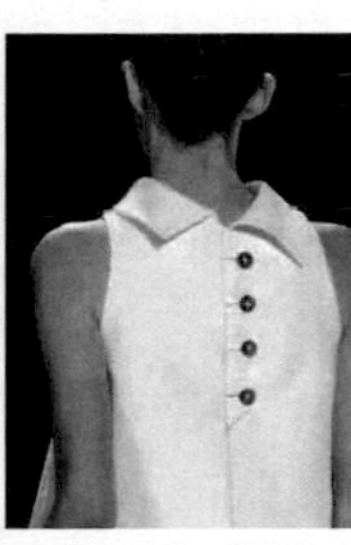

圖 6-6　平領呈現平貼的外觀，具有平緩、舒展、柔和等特點

平領，形象地表述了衣領平坦貼伏的狀態。領子內口直接與上衣領窩縫合連接，領面翻折後服貼在肩膀及衣身表面。在工藝方面，領子的內領圍、外領圍都要適當，不可過鬆過緊，以確保領面的自然貼伏。要採用表領和裡領兩層衣料製作，並要在裡領貼上襯，以增加衣領的穩定性。平領設計有以下三個要點。(見圖 6-7)

(1) 領窩變化。領窩可以加寬、加深或變成傾斜狀態。形狀可以變成 V 字形、U 字形、一字形、方形、梯形等。

(2) 領面變化。領面可以變寬、變窄、變方、變圓、變尖角形、變多角形、變多層領、變披肩領、變連帽領等。

(3) 開口變化。開口有前開、側開、後開等位置的不同，還有扣子、拉鏈、綁帶等多種不同的扣合方式。

4. 翻駁領

翻駁領，也稱西裝領，是指同時帶有領面和駁頭的一類領型。領面是外加的一塊製作衣領的衣料，駁頭是門襟上端翻折的部分。翻駁領的領面前端與駁頭上端部分相連（連接處稱為串口 gorge line）、部分分開（分開處稱為豁口）。駁頭上端平齊、駁角呈直角狀，稱為「平駁頭（notch lapel）」；駁頭上端向上突起、駁角呈尖角狀，稱為「戧駁頭（peaked lapel）」。標準的西裝領，一般要求平駁頭豁口接近於直角、戧駁頭豁口領面與駁頭相靠。但一般服裝的翻駁領並沒有任何限制，領面與駁頭可以相連，也可以分開，多大角度的豁口都有。翻駁領是一種開放型領款，通風透氣的服用功能較強，多用於西裝、夾

克、風衣、大衣、洋裝等，具有瀟脫、明快、大方等特點。（見圖 6-8）

圖 6-8　翻駁領的領面與駁頭，具有瀟脫、明快、大方等特點

翻駁領作為一種經典的衣領構成方式，需要考慮領面和駁頭兩個部分形態及兩者之間的關係，因此結構相對複雜一些。領面的形態可立可翻、可長可短；駁頭的翻折可寬可窄、可大可小，領面和駁頭要做到珠聯璧合才是最佳的衣領設計效果。在工藝方面，領面包括了部分領臺，要在裡領臺增加一定的硬度，達到定型的作用。駁頭也要在衣身部分黏貼有紡襯，以保證駁頭的平挺貼伏的翻折狀態。翻駁領設計有以下三個要點。（見圖 6-9）

(1) 領面變化。領面可以加寬、變窄、拉長，形狀可以變成圓形、方形、角形、缺口形等，狀態可以進行翻折、直立、立翻等變化。

圖 6-9　增加裝飾、不對稱形式、領面與駁頭變化的翻駁領設計

(2) 駁頭變化。駁頭可以加寬、變窄、縮小、拉長；駁角可以變成直角、圓角、尖角，領邊可以是直邊、曲邊、多角邊等。左右兩個駁頭，可以一大一小、一寬一窄、一有一無、一曲一直等。駁頭與領面可以等寬，也可以不等寬。

(3) 門襟變化。門襟可以是單排扣，也可以是雙排扣；開領的深度可以深，也可以淺。扣合方式的變化，有扣子、拉鍊、綁帶、腰帶等。

5. 青果領

青果領，是指只有駁頭，並把駁頭上端相互連接取代領面的一類領型。青果領的外觀儘管與翻駁領很相像，但裁剪和製作方法完全不同，在衣領前面沒有剪接線，只有一個設計在衣領後面的剪接線。青果領的設計並不需要考慮外加的領面狀態如何，只需考慮整個衣領的寬度、角度和形態即可。青果領也屬於開放型領款，多用於女裝中的外衣、風衣、大衣等，具有端莊、秀麗、柔美等特點。（見圖 6-10）

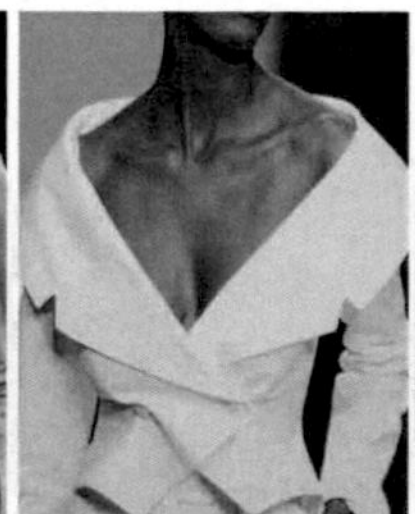

圖 6-10　青果領由駁頭形態構成，具有端莊、秀麗、柔美等特點

青果領結構與一般的駁領結構並不相同，駁領只需考慮前衣片的駁頭即可，無須顧忌後衣領。青果領的裁剪則要預留出後衣領部分，要把衣領前後製作完整。在工藝

方面，駁頭的上部分一定要高出肩線半個後領窩長度，以便於兩個駁頭相互連接以及領下口與後領窩相連。青果領也需要兩層衣料製作，要添加一層領面衣料才能製作完成。青果領設計有以下三個要點。（見圖 6-11）

圖 6-11　加寬衣領、不對稱形式、再次翻折的青果領設計

(1) 領形變化。衣領可以加寬、變窄、縮短、拉長，還可以變成方形、圓形、多角形、缺角形、不規則形、不對稱形等。

(2) 領邊變化。領邊可以變成直線形、內弧線形、外弧線形、曲線形、鋸齒形等。

(3) 裝飾變化。青果領要比翻駁領更加適合裝飾，可以沿著領邊或是在領面上增加裝飾。常用的裝飾有加出芽滾邊條、加花邊、絲帶、繡花、嵌條等。

6. 連衣領

連衣領，是指衣領和衣身連帶裁剪而成的領口較高的一類領型。連衣領的外觀與立領很相像，但不存在橫向的領窩剪接線。連衣領也屬於封閉型衣領，多用於女裝中的上衣、外套、大衣等，具有含蓄、典雅、自然等特點。（見圖 6-12）

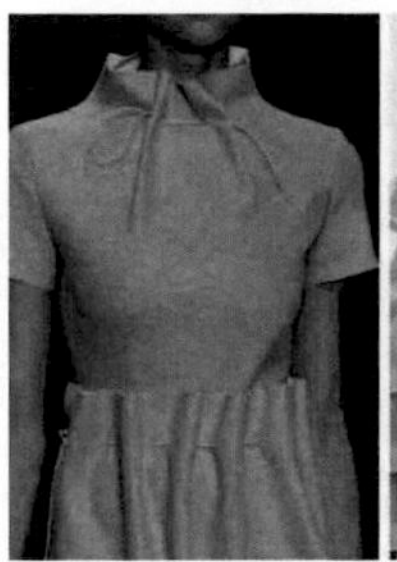

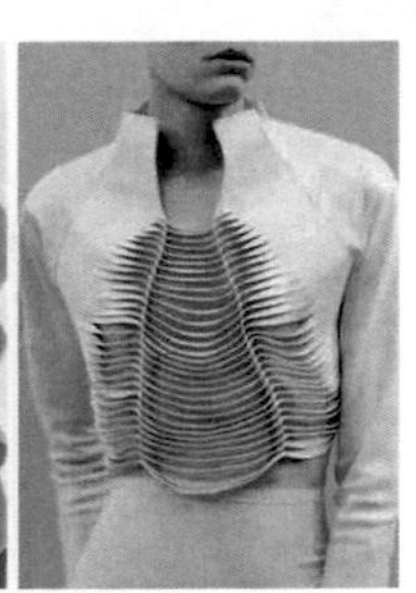

圖 6-12　連衣領由衣身連帶裁剪而成，具有含蓄、典雅、自然等特點

連衣領結構需要在裁剪時將前後衣身的上端加高，利用肩褶轉移至領口的手法製作成型。有時，為了使衣領造型更加符合頸部形態，還會設計縱向的褶或剪接線來輔助造型。在工藝方面，衣領褶如果能夠與腰褶或插肩袖剪接線貫通，則會增加衣領外觀的整體感。裡領是否貼襯，要根據設計效果的軟硬需要而定。連衣領設計有以下三個要點。（見圖 6-13）

圖 6-13　寬鬆垂落、繩帶束緊、不對稱形式的連衣領設計

(1) 領口變化。領高可以分為超高（超過下巴）、高（與下巴平齊）和普高（低於下巴，處於頸部中間位置）三種高度。領口可以變成圓形、一字形、V 字形、U 字形、不規則形等。

(2) 領形變化。領子形狀有平坦狀、聚攏狀、堆積狀、翻折狀、前平後立狀、左右不對稱狀等。

(3) 剪接線變化。平坦、瘦緊的連衣領，可以從部位、形狀、是否向衣身深處延伸、上端是否留有開口等方面設計衣領的剪接線。

(三) 衣領創意與構想

以上幾種衣領構成形式，每一種都可以衍生出無窮無盡、形態各異的全新領型，儘管如此也只是衣領設計的冰山一角，並不能涵蓋衣領的全部。較為常見的衣領形象還有很多，比如花領（以鮮花形態設計的領型，或是一花獨秀，或是花團錦簇，或是似花非花，或是花朵與某一種衣領的結合等），翻領（由領臺和領面構成的立翻狀領型，或是尖角，或是圓角，或是對稱，或是不對稱等），多層領（由多層領面構成的領型，或是全部翻折，或是全部直立，或是立翻結合，或是兩種衣領的組合等），裝飾領（由某一裝飾物製作成的或只具有裝飾作用的領型，或是由裝飾物堆積構成，或是在衣領上添加裝飾，或是用衣料製作裝飾，或是附加多層飾邊等），還有很多難以命名的衣領，以及可以變化的多用途的衣領等。(見圖 6-14)

圖 6-14　難以命名的衣領、多層的衣領和花卉構成的衣領

衣領設計中，衣領自身的造型固然重要，但還有比衣領造型更重要的內容需要考慮，那就是服裝整體形象的設計構想。研討衣領的構成形式可以脫離服裝去暢想，但在服裝設計過程中，絕不能只見樹木不見森林，衣領不能離開它所依附的服裝而單獨存在，衣領形態與衣身形態常常是密不可分的，具有相互滲透、相互依賴和相輔相成的密切關係，因為服裝本來就是一個整體。(見圖 6-15)

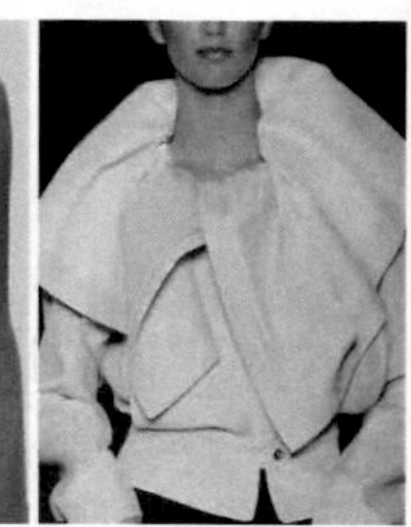

圖 6-15　衣領與衣身形態，具有相互依賴和相輔相成的密切關係

在服裝設計構思中，也經常出現「先有形而後立意」的案例，即先構想某一部件的形狀，再以點帶面、順勢而為，深入構想服裝整體的設計。但更多的服裝設計過程，基本都是「先立意而後賦形」，即先有某一種意向（一種意念或一種感受），隨後再尋找相應的形態去表現。也就是說，服裝設計構思，既可以是先局部後整體，也可以是先整體後局部。但無論設計創意怎樣產生，都會涉及如何處理整體形象與局部形態關係的問題。

在服裝設計中，衣領是一個較為特殊的部件，大多被當作服裝的視覺中心來看待，對服裝的其他部分具有統領作用，常常成為服裝獨具特色的亮點所在。因此，衣領的大與小、方與圓、繁與簡、動與靜，大多是由服裝的整體效果決定的。有時，在一件服裝上甚至很難分清哪些部分是衣

領、哪些部分是衣身。在服裝與衣領形態的關係方面，大多按照「互補原則」或是「同構原則」進行具體情況的具體處理。互補原則，是指增加服裝與衣領形態之間的差異，構成互為補充的關係。比如服裝較為簡潔明快者，衣領大多偏於誇張或是繁雜；若服裝較為複雜凌亂者，衣領大多偏於簡單或是小巧。同構原則，是指保持服裝與衣領形態之間的同步，構成一種同為一體或同為一類的狀態。比如服裝是方正的造型，衣領也採用方形；服裝是圓潤的造型，衣領也選擇圓弧形，以保持服裝整體的協調統一和外觀效果的賞心悅目。（見圖 6-16）

圖 6-16　利用服裝與衣領的互補原則和同構原則進行的衣領設計

二、袖子結構與設計

（一）袖子功能與作用

袖子是服裝構成中僅次於衣領的重要部件，幾乎所有的外衣、襯衫或洋裝，都會需要袖子的造型設計。袖子是為了人的上肢而設計的，人的上肢是圓柱體，袖子也就順勢成為直筒造型；人的上肢需要活動，袖子也就隨之可以獨立獨行。袖子之所以重要，是因為它處於衣身的左右，所占面積較大，其形態變化和構成形式對服裝整體影響重大，是服裝造型的重要組成部分。袖子對人的上肢造成防風、隔塵、保暖等保護作用，對服裝造成裝飾外觀、充實內容、拓展形態等功效。袖子設計既要便於上肢的活動，又要注重袖子與衣身的巧妙結合。袖子與衣身的連接方式及形式、袖口的束緊方法及狀態，常常是袖子結構設計的重點和難點。（見圖 6-17）

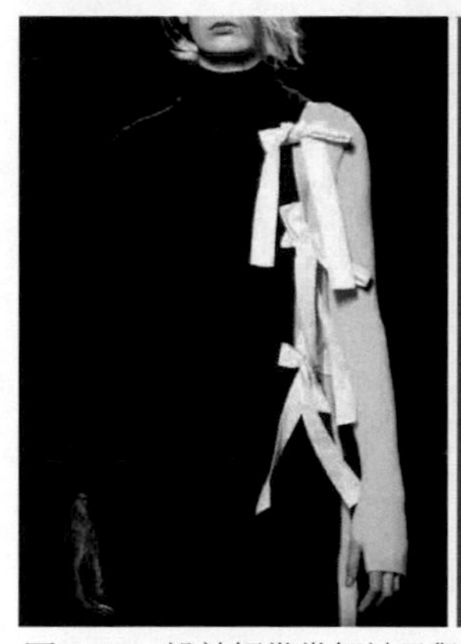

圖 6-17　設計師常常把袖子與衣身的連接方式作為設計的重點

（二）袖子分類與設計

袖子設計由於要受到袖子與衣身相連接的牽扯和限制，肩部的造型變化並不是很多。但不受這方面影響的無袖設計以及袖口設計，其變化又是非常豐富的。從袖子的結構和外形來區分，最基本的袖子結構構成形式，主要有無袖、圓袖、平袖、連衣袖、插肩袖、蓬蓬袖六種。

1. 無袖

無袖，也稱肩袖，是指沒有袖子，只有袖襱形態或是在袖襱增加短小的袖片輔助造型的一類袖型。無袖與無領由於具有較多的相似性，經常搭配應用。無袖多用於內衣、馬甲、外套、洋裝、晚禮服等夏裝，具有靈活、輕便、富於變化等特點。(見圖 6-18)

圖 6-18　無袖只有袖襱形態，具有靈活、輕便、富於變化等特點

無袖的結構較為簡單，是以袖襱的基本形態為基礎進行多樣的變化。變化的方式方法十分豐富，像是改變袖襱的角度與形狀，或是進行多種形式的切割，或是附加各式各樣的裝飾，或是增加短小的袖片輔助造型等。在工藝方面，中厚衣料一般要有附加的貼邊或是滾邊，輕薄衣料可以直接做捲邊縫或用密拷機拷邊。無袖設計有以下兩個要點。

(1) 袖襱形態變化。袖襱部位既可以上移，形成削肩；也可以下落，使肩部向外擴張；袖襱形狀既可以做成前窄後寬狀、向上翻折狀；也可以做成多角形、殘缺形、起伏形等。如果考慮增加小袖片來輔助造型，袖襱的形態變化將會更加豐富多彩。

(2) 附加裝飾變化。在袖襱的邊緣可以添加各種裝飾，無論是平面的裝飾還是半立體或立體的裝飾，都能獲得賞心悅目的設計效果，比如鏤空、繡花、綁結、加花邊、加條帶、釘珠片、釘金屬釘、盤繡絲帶、增加多層裝飾、增加立體裝飾等。(見圖 6-19)

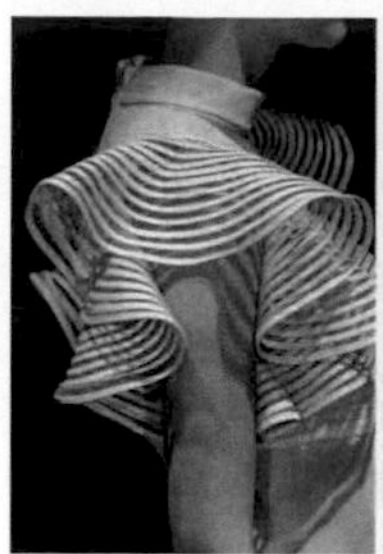

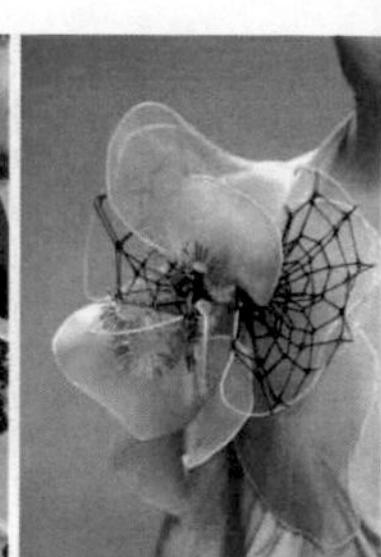

圖 6-19　加花邊、加蝴蝶結和珠片、加立體裝飾的無袖設計

2. 圓袖

圓袖，也稱裝袖，是指符合上肢體態並在肩頭與袖襱連接的一類袖型。圓袖是按照上肢的立體體態裁製的，基本袖型具有很強的立體感。從正面看，肩頭稜角分明、乾淨俐落；從側面看，袖襱緊緊圍繞肩頭構成，圓潤貼切、精巧緊湊。如果再借助於肩墊的支撐，會使服裝外觀變得更加挺拔和端正。圓袖是比較傳統和經典的袖子結構構成形式，多用於西裝、制服、便裝、大衣等，具有端莊、俊朗、幹練等特點。(見圖 6-20)

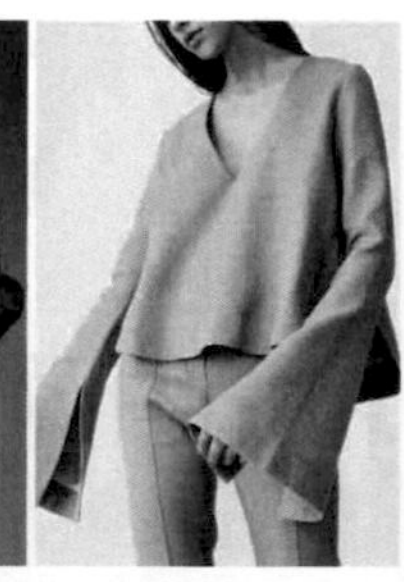

圖 6-20　圓袖合體圓潤，具有端莊、俊朗、幹練等特點

圓袖大多採用兩片袖結構構成，兩個袖片一大一小、一外一裡，可以使袖型更加合體。圓袖又被稱為裝袖，是指袖子需要單

獨製作，再與袖襱安裝對接。在工藝方面，袖山邊緣的弧線角度是裁剪製作的重中之重，必須略大於袖襱的大小，才能製作出完美的袖子外觀。在設計方面，袖口和袖子中部是重點，可以向喇叭型、燈籠型、缺口型、多層次造型等方向拓展。圓袖設計有以下三個要點。

(1) 長短變化。圓袖不僅用於外衣，內衣或夏季服裝也經常使用。因此，圓袖在長度上有長袖、短袖、半袖、七分袖等多種變化，還可以做成前短後長、前開後合等形式。

(2) 造型變化。圓袖的基本型是合乎上肢體態的筒狀造型，如果改變袖子的某一部分造型或是增加一些分割線，就能給人全新的感受，如將袖山改為圓渾狀態、添加小塊衣料外移肩頭位置、讓袖子中部凸起、增加袖口的立體感等。如果在袖口或是袖子中部增設橫向、縱向、曲線分割線，圓袖的造型變化就會更加豐富多彩。

(3) 開衩變化。圓袖的開衩主要達成裝飾作用，大多數是不能打開的假開衩，也可以設計成能夠打開的真開衩。開衩的位置有前、後、內、外之分，開衩的大小也有長短之別。開衩還可以與袖口、與裝飾、與不同的扣合方式進行組合。(見圖 6-21)

圖 6-21　圓渾的袖山、喇叭型和燈籠型袖口的圓袖設計

3. 平袖

平袖，也稱襯衫袖，是指袖襱偏大、袖山較低、袖筒平坦寬鬆的一類袖型。平袖的「平」字，形象地概括了這種袖型的基本特徵。它不以合乎上肢體態為目標，而以穿著舒適為特色，迎合了人們放鬆心情、回歸自然的心理需求。多用於襯衫、夾克、運動裝、休閒裝、洋裝等，具有寬鬆、舒展、自然等特點。(見圖 6-22)

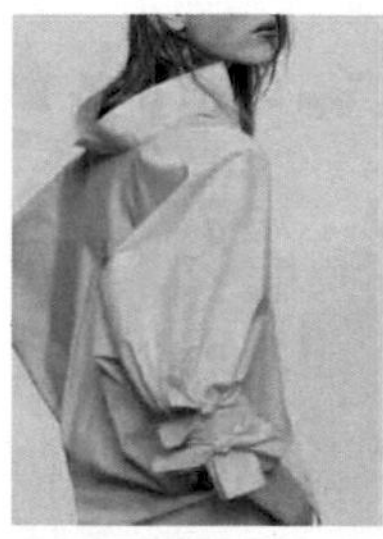

圖 6-22　平袖平坦寬鬆的袖型，具有寬鬆、舒展、自然等特點

平袖大多採用一片袖結構構成，多數只有一條腋下剪接線。袖型寬鬆平展，適合添加裝飾線、口袋或副料裝飾等變化。由於袖型寬鬆，就需要在袖口設計袖口布，或採用其他方式收緊袖口以便於上肢活動。在工藝方面，可以先把袖山與袖襱連成一體，再將袖縫份連同衣身脅邊縫份一次縫合完成，製作方法非常靈活簡便。平袖設計有以下三個要點。

(1) 袖襱變化。平袖的袖襱大多呈現出落肩狀，以增加衣身的寬鬆度，使袖子與衣身的造型協調統一。但平袖袖襱下落的多少以及袖襱寬鬆度的大小必須根據設計的需要確定，不可一概而論。在袖襱的外表，也可以適當增加一些肩袢、鏤空、裝飾線等裝飾，以豐富袖襱的外觀效果。

(2) 分割變化。一片袖具有寬鬆肥大的特

點，非常適合在袖片上增加一些分割線。最常見的是在袖中線上進行豎線分割，也可以在其他部位進行多種形式的橫線、斜線或曲線分割。同時，在分割線當中還可以增加各種各樣的裝飾，以豐富袖子的設計內涵。

(3) 袖口變化。平袖的袖口，往往是設計的重中之重。既有收緊方式的變化，如加袖頭布、加羅紋、綁帶、加扣子、穿鬆緊帶、附加袖袢、拉鏈束緊、扣帶束緊、抽繩束緊等。也有袖口開衩的各種相應變化，如開衩的大與小、袖口布的寬與窄、開衩的不同扣合方式、開衩設計的不同位置等。(見圖 6-23)

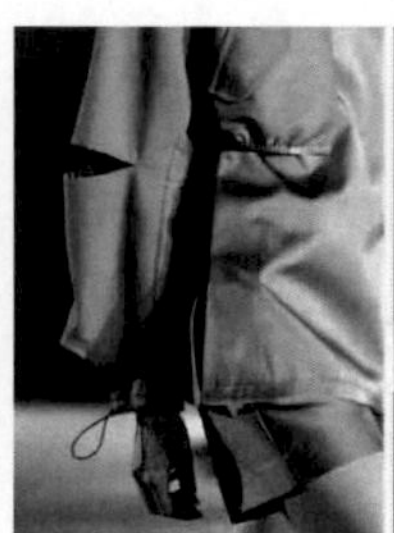

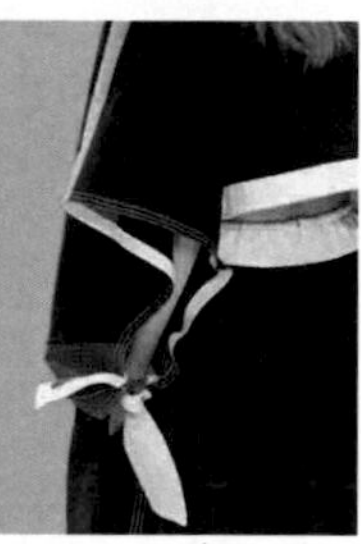

圖 6-23　袖蘢變化、分割變化、袖口變化的平袖設計

4. 連衣袖

連衣袖，是指沒有袖蘢剪接線的，直接從衣身連帶剪裁下來的一類袖型。連衣袖是中國傳統服裝的基本袖型，帶有很強的東方文化色彩。多用於旗袍、洋裝、女式上衣、中式服裝等。具有淳樸、自然、舒適等特點。(見圖 6-24)

圖 6-24　連衣袖的衣袖連帶剪裁，具有淳樸、自然、舒適等特點

連衣袖的結構分為傳統和現代兩種方式。傳統的連衣袖，袖子與衣身構成直角狀態，既沒有袖蘢剪接線也沒有袖中剪接線，是把布料按照肩線折雙疊置，沿著袖縫份和衣身脅邊縫份連帶剪裁而成。在袖子中部設計一條剪接線，再補充袖子長度。在穿著時，腋窩處會出現較多褶紋。現代的連衣袖，袖子與衣身大多構成 45°左右的傾斜，通常要有一條袖中剪接線，並在腋下增加一個袖衩，以滿足袖子厚度的需要。45°的袖子傾斜角度，可以減少腋下的褶紋，能使服裝外觀變得乾淨俐落。連衣袖設計有以下三個要點。

(1) 寬窄變化。利用連衣袖連帶剪裁的優勢，把袖子的某一部位加寬變大，使其形態發生變化，如加寬袖根（類似蝙蝠）、加寬袖口（類似古裝袖）、加寬袖子中間（類似翅膀）等。還可以加寬整個袖型，使袖子變成扁平狀態，顛覆西方傳統服裝的立體概念。

(2) 連衣變化。衣袖連帶剪裁是連衣袖的最大特色，袖子與衣身的連帶狀態有多種存在形式。如袖子與衣身前面斷開後面相連、下面斷開上面相連、肩頭斷開腋下相連等。又如左右袖子的相互貫通、前面分

開後面貫通等多種結構方式。

(3) 分割變化。連衣袖的衣袖連帶狀態，非常適合設計橫向或是縱向的分割裝飾。袖子的橫向分割，可以在分割處添加各種裝飾，豐富設計細節；袖子的縱向分割，可以從左袖口延伸到右袖口，增加服裝的整體感。(見圖 6-25)

圖 6-25　連帶剪裁、扁平狀態、衣袖貫通的連衣袖設計

5. 插肩袖

插肩袖，也稱連肩袖，是指袖子上端插入肩部的一類袖型。插肩袖的袖子和衣身的剪接線呈現出傾斜擺放狀態，也可以理解為正常袖襱的一種變異狀態。袖子承擔了包裹肩膀、肩頭和上肢體態的更多功能，因此對袖子的造型、狀態及精細度要求較高。多用於大衣、風衣、外套、運動裝等，具有圓順、流暢、大方等特點。(見圖 6-26)

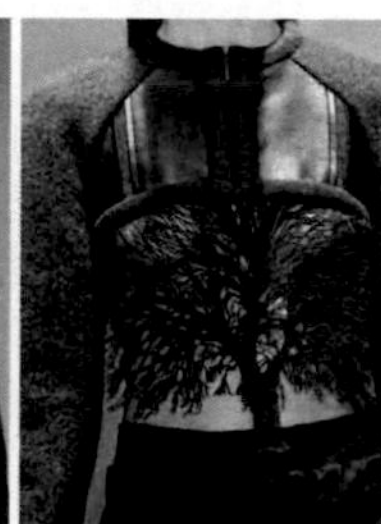
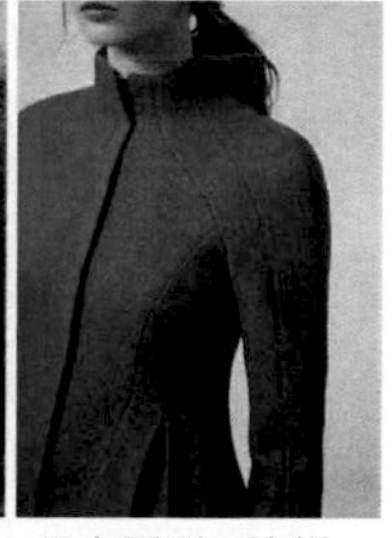

圖 6-26　插肩袖上端插入肩部，具有圓順、流暢、大方等特點

插肩袖的結構相對複雜一些，有一片袖、兩片袖和三片袖之分。一片袖的袖片要裁剪成 Y 字形，依靠肩膀上面的肩縫塑造肩頭的形態；兩片袖由前後兩個袖片構成，依靠貫穿至領口的袖中剪接線進行造型；三片袖是在兩片袖的基礎上，在腋下再增加一個袖片輔助造型。在工藝方面，插肩袖的肩頭都是圓順的狀態，外觀有圓潤感。有時，還需要加放圓形肩墊，增加肩頭的立體感和直挺平整感。袖子與衣身的剪接線是裁剪縫製的重點，它的高低設計、傾斜角度、圓弧狀態等，都會影響袖子的造型和外觀。插肩袖設計有以下兩個要點。

(1) 插肩狀態變化。插肩袖與衣身的關係非常重要，可以將剪接線設計在高點或低點，可以是一種弧線狀態或直線狀態，可以是與肩縫連接（半插肩）或與領口連接（全插肩），或許還可以與門襟連接等。還可以是前插後圓或是前圓後插等綜合運用的狀態。

(2) 插肩袖造型變化。插肩袖造型有很多形式，如上緊下寬型、中部凸起型、上鬆下緊型、前面開口型等。同時，還有縱向分割加裝飾、橫向分割加造型等多種變化。(見圖 6-27)

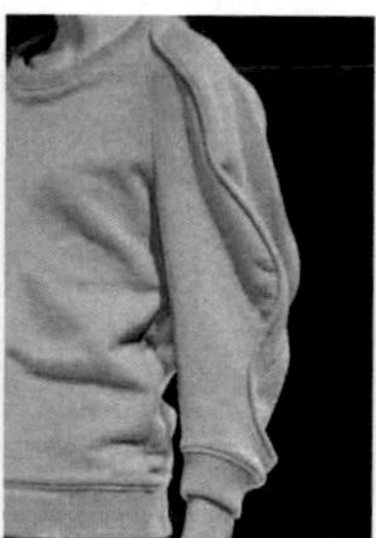

圖 6-27　上緊下寬型、中部凸起型、上鬆下緊型插肩袖設計

6. 蓬蓬袖

蓬蓬袖，是指利用褶皺或是其他方式使袖子上端膨脹起來的一類袖型。蓬蓬袖的樣式較為靈活多樣，有時像火腿，有時如燈籠，但都具有肩部膨脹、袖口緊瘦的特徵。蓬蓬袖用於生活服裝相對較少，更適合於特殊場合的特殊著裝。多用於童裝、晚禮服、婚禮服、洋裝等，具有純情、浪漫、雅緻等特點。(見圖 6-28)

圖 6-28　蓬蓬袖上端膨脹的袖型，具有純情、浪漫、雅緻等特點

蓬蓬袖上端膨脹起來的袖型結構，需要在袖片的袖山處留出足夠的抽皺份量，借助若干個褶皺的收縮和支撐，才能使其膨脹並挺立起來。也可利用貼縫在袖山外表的半立體形態的堆積，構成肩頭膨脹起來的造型效果。在工藝方面，有橫向和縱向兩種分割方式。橫向分割，是在袖子中部設計橫向剪接線，將袖子膨脹的上端和收緊的下端進行連接，構成袖子的鬆緊對比；縱向分割，是利用分割線的打褶功能，在袖子下端多條縱向分割線上打褶減量，以加寬袖山和收緊袖口輔助袖子造型。蓬蓬袖設計有以下兩個要點。

(1) 褶皺變化。褶皺具有收縮和支撐衣料重量的雙重作用，既可以有規律地等距排列，也可以無規律地自由設計。有規律排列又分為等距排列、一大一小排列或集中兩側排列等。即便是依靠外表半立體形態堆積構成的膨脹袖型，也常常需要較為寬鬆的袖山作為依託。(見圖 6-29)

(2) 袖口變化。收緊袖子下端，既可加強袖子的寬緊對比，也能造成支撐袖山和方便上肢活動的作用。設計重點主要是袖口變化，袖口有平齊、傾斜、外翻、裡短外長，以及有開衩和無開衩等不同。

圖 6-29　形態自由設計、半立體堆積、袖山膨脹的蓬蓬袖設計

(三) 袖子創意與構想

除了前面介紹的幾種最基本的袖型以外，還有很多可以叫出名字的袖型，如花袖（採用鮮花或花葉形態設計的袖型，包括鬱金香袖、燈籠花袖、荷葉袖等），喇叭袖（上緊下松的袖型，形狀如張開的喇叭），馬蹄袖（上緊下松的袖型，形狀如馬蹄，有的可以翻折），泡泡袖（由幾段膨起狀態構成，形狀如連貫的氣泡），塔袖（由幾段構成的上緊下松的袖型，形狀如寶塔），風帆袖（形狀如揚起的船帆，中間有開口，裸露部分上肢，下面有瘦緊的袖頭）等；還有按照長度命名的形態各異的袖子，如短袖（長度至上臂中間）、半袖（長度至肘部）、七分袖（長度至前臂中間），以及各種各樣叫不出名字的袖子等。(見圖 6-30)

圖 6-30　鮮花形的袖子、馬蹄形的袖子和泡泡形的袖子

在服裝構成當中，袖子既是衣身形態的延展和補充，又具有塑造服裝側面形象的作用。因此，袖子造型設計並不是孤立存在的，常常是與衣身的造型創意一同構思的。從立意、情調、風格、造型一直到款式細節，都要強調共性，保持統一。就是說，只要服裝創意需要設計袖子，那麼袖子就是服裝整體的重要組成部分，其形象就會帶有衣身形態的諸多特徵，造成加強、充實和豐富服裝整體效果的作用。(見圖 6-31)

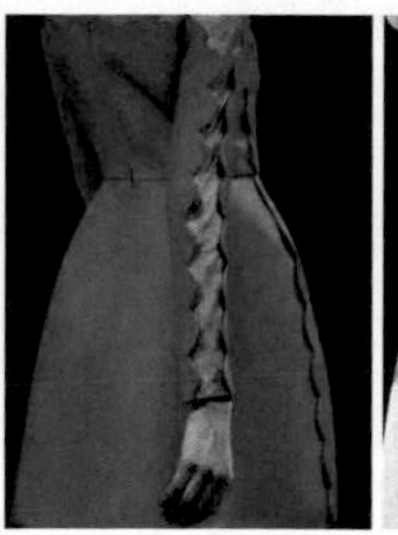
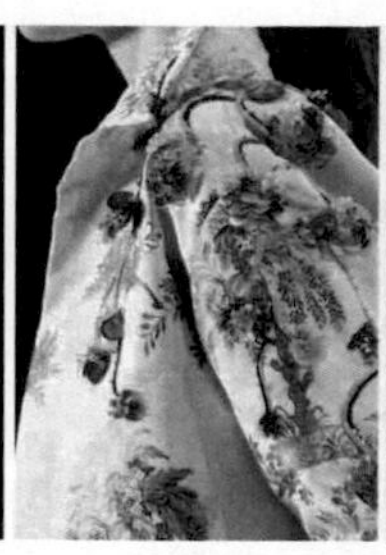

圖 6-31　袖子是衣身形態的延展和補充，帶有衣身形態的諸多特徵

就人體運動規律而言，上肢的動作幅度和活動頻率要遠遠大於身體的運動，袖子也會隨著上肢的活動而處於運動狀態。因而，袖子的設計常常會強調其運動狀態的表現，袖口形態也會因此而變得豐富多彩，比如寬鬆或是收緊的袖口、有袖口布或是無袖口布的袖口、有開衩或是無開衩的袖口、有裝飾或是無裝飾的袖口等。而且，每一種構成方式又有多種不同的表現形式和外觀狀態，都能給人完全不同的視覺感受。(見圖 6-32)

圖 6-32　強調袖子運動狀態並帶有裝飾美感和動感的袖口設計

三、口袋、門襟與設計

(一) 口袋、門襟的功能

口袋也是服裝構成極為重要的部件，既有便於隨身攜帶小件物品的實用功能，又具有很強的裝飾作用。口袋是男裝必不可少的服裝部件，是男裝設計極其重要的內容。在女裝設計上，有一部分夏季服裝，比如內衣、旗袍、洋裝、婚禮服、晚禮服等，是可以不設口袋的，隨身攜帶的小件物品可以放在包裡。但大部分男裝和部分女裝十分重視口袋的設計。

從實用功能來講，口袋應該設計在穿著者的手能夠輕易觸及的地方，以便於拿取物品。而且，大口袋應該略大於手的大小，小口袋也應該能夠伸進兩三根手指。但從裝飾角度來講，口袋又可以安放在服裝的任何需要裝飾的地方。而且，口袋的大小也不會受到限制，既可以十分誇張誇大，

也可以做成不具備裝物功能只有裝飾作用的假口袋。（見圖 6-33）

圖 6-33　十分誇張誇大的口袋，其裝飾功能明顯大於實用功能

門襟，嚴格來說並不屬於服裝相對獨立的部件，只是服裝整體構成的一個局部。但由於門襟處於服裝前胸的關鍵部位，又具有便於服裝穿脫的實用功能和修飾服裝外觀的裝飾作用，便把它作為服裝設計的一個重點，像對待其他部件一樣對其進行專門的研究。

絕大多數外衣都是有門襟的，有時甚至還需要設計雙層門襟。門襟的設計大多與衣領形態息息相關，需要綜合考慮和整體設計。門襟設計就是衣領形態向衣身的延伸和擴展，是衣領與衣身之間相互連接的紐帶。沒有門襟的服裝，有時需要在衣領上設計開口；有門襟的服裝，門襟就是服裝打開的開口，門襟與衣領開口的作用是一致的，都是為了服裝的穿脫方便設計的。（見圖 6-34）

圖 6-34　門襟具有實用和裝飾雙重功能，雙層門襟的裝飾感較強

（二）口袋分類與設計

口袋的表現形式十分豐富，可以根據服裝效果的需要進行各式各樣的變化。口袋一般是按照不同的結構工藝進行分類的，主要有貼式口袋、挖袋和插袋三種類型。

1. 貼式口袋

貼式口袋，也稱明口袋，是指把口袋附貼在服裝表面的一類口袋。貼式口袋大多採用與衣身相同的衣料來製作，基本分為有袋蓋和無袋蓋兩種，又分為平貼狀和半立體狀兩類。平貼狀，是指口袋平坦地服貼在服裝表面的狀態；半立體狀，是指口袋具有一定的厚度和立體感，處於半立體狀態。貼式口袋主要用於休閒裝、牛仔裝、夾克、工作裝等，具有活潑、大方、簡便等特點。

貼式口袋的結構相對簡單。平貼狀的口袋，要用布料先製作出口袋的形狀，再把它假縫固定在服裝表面壓縫製作即可。半立體狀的口袋，需要在完成口袋表面形狀的基礎上再添加口袋的側面形態，以增加口袋的厚度和內部空間，最後才能壓縫製作。貼式口袋設計有以下四個要點。

(1) 形狀變化。由於貼式口袋顯露在衣身表面，其形狀及大小都非常重要，會直接影響服裝的外觀效果。貼式口袋的形狀，基本分為抽象形和具象形兩類。抽象形多以幾何形為主，比如長方形、梯形、圓形、半圓形等；具象形多以簡潔的植物、動物、人物等形象為主，比如花形、葉形、魚形、心形、月亮形等（見圖 6-35）。口袋的形狀要盡量與服裝其他部分，比如衣領、袖口、衣擺的形態特徵保持統一，服裝才會具有整體感。貼式口袋的大小要適當，要與衣身的面積構成一種和諧的比例關係，過大會有不精緻和空洞感，過小則會有放不開和拘謹感，都不是最好的設計效果。

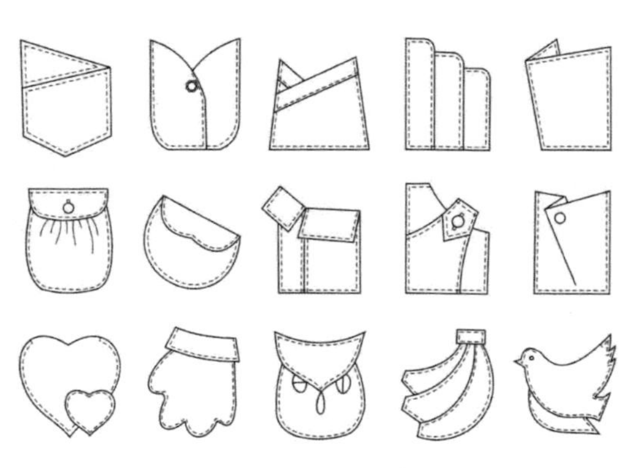

圖 6-35　貼式口袋的形狀，基本分為抽象形和具象形兩大類

(2) 袋口變化。有袋蓋的口袋，會給人一種完整感。袋蓋約占整個口袋的 1/3 面積，形狀基本上以長方形為主。袋蓋的下緣和下邊角的變化最大，有直線邊、折線邊、上弧線邊、下弧線邊以及直角、圓角、尖角、斜角等。沒有袋蓋的口袋，會給人一種輕鬆感。袋口的變化非常豐富，有平口、斜口、折線口、曲線口以及翻折袋口、拉鏈袋口、外加貼邊袋口等。（見圖 6-36）

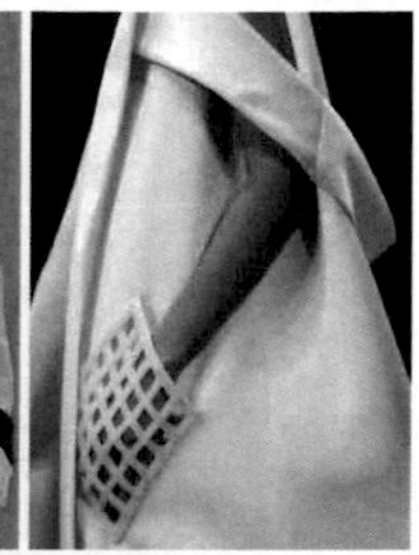

圖 6-36　約占口袋 1/3 面積的袋蓋和處於傾斜狀態的袋口

(3) 裝飾變化。貼式口袋上的裝飾較多，既可加在口袋上，也可加在袋蓋上，還可以裝飾在口袋周圍。裝飾的方法也是五花八門，有收褶、加褶裥、分割、嵌條、繡花、拼色、滾邊、繫帶、加墜飾、穿絲帶、加出芽滾條、加扣袢、加花邊等。（見圖 6-37）

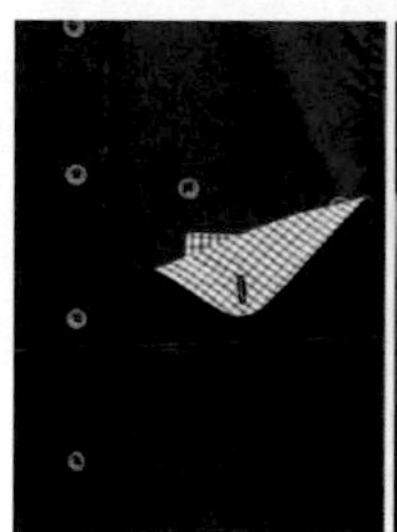

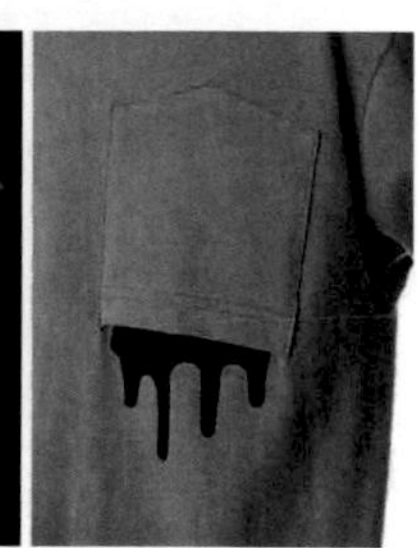

圖 6-37　袋口的翻折裝飾、繡花裝飾和作為裝飾口袋的印花裝飾

(4) 立體變化。半立體口袋的構成，如同貼附在服裝表面的「浮雕」，具有很強的立體感、擴張感和裝飾性，越來越多地被用於休閒裝、旅遊裝、戶外裝等。半立體口袋的造型方法也十分多樣：有將口袋直接翻折的，有依靠抽皺造型的，有層層疊壓風

琴式的，有下面 見圖 6-38）

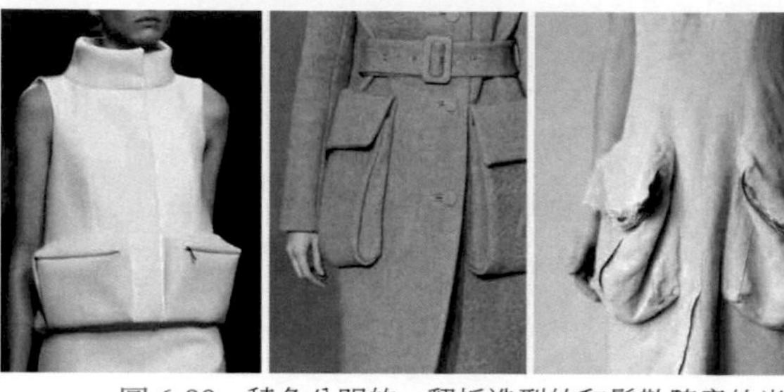

圖 6-38　稜角分明的、翻折造型的和鬆散隨意的半立體口袋

2. 挖袋

挖袋，也稱暗口袋，是指袋布暗藏在衣片裡面，表面只露袋口的一類口袋。挖袋的「挖」字，是指縫製口袋採用的工藝手法；暗袋的「暗」字，是指袋布暗藏在衣片裡面的口袋狀態。兩者從不同角度表明了這類口袋獨特的結構工藝特點。挖袋的袋口布分為加蓋型、板條型、雙牙型三種基本形式。暗口袋大多用於制服、套裝、大衣、褲子等，具有嚴謹、莊重、含蓄等特點。

暗口袋的結構最為複雜，對縫製工藝的要求較高，必須精工細作才不會影響服裝的外觀。製作時，需要將一塊完整的衣片挖開一條開口作為袋口，內襯雙層袋布進行縫製。在袋口表面常常需要安放一個板條，或是兩個嵌線，或是增加一個袋蓋，或是增加一個扣袢，達成穩固、遮掩和裝飾袋口的作用（見圖 6-39）。挖袋設計有以下兩個要點。

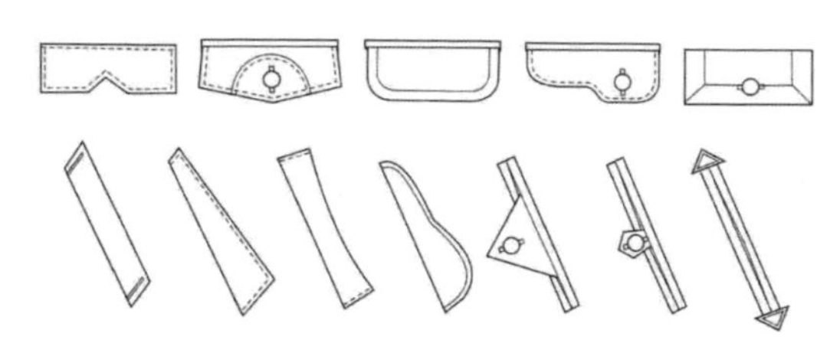

圖 6-39　挖袋表面的布條、嵌線、袋蓋、扣袢的形態變化

(1) 袋蓋變化。挖袋的袋蓋以長方形為主，其變化主要體現在下邊的兩個角上，比如直角形、圓角形和尖角形等。袋蓋的直角、圓角或是尖角的確定，與衣領的形態息息相關。如果衣領是直角狀，袋蓋就常會採用直角形；如果衣領是圓角狀，袋蓋也會採用圓角形，以保持服裝款式的和諧統一。(見圖 6-40)

圖 6-40　袋蓋以長方形為主，主要體現為直角或圓角兩種變化

(2) 袋口變化。挖袋的袋口一般有橫向、縱向和斜向三種表現形式，也有少數的曲線狀袋口的存在。沒有袋蓋的袋口，一般會安放一個板條或是雙牙條造成定型作用。大袋口的板條會稍寬，小袋口的板條會稍窄。雙袋唇的袋口還可以增加一個扣袢，有防止袋口鬆動或是物品掉出的實用功能。無袋唇的袋口，有時也會安裝扣子或是安裝拉鏈進行封閉。(見圖 6-41)

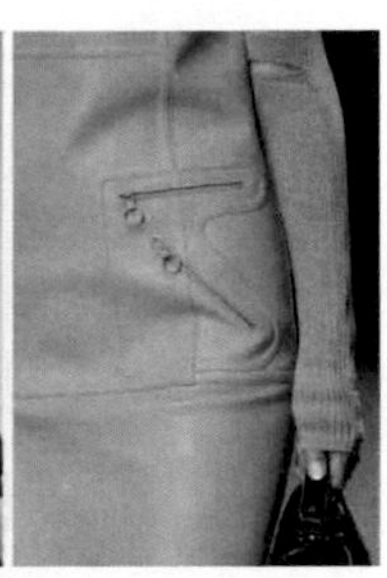

圖 6-41　斜向的寬板條、縱向的窄板條和橫向的拉鏈袋口設計

3. 插袋

插袋，是指袋布暗藏在衣片內，袋口設計在剪接線中的一類口袋。插袋與挖袋的構成形式基本相同，區別在於袋口並不需要在衣片上挖出，而是巧借已有的剪接線設計袋口。插袋的袋口大多設計在脅邊、公主線、分割線等剪接線中。插袋的袋口分為加蓋型、板條型和開口型三種表現形式（見圖 6-42）。插袋大多用於外套、大衣、褲子等，具有隱蔽、含蓄、流暢等特點。

插袋的結構與挖袋的結構也大體相同，由於袋口是安放在剪接線當中的，在縫製工藝方面的要求相對簡單。但要受到剪接線所處部位的限制，沒有剪接線就很難完成插袋的製作。插袋設計有以下兩個要點。

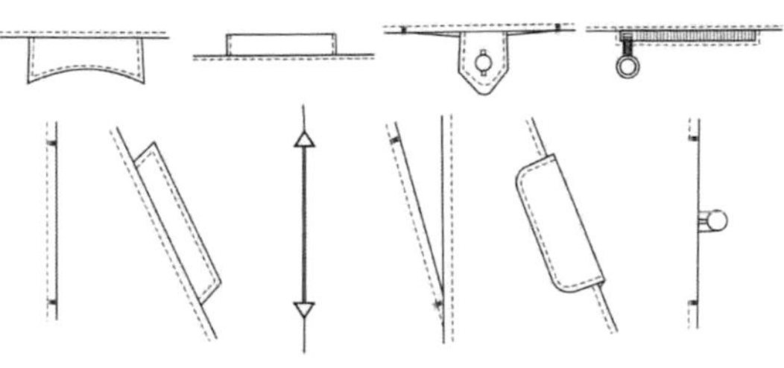

圖 6-42　插袋的袋口分為加蓋型、板條型和開口型三種表現形式

(1) 袋蓋變化。插袋的袋蓋大多裝飾性較強、實用性較差。因為插袋袋蓋設計在袋口前面的比較多，設計在袋口後面的能夠造成遮蓋作用的比較少。袋蓋設計在袋口前面，既可以隨意進行款式變化，也可以添加各種形式的裝飾，只要不破壞服裝的整體形象，設計成什麼形狀都可以。（見圖 6-43）

圖 6-43　無袋蓋的袋口、有遮蓋作用的袋蓋和裝飾感較強的袋口

(2) 袋口變化。插袋的袋口既可以與剪接線設計成合二為一的狀態，這樣可以較好地掩藏袋口；也可以與剪接線呈現出傾斜狀態，這樣便於口袋的使用。褲子的側插袋，就是一種傾斜狀態的插 袋的變異形式。這種變異非常具有設計感，也有多種多樣的表現方式。在設計上，插袋的袋口既可以是故意隱藏，減弱人們對袋口的注意，也可以是有意暴露，吸引人們對袋口的注意。（見圖 6-44）

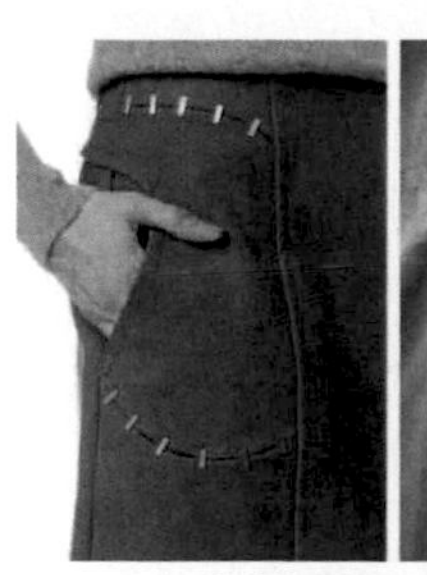

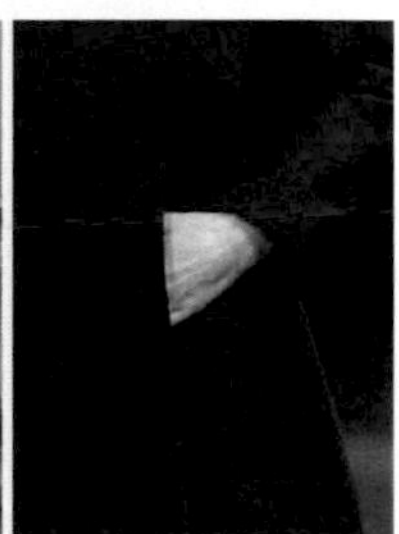

圖 6-44　傾斜變異的袋口、故意暴露的袋口和有意隱藏的袋口設計

除了上述介紹的三種口袋結構形式之外，還有隱藏在服裝裡面的裡袋和暴露在服裝

表面純粹為了裝飾的假口袋。假口袋，是指只有袋蓋的存在，沒有袋口和袋布的不能用來裝東西的口袋。假口袋大多用在夏季女裝和童裝上，可以達成裝飾作用。

口袋的造型設計，既要從口袋的實用功能去考慮，又不能被實用功能束縛住手腳。在不改變服裝整體造型的情況下，把口袋的大小、形狀及位置進行調整，就能改變和調節服裝款式的構成比例，給人全新的視覺感受。服裝上有口袋和沒有口袋，其外觀效果是完全不同的。有口袋的服裝，會讓人感到設計內容的充實完整；沒有口袋的服裝，會給人衣身上空洞無物的感覺。但任何事情都不是絕對的，口袋的設計需要則有，不需要則無，不可以畫蛇添足。

(三) 門襟分類與設計

門襟設計大多與所採用的扣合方式息息相關。如果扣合方式採用的是拉鏈或是傳統的盤扣，衣襟開口就會位於衣身正中，左右兩側衣襟都可稱為「門襟」，此時，兩個門襟大多是相對的狀態；如果扣合方式採用的是鈕扣、工字扣、四合扣、魔鬼氈等，左右兩個衣襟便會構成一裡一外的疊壓「搭門」狀態。有搭門的衣襟，常常是扣位處於衣身正中而衣襟偏向一邊。此時，門襟與裡襟的形態既可相同，也可不同，可視設計的需要而定。衣襟的製作，一般需要增加一條內貼邊或外貼邊，以使其平整、服貼和保持形態的穩定。門襟的構成形式，按照構成狀態分類，有直門襟、曲門襟、斜門襟和多層門襟四種狀態。

1. 直門襟

直門襟，是指左右衣襟都是直線造型的一種門襟形式。直門襟是運用最多的門襟構成形式，既適合安裝拉鏈，也適合縫扣打扣眼，其他各種扣合方式也都適合使用。如果採用拉鏈，又是用於春秋裝或是冬裝，還可以在拉鏈的外面增加一條遮蓋拉鏈的擋布，達成裝飾和遮風擋雨的作用。直門襟適用於各種服裝，具有簡潔、明快、大方等特點。

直門襟在結構上有明貼邊和暗貼邊兩類，明貼邊是把貼邊作為裝飾，放在門襟的外面；暗貼邊是把貼邊作為穩定門襟外形的輔助手段，放在門襟的裡面，以便於縫扣、打扣眼和安放拉鏈等。直門襟設計有以下兩個要點。(見圖 6-45)

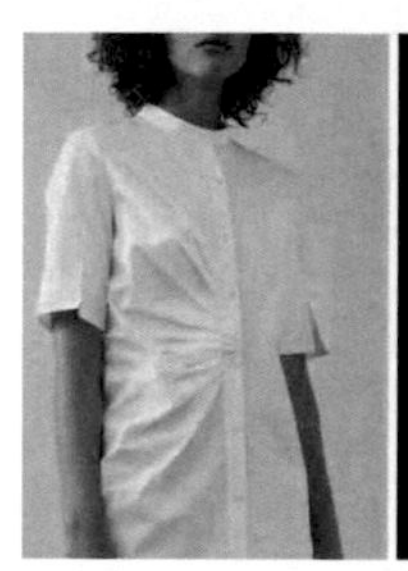

圖 6-45　單排扣門襟、雙排扣門襟和對襟的直門襟設計

(1) 扣合方式變化。有鈕扣、暗扣、工字扣、四合扣、魔鬼氈、掛鉤、扣環、腰帶、綁帶等多種選擇。

(2) 門襟裝飾變化。有繡花、滾邊、開扣眼、綁絲帶、加出芽滾邊、加花邊、加貼邊、加扣袢、加分割線等多種變化。

2. 曲門襟

曲門襟，是指衣襟採用曲線造型的一種門襟形式。曲門襟大多用於女裝，男裝運用的較少。一般很少使用拉鏈，其他扣合方式都可使用。曲門襟多用於各種職業女裝、春秋女裝和夏季女裝，具有清新、柔美、含蓄等特點。

曲門襟的結構特點是，左右衣襟的形態有別。門襟邊緣呈現曲線狀或是門襟表面呈現起伏狀。裡襟一般都是直線狀，以簡化裡襟形態，增加穿著的舒適性。曲門襟設計有以下兩個要點。

(1) 門襟曲線變化。邊緣呈現曲線狀的門襟，曲線弧度有大小變化，曲線數量有多少變化。表面呈現起伏狀的門襟，起伏狀態有大小變化；起伏數量有多少變化。

(2) 扣合方式變化。扣合方式與門襟的曲線或起伏狀態要一起構想，要相輔相成地構成一個整體。曲門襟大多採用簡潔、柔美的扣合方式與其組合，比如各種質地的鈕扣、工字扣、四合扣等。(見圖 6-46)

圖 6-46　魔鬼氈應用、單排扣排列和雙排扣組合的曲門襟設計

3. 斜門襟

斜門襟，是指衣襟採用斜線造型的一種門襟形式。斜門襟大多是斜線與直線混合使用的，有時採用折線形，單一的一條斜線一斜到底出現得較少。採用拉鏈的也不多見，其他的扣合方式則不受限制。斜門襟男裝、女裝均可使用，多用於春秋裝和夏裝，具有新奇、硬朗、俐落等特點。

斜門襟的結構構成一般有兩種狀態：一種是兩個衣襟形態並不相同，門襟是斜線狀，裡襟則是直線狀；另一種是兩個衣襟形態完全相同，上面相互疊壓，下面分開。斜門襟設計有以下兩個要點。

(1) 門襟斜線變化。斜線的傾斜角度不同、折角的大小形狀不同、折角的數量多少不同、折角所處的位置不同等。

(2) 扣合方式變化。扣合方式多採用比較隱蔽的按扣、魔鬼氈，或是比較硬朗的鈕扣、掛鉤、扣環、腰帶等。(見圖 6-47)

圖 6-47　門襟短裡襟長、折角在下面和上疊下分的斜門襟設計

4. 多層門襟

多層門襟，是指採用兩層以上衣襟造型的一種門襟形式。多層門襟的構成形式比較多樣，一類是把雙層重疊設計在門襟裡面用於夾藏鈕扣，既方便服裝的扣合，又在表面看不到鈕扣的存在；另一類是把多層錯落設計在門襟外面，用於門襟的裝飾，以創造新穎別緻的外觀。多層門襟男裝、女裝均可使用，多用於春秋裝和冬裝，具有新奇、靈活、多變等特點。

多層門襟結構形式較為多樣，但大多以直門襟形式為基礎，再附加巧妙的外部裝飾。多層門襟的構成，既可以將裡外門襟連接成一體，也可以將裡外門襟分離，讓外層能夠單獨活動，還可以將外層設計成左右不對稱的形式等，具有廣闊的設計空間。多層門襟設計有以下兩個要點。

(1) 門襟結構變化。裡外門襟的結構需要綜合考慮，既可以層層疊置，也可以一曲一直、一豎一橫、一靜一動，還可以將兩層和一層進行巧妙疊壓。

(2) 門襟裝飾變化。外層門襟的裝飾作用往往大於其實用功能，有多種多樣的存在形式。比如可以相互扭轉打結的衣襟形態、可以自由調節的扣合方式、一條可以安上或摘下的活動貼邊、在明貼邊兩邊夾車花邊、增加層層疊加的裝飾等。(見圖 6-48)

圖 6-48　扭結狀態、兩層疊壓和不對稱裝飾的多層門襟設計

按照上述的構成狀態對門襟進行分類，是運用最多的門襟分類方式，可以形象地表述門襟的構成特徵。還有另外一種按照設計部位對門襟進行分類的方法，平時應用的較少，但在突出門襟所處位置、傳遞門襟構成資訊方面，仍然具有不可替代的優勢。按照門襟設計的部位進行分類，有正襟、偏襟和大襟三種類型。

正襟，是指衣襟設在衣身正中央的門襟構成形式；偏襟，是指衣襟偏於衣身一側的門襟構成形式（見圖 6-49）；大襟，是指衣襟偏向衣身一側更多的門襟構成形式，大襟的門襟大多要接近另一側的脅邊線位置（見圖 6-50）。偏襟、大襟的門襟和裡襟一般都是一大一小，裡襟大多只到衣身正中位置。

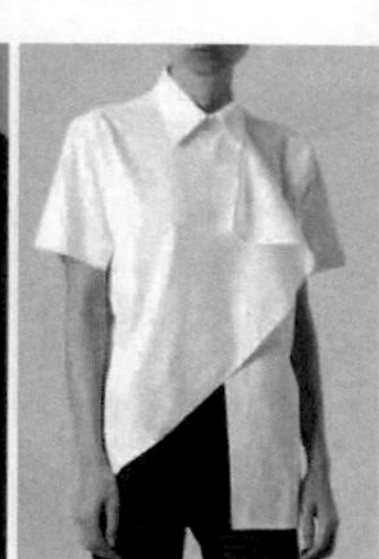

圖 6-49　衣襟偏於衣身一側的偏襟構成形式與設計

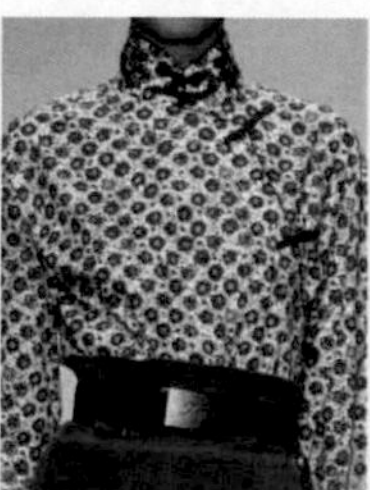

圖 6-50　衣襟偏向衣身一側很大面積的大襟設計

關鍵詞：領口　領窩　領臺　貼邊　衣襟　扣合方式

領口：是指衣服的領子口。在無領時，領口即為領窩形態；在有領時，又分為領上口（領子外翻的折雙線）、領下口（領子與領窩的縫合線）、領裡口（領上口至領下口之間的部位）、領外口（領子外緣的部位）。

領窩：是指前後衣身與頸部下端相接的部位，也是領下口與衣身縫合連接的基礎部位。

領臺：也稱底領，是指領子自翻折線至領下口的部分。

貼邊：是指貼在衣服邊縫處的用於夾藏縫份的條狀衣料。大多安放在衣服裡面，需要黏貼黏合襯達成定型作用，大多使用衣料的邊角餘料裁製。

衣襟：是門襟和裡襟的統稱。襟，是指衣身開口處的邊；門襟，是指用於開扣眼的處於外層的衣襟；裡襟，是指用於釘扣子的處於裡層的衣襟。

扣合方式：是指服裝開口的扣緊及打開的方法和形式，比如鈕扣扣合、拉鏈扣合、魔鬼氈扣合等。每種扣合方式都有自己獨特的外觀感受，又有多種不同的構成形式可供選擇。

課題名稱：部件設計訓練

訓練項目：

(1) 衣領創意構想
(2) 衣領創意設計
(3) 袖子創意設計
(4) 部件綜合設計

教學要求：

(1) 衣領創意構想（課堂訓練）

運用心智圖進行衣領的創意構想，繪製一張以衣領變化為主題的心智圖手稿。

方法：在學習過的六種衣領類型中，任選其中四種衣領結構形式，構想和創造出盡可能多的富於新意的衣領形象。在一張橫向擺放的紙面中央，寫出「衣領」中心主題和四種衣領的名稱。將紙面分出四個區域，每一區域為同一種結構的領型，進行結構相同、表現形式不同的衣領創意構想。構想的衣領總數不得少於 60 個，將紙面畫滿為止。要先用鉛筆勾畫草稿，再用黑色中性筆和彩色鉛筆定稿。四種領型，分別塗著不同顏色，以區別不同領型。要勾畫出簡單的人體頸部和肩部形態，衣領著色、人體不著色。衣領可以略加明暗，增加衣領的立體感和表現力。紙張規格：A3 紙。（圖 6-51 ～圖 6-59）

(2) 衣領創意設計（課後作業）

任選某一種領型，構想和繪製一個系列 3 套女裝的衣領創意設計手稿。

方法：衣領形象可以在自己的衣領創意構想作業中任選，所構想的系列服裝必須有 3 個不同樣式的衣領出現。但服裝款式不限、穿著季節不限、表現手法不限。服裝要有新鮮感、時尚感和系列感。採用鋼筆淡彩的表現形式。紙張規格：A3 紙。（圖 6-60 ～圖 6-68）

(3) 袖子創意設計（課堂訓練）

運用風格相同、款式不同的袖子，構想和繪製一個系列 3 套女裝的袖子創意設計手稿。

方法：具體要求同上。（圖 6-69 ～圖 6-77）

(4) 部件綜合設計（課後作業）

根據某一設計主題進行服裝整體形象的綜合設計，構想和繪製一個系列 3 套服裝的部件綜合設計手稿。

方法：自訂一個設計主題，並根據主題情調確定相應的服裝風格和情境，再進行系列服裝的深入構想。每套服裝，要包括衣領、口袋和門襟三部分內容。設計主題概括為 1~7 個字，英文亦可。要將設計主題寫在畫面空白處。服裝的立意、風格、情調、衣料、色彩以及服飾品的運用，要與設計主題的內容和情境相吻合。服裝款式不限、穿著季節不限、表現手法不限。紙張規格：A3 紙。(圖 6-78 ～圖 6-86)

圖 6-51　衣領創意構想　汪丹丹

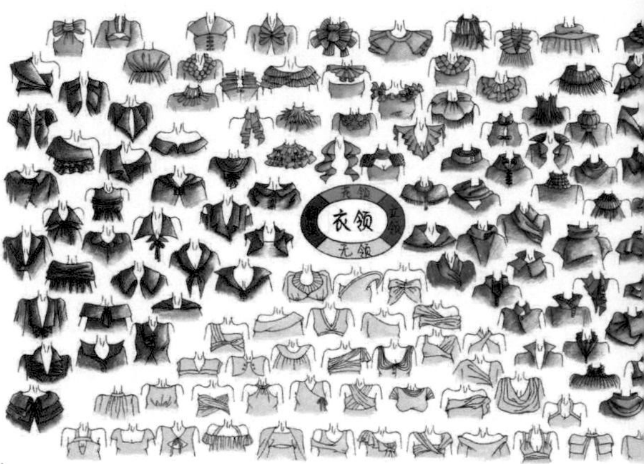

圖 6-53　衣領創意構想　李咪娜

圖 6-52　衣領創意構想　王瀟雪

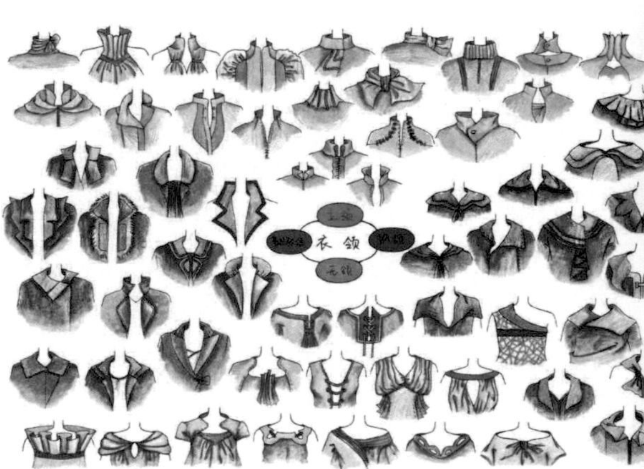

圖 6-54　衣領創意構想　陳靜

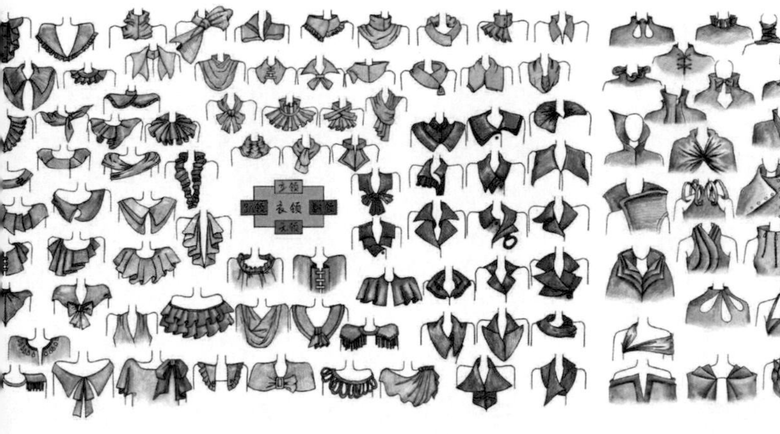

圖 6-55　衣領創意構想　龔麗

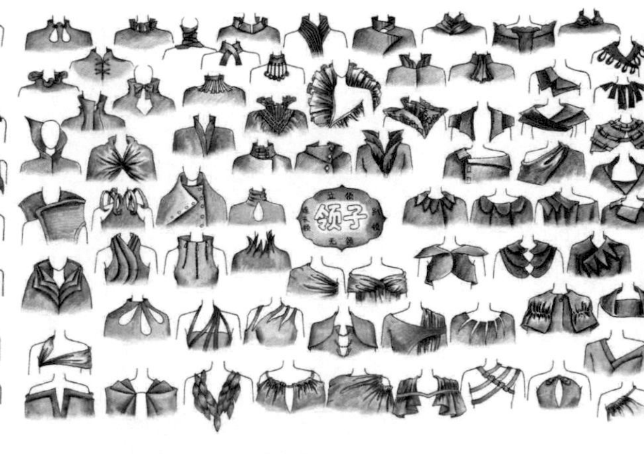

圖 6-58　衣領創意構想　胡問渠

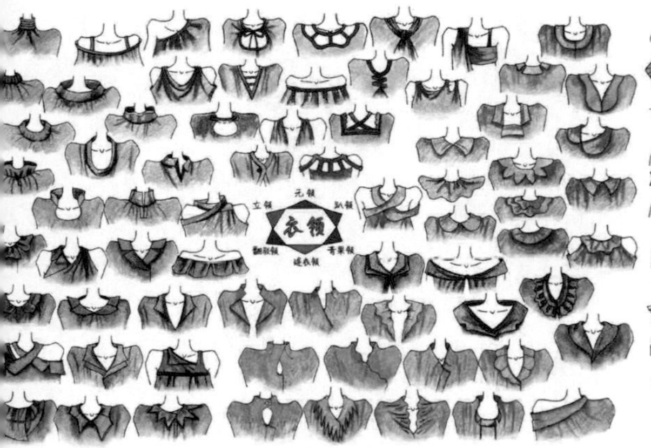

圖 6-56　衣領創意構想　楊雪平

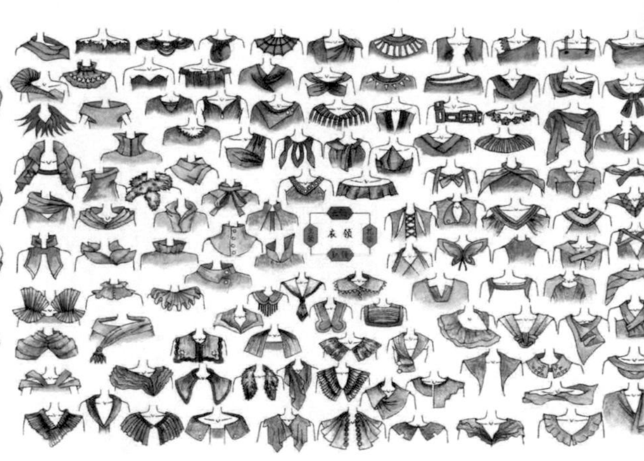

圖 6-59　衣領創意構想　李若倩

圖 6-57　衣領創意構想　張夢蝶

圖 6-60　衣領創意設計　胡問渠

圖 6-61　衣領創意設計　胡問渠

圖 6-64　衣領創意設計　肖霞

圖 6-62　衣領創意設計　王勃

圖 6-65　衣領創意設計　劉佳悅

圖 6-63　衣領創意設計　肖霞

圖 6-66　衣領創意設計　肖霞

圖 6-67　衣領創意設計　曹碧雲

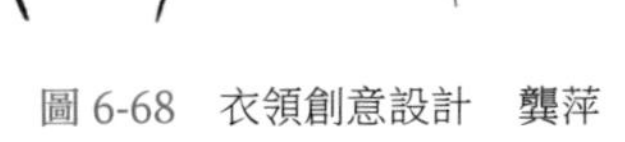

圖 6-68　衣領創意設計　龔萍

圖 6-69　袖子創意設計　黃寶銀

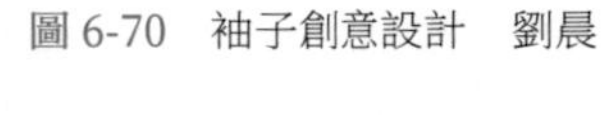

圖 6-70　袖子創意設計　劉晨

圖 6-71　袖子創意設計　劉佳悅

圖 6-72　袖子創意設計　楊美玲

圖 6-73　袖子創意設計　馬賽

圖 6-76　袖子創意設計　邱垚

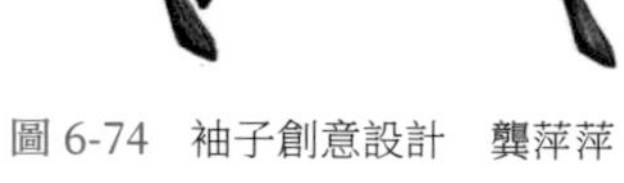

圖 6-74　袖子創意設計　龔萍萍

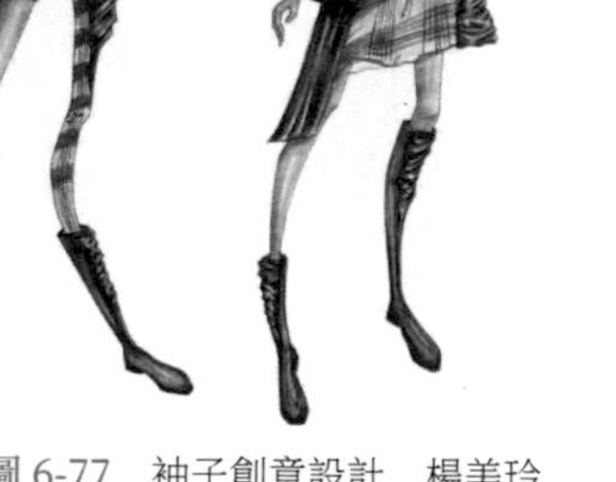

圖 6-77　袖子創意設計　楊美玲

圖 6-75　袖子創意設計　楊美玲

《少女幻想》
圖 6-78　部件綜合設計　程婷

《幻彩未來風》
圖 6-79　部件綜合設計　劉佳悅

《野韻》
圖 6-82　部件綜合設計　陶元玲

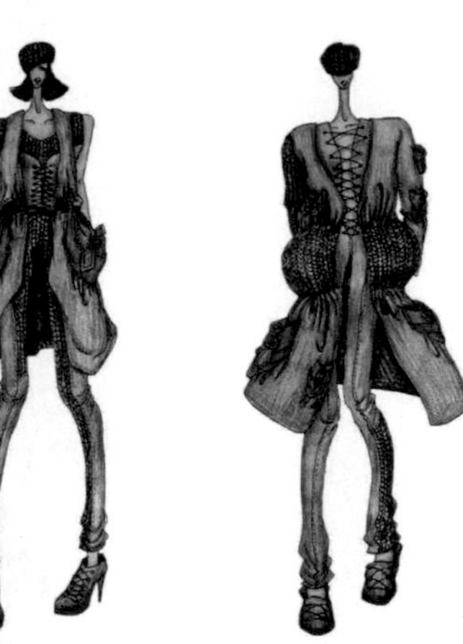
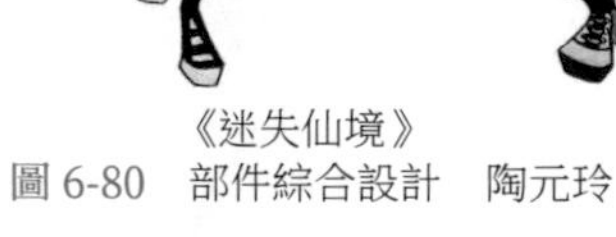

《迷失仙境》
圖 6-80　部件綜合設計　陶元玲

《夜的霓虹燈》
圖 6-83　部件綜合設計　王菲

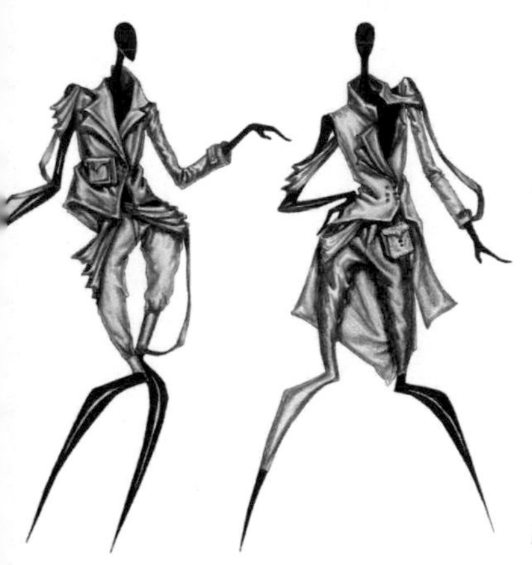

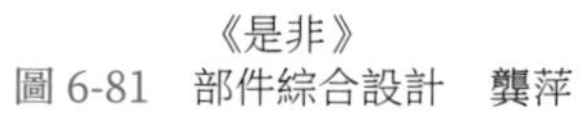

《是非》
圖 6-81　部件綜合設計　龔萍

《綠衣生髮》
圖 6-84　部件綜合設計　楊美玲

《連結你我她》
圖 6-85　部件綜合設計　楊美玲

《藍色旋律》
圖 6-86　部件綜合設計　邱垚

課題七
服裝款式構成

服裝設計是目的性很強的工作，在設計開始之前，要有一個清晰明確的設計定位，然後圍繞這個定位收集相關資訊。在收集資訊資料之時，設計構思也就悄然開始了。做服裝設計首先要明確所要設計的是一件服裝作品，還是一件服裝產品。如果是作品，那麼如何創新、如何發揮創意、如何抒發情感和如何做到與眾不同，就是先要解決的問題；如果是產品，就會涉及是什麼樣的款式，是什麼樣的風格，用什麼樣的布料，給什麼人穿著，什麼季節穿著，價位是多少，時尚元素是什麼。對這些設計定位方面的問題做到心中有數，設計才能有的放矢。

一、服裝設計定位

(一) 服裝的分類方式

服裝的種類和樣式繁雜，分類方式也有多種。在生活中往往需要從幾個方面對其進行歸類，才能確定一件服裝的基本特徵。人們大多習慣從以下八個方面對服裝進行分類。

(1) 從性別上分，可分為男裝、女裝。

(2) 從年齡上分，可分為童裝、青年裝、中老年裝。

(3) 從款式上分，可分為西裝、夾克、大衣、洋裝等。

(4) 從材料上分，可分為絲綢服裝、牛仔服裝、皮革服裝、羽絨服裝等。

(5) 從用途上分，可分為職業裝、運動裝、休閒裝、戶外裝等。

(6) 從時間季節上分，可分為晚裝、冬裝、夏裝、春秋裝等。

(7) 從加工方式上分，可分為手繪服裝、針織服裝、編織服裝、刺繡服裝等。

(8) 從國家民族上分，可分為中式服裝、印度服裝、苗族服裝、藏族服裝等。

除此之外，還有其他的分類方式。比如在穿著對象方面，分為少女裝、淑女裝；在款式方面，分為長裙、短褲、旗袍、上衣、馬甲等；在造型方面，分為直筒裙、魚尾裙、喇叭裙等；在用途方面，分為演出裝、婚禮服、家居服等。服裝的分類，大多是從不同的側面反映服裝的不同特點。一件服裝可以同時存在於多種分類之中，可能既是女裝，又是夏裝和絲綢服裝。

服裝行業對產品的分類與普通人的分類方式略有差異，更加精細化和專業化。通常採用由「主要布料＋款式特徵＋產品主體」三部分構成的產品命名方式進行分類。如牛仔平領短上衣、人造棉短袖洋裝、羊絨鏤空針織衫等。服裝分類對企業具有兩方面作用：一是對產品進行有效的識別、歸類和分類管理；二是對產品進行有針對性的調查、設計和生產銷售。任何一個服裝品牌，都擁有相對穩定的服裝品項。服裝品項又多以款式類型的不同進行區分，比如上衣類、裙子類、內衣類、褲子類、襯衫類、大衣類等。還有一種分類方式，就是按照單品和套裝進行分類。服裝單品是指單件服裝的獨立銷售，通常與套裝相對，比如褲子、裙子、夾克、毛衣、襯衫等；服裝套裝是指一整套服裝，由兩件以上風格特徵相同的單件服裝構成，如兩件套、三件套的裙套裝或褲套裝等。

（二）設計定位的內涵

所謂定位，實質上就是確定一個位置。如果是作品設計，就要為作品在設計師內心中確定一個位置，使之成為設計追求的目標；如果是產品設計，就要給產品在市場上確定一個位置，使之與其他產品區別開來。從效果上看，設計定位就是確立一個顯著的概念，提供一個容易識別、選擇和欣賞的具有誘惑力的理由。

1. 服裝作品定位

服裝作品主要包括學生作品、參賽作品和發布會作品三部分，共同點是，既不需要顧及市場銷售，也不用考慮消費者的穿著感受。學生作品的訓練，是把普通人培養成為設計師的必由之路，對培養學生的創造力、想像力和審美能力意義重大；參賽作品的創作，是設計新秀相互交流、學習和競技的最佳途徑，對提升專業能力、累積實踐體驗和設計經驗事半功倍；發布會作品的展示，是設計師展露才華、引領時尚和推廣品牌的傳播管道，對打造品牌形象、促進產品行銷和擴大品牌影響力意義深遠。服裝作品定位的內容主要涉及以下五個方面。

(1) 功能性定位。功能屬性是服裝賴以生存的基本條件，即便不是用於生活穿著的服裝作品，也不能完全脫離服裝功能的存在。服裝作品設計，儘管可以不受功能的束縛和限制，對功能的表現可以多也可以少，還可以對功能進行全新的定義，但不可以無視功能的存在。

(2) 創新性定位。設計師若想創新，就要知道哪些理念是新的，哪些理念是舊的。新的理念又受到什麼樣的設計思潮影響，都有什麼樣的設計主張。目前，解構主義思潮對設計創新的影響最大，那麼這種設計主張有哪些優缺點，又應該如何表述自己的觀點和吸納別人的優點？

(3) 設計主題定位。主題是作品設計的靈魂，帶有作者強烈的情感傾向和價值取向。不管設計是主題先行，還是追加主題，主題都不是一個簡單的作品名稱，都是作者內心情緒的外化和表露，也是構想、創意和解讀作品的思考線索。作品主題的擬定，一定要由感而發，要有新鮮感和時尚感，要便於識別和記憶。

(4) 結構工藝定位。在網路高度發達的今天，分工合作已經是大勢所趨，在技術方面只有想不到，沒有做不到。只要設計需要，任何結構、工藝、印染等技術都可以借助於網路得到專業人員的幫助。因此，技術已經不再是問題，在技術方面有沒有更高的要求才是問題的關鍵。

(5) 展示狀態定位。服裝作品多以系列構成的形式出現，並且要求服飾配套。服裝的從裡到外、從上到下、從單套到多套，都需要進行深入的思考和巧妙的安排。要從模特兒的舉手投足、服裝穿脫的各種狀態、系列構成的高低錯落等方面去構想和設計服裝的整體展示效果。

2. 服裝產品定位

服裝產品設計，需要根據市場調查情況對產品進行定位分析，確定產品屬性、主要風格及最新季度的產品設計重點。明確服裝產品定位，既有利於消費者的產品識別，也有利於產品的開發運作。服裝產品定位的內容主要涉及以下五個方面。

(1) 產品屬性定位。產品屬性是產品本身所固有的性質，比如性能、品質、衣料、價格、適合人群、適合階層、穿著場合等。產品設計一定要有一個相對準確的產品屬性定位，否則就容易造成產品經營的混亂，不但自己說不清楚，讓消費者也摸不著頭腦。

(2) 產品風格定位。產品風格是產品所表現出來的特色和個性，是消費者識別和選購服裝的重要因素。不同的產品風格會營造不同的穿著狀態，給人不同的穿著感受。一個服裝品牌一般只有一種產品風格或是以一種風格為主，否則就會造成產品風格的雜亂，降低產品品質，損傷消費者的品牌忠誠度。

(3) 產品價格定位。產品價格，主要包括產品的成本（直接和間接成本）和銷售帶來的利潤，也包括品牌無形資產的附加值。價位過高，消費者不會光顧，即使偶爾光顧銷量也很有限；價位過低，非但會讓企業的利潤受損，還會造成產品品質低劣的錯覺，損害品牌形象。因此，必須找到適當的、相對穩定的價位區間，並有一個恰當的、可調整的價格幅度。

(4) 目標消費群體定位。透過市場區隔選擇適合於品牌發展的目標市場，確認產品是為誰而設計。透過對消費者的年齡、職業、身分、生活背景、經濟收入、性格興趣、個性行為等方面的調查，了解目標消費群體的消費需求、消費習慣和消費心理。透過更加準確的產品企劃、設計、生產和銷售，贏得目標消費群體的青睞。

(5) 生活方式定位。消費者的生活方式與服裝商品的選擇密切相關，人們往往透過消費來表現自己的生活品味和格調。服裝企業也需要透過某些恰當的活動替代傳統的廣告宣傳，來影響目標消費群體的心理、行為和價值觀。為了實現這一目標，就要了解消費者的生活方式，區隔不同族群的生活觀、消費觀和價值觀，進而從這些概念交叉點確定自己所倡導的生活方式，制定出品牌獨有的產品概念、經營主張和行銷策略等。

3. 服裝市場區隔

美國市場學家溫德爾·史密斯（Wendell Smith）在 1950 年代中期提出了市場區隔的概念，對服裝產品定位影響巨大。他認為，市場是由各種各樣的消費者組成的，他們在消費需求、消費行為、消費心理等許多方面存在差異。每個消費者群體就是一個區隔市場，每個區隔場都是由具有類似需求傾向的消費者群體構成的。市場區隔，就是把潛在的消費市場分解為較小的群體或部分，構成若干個子市場，每個子市場在購買或使用有關產品種類上有著相似的特徵。

市場區隔對服裝產品設計的意義：

① 有利於選擇目標市場和制定市場行銷策略。區隔後的子市場比較具體，比較容易了解消費者的需求，企業可以根據自己的實際情況確定自己的服務對象，即目標市場。

② 有利於發掘市場商機，開拓新市場。透過市場區隔，可以對每個區隔市場的購買潛力、滿足程度、競爭情況等進行分析，找到有利於本企業的市場機會。

③ 有利於集中人力、物力投入目標市場。企業可以集中人、財、物等資源，去爭取局部市場上的優勢，占領自己的目標市場。

④ 有利於企業提高經濟效益。企業可以面向自己的目標市場，生產出適合銷售的產品，加速商品流轉。市場區隔主要涉及地理、人口、心理和行為四個因素。

(1) 地理區隔。地理區隔是指按照地理區域的不同進行分類，比如國家、地區等。不同的地理條件決定人們特定的服裝需求。比如羽絨服是北方溫帶或亞寒帶地區人們必不可少的服裝，而夏裝在這些地區的穿著時間比較短暫。

(2) 人口區隔。人口區隔是指將市場按照人口統計變數分類。依據有年齡、性別、收入、職業、受教育程度、家庭規模等。這些變數直接影響消費者的需要規模和購買行為習慣。

(3) 心理區隔。心理區隔是指按照消費者的生活方式和個性心理特徵的差異分類。在相同的群體中，人們的生活方式和個性心理也是千差萬別的。生活方式是人們的自我概念的外在表現，直接影響著人們對服裝的需求。許多服裝品牌在宣傳中倡導某種生活觀念，比如女性的自信、參與感，男性的瀟灑、成就感等，由此推動服裝的銷售。個性是一個人整體的、穩定的心理特徵的綜合，包括價值觀、興趣、愛好、氣質、性格、能力等因素。個性的差異會導致消費者對服裝審美和需求的不同。

(4) 行為區隔。行為區隔是指按照消費者的購買行為方式和習慣分類，包括消費者對產品的印象、態度、購買途徑、使用狀況和用後評價等。比如在購買途徑方面，有人喜歡到專賣店購買，是為了追求貨真價實；有人喜好到品牌專櫃，是想借助商場的信譽來消除購物風險；還有人偏愛網購，是為了方便和價格實惠。

(三) 消費者生理及心理

服裝與穿著者具有相互依存的密切關係，不管是服裝作品設計還是服裝產品設計，都要了解和掌握人們普遍的生理及心理特徵。尤其是服裝產品設計，如果對消費者的生理及心理特徵不了解，就很難做出準確的產品設計定位。

1. 兒童生理及心理特徵

兒童，通常是指從人類出生至 12 歲的年齡階段。在服裝行業，為了簡化服裝的分類，習慣於只分童裝、青年裝和中老年裝三個大類。這就意味著，要把 13 ～ 17 歲的少年階段也劃歸到兒童期。按照這樣的劃分方式，童裝包括了從出生至 17 歲的年齡段。根據每一階段兒童的特點，可以把兒童分為嬰兒期、幼兒期、學前期、學齡期和少年期五個階段。而且，每個階段的兒童都有不同的生理及心理特徵。

(1) 嬰兒期。從出生至1週歲為嬰兒期，是睡眠和在母親懷裡的時間較多的時期，屬於靜態期。嬰兒出生後的2～3個月，身高大約50cm。在此期間生長較快，1週歲時，身高可達60cm左右，體重則成倍增長。生理特徵：睡眠多、出汗多、皮膚細嫩、排泄次數多。體型以頭大、頸短、腹大、肩窄、四肢短小為特點。半歲後，可進行坐、爬、立等動作，穿著服裝的時間也逐漸增多。嬰兒期的心理特徵尚不明顯，服裝屬於母嬰產品，多由母嬰專營公司負責提供。

(2) 幼兒期。1～3歲為幼兒期，仍然需要家長的看護和照料，是開始學習行走、跑跳、投擲等動作的時期，屬於動態期。生理特徵：頭大、頸短、腹部突出、四肢粗胖。心理特徵：好奇心和求知慾逐漸增強，開始學說話、能簡單認識事物，對於醒目的色彩和活動的東西極為注意，願意與人交流，遊戲是最喜歡的活動。此階段的兒童，對服裝的需求隨著戶外活動的增多而增加。(見圖7-1)

圖7-1　幼兒期兒童，活潑好動，遊戲是他們的主要活動

(3) 學前期。4～6歲為學前期，家長的照料相對減少，具有一定的自主生活能力。生理特徵：頭大、肩窄，胸、腰、臀的圍度差別不大。心理特徵：自尊心較強，喜歡被表揚，活潑好動。願意唱歌、跳舞、畫畫、識字等，喜歡接觸外界事物和接受教育，個性也明顯表現出來。男孩和女孩在性別、愛好、行為等方面已表現出差異，女孩更愛穿著鮮豔漂亮、花枝招展的服裝。(見圖7-2)

圖7-2　學前期兒童，在性別、愛好、行為等方面表現出很多差異

(4) 學齡期。7～12歲為學齡期，也是小學生階段。生理特徵：身體結實、四肢發達、腹平腰細，頸部開始生長，肩部逐漸增寬。心理特徵：自我意識逐漸萌發，智力已脫離幼稚感。社會性增強，注重人際交流，受參照群體影響較大，喜歡模仿偶像的衣著行為。男孩和女孩在體態、興趣、行為舉止等方面的表現明顯不同，已有自己的審美意識、價值取向和擇物觀念。生活的主要場所從家庭轉移到了學校，受到學校紀律的約束，學習和團體活動成為生活的中心。(見圖7-3)

圖 7-3　學齡期兒童，男孩和女孩的體態、興趣已經明顯不同

(5) 少年期。13 ～ 17 歲為少年期，也是中學生階段。生理特徵：身高已接近成年人，但還略顯單薄、稚嫩。男孩、女孩性別特徵十分明顯，男孩的肩部開始變平變寬，身高和體重明顯增加；女孩的胸部開始變得豐滿，臀部的脂肪明顯增多。心理特徵：希望在同伴或群體中獲得重視，男孩喜歡穿著有特點或是名牌服裝，但又反對過於張揚的款式；女孩性格逐漸變得沉靜，情緒也變得易於波動，喜歡表現自我，偏愛有圖案裝飾的服裝，青睞有情調的服飾品。(見圖 7-4)

圖 7-4　少年期兒童，既有成年人的部分特徵又有自己的特點

2. 女性生理及心理特徵

(1) 生理特徵。肩窄、胸高聳、腰細、四肢纖弱是女性體態的基本特徵。在體型上，正面呈現 X 型，肩寬與臀寬大致相當，腰部細窄；側面呈現 S 型，胸部豐滿，向前突起，臀部渾圓，向後突出，後背和腹部平坦。在外觀上，有柔弱、清秀、圓潤的流線形視覺感受。女性的體態特徵，也會隨著年齡的增長在不同階段出現一些變化。女性根據不同階段的體態特點，大體分為青年期、中年期、老年期三個階段。

18 ～ 35 歲屬於青年期，是充滿青春活力、精力旺盛、性別特徵鮮明的時期。這一時期的女性體態勻稱，胸豐滿、腰細、腹平，適合穿著各種款式造型的服裝。此階段是女性服裝消費的高峰期，也是願意接受新款式、喜歡新潮、追逐時尚的時期。(見圖 7-5)

圖 7-5　青年期女性，最願意接受新款式、喜歡新潮和追逐時尚

35 ～ 55 歲屬於中年期，是走向成熟穩健、家庭事業興旺發達、經濟狀況較好的時期。這一時期的女性體態豐潤，胸部仍有高度，但大多腰部和四肢變粗、腹部突起，一些過於顯現體形或過於花俏活潑的

服裝款式不再受歡迎。著裝興趣逐漸轉向一些能體現品味、表現個性、顯示社會地位或經濟條件的服裝款式。（見圖 7-6）

圖 7-6　中年期女性，希望體現品味、表現個性、顯示經濟條件

55 歲以上屬於老年期，是趨於體弱衰老、肌肉鬆弛、行動遲緩的時期。這一時期的女性體態大多偏瘦或偏胖，胸部和臀部平坦、腹部偏大、背部彎曲，適合穿著款式較為簡潔、色彩鮮明的服裝。這一時期的女性是服裝設計容易忽略的消費對象，也是服裝市場亟待開發的領域。（見圖 7-7）

圖 7-7　老年期女性，適合穿著款式較為簡潔、色彩鮮明的服裝

(2) 心理特徵。服裝是現代女性修飾美化自己、塑造自我形象的最簡便、最有效的手段。女人之所以比男人更愛逛街，更愛買衣服，是因為女性的容顏比男性更容易變老，更加渴望借助於衣著改變自己的形象。女性特別看重自己的穿著，主要是出於以下四個方面心理需求。

① 愛美心理。愛美是人的天性，女性尤其如此。美好的事物總能特別引人矚目，穿著美的服裝也會增加人們對穿著者的喜愛。正因如此，追求美、熱愛美，追逐美的服裝，把自己裝扮得更加美麗，也就成了女性喜愛穿著裝扮的主要動機。

② 求新心理。喜新厭舊是人之常情，新事物代替舊事物也是事物發展的必然規律，服裝亦是如此。由於舊服裝穿著時間長了就會失去新鮮感，原有的美感也會逐漸消失。這樣一來，女性就會被那些更新的和更加時尚的服裝所吸引，具有新鮮感和時尚感的服裝就成為被追逐的目標。

③ 突出自我心理。希望自己與眾不同，想適當地突出自己以滿足自尊心，並從中獲得自信，這是人的一種普遍心態，女性在這方面的表現更為突出。在張揚個性、突出自我方面，服裝是首選，最能簡單快捷地滿足女性的心理需求。

④ 從眾心理。從眾是一種社會現象，可以滿足人的心理平衡。別人做什麼我也做什麼，別人穿什麼樣的服裝我也去買去穿，這樣非但不會落後，被人瞧不起，還會具有歸屬感。從眾心理是一種常見的心理狀態，女性在選擇服裝時的表現

尤為突出，常常會因為想模仿別人的行為，購買一些並不適合自己的服裝。

3. 男性生理及心理特性

(1) 生理特徵。肩寬臀窄、膀大腰圓、四肢粗壯是男性體態的基本特徵。在體型上，正面呈現倒梯形，肩部寬厚、臀部狹窄，腰寬與臀寬基本相當；側面仍為狹長的倒梯形，臀部後突但不明顯。在整體外觀上，富於力量和力度感，有直線形特性。男性的體態特徵，也會隨著年齡的增長在不同階段出現一些變化。男性根據不同階段的體態特點，分為青年期、中年期、老年期三個階段。

18 ～ 35 歲屬於青年期，是充滿熱情活力、體力充沛、活潑衝動的時期。這一時期的男性體態勻稱而略顯單薄。胸部結實、腰細臀窄、動作敏捷，適合穿著各種輕鬆活潑的服裝款式，尤其偏愛休閒裝、戶外裝、運動裝，以及各種帶有青春活力和富於個性特徵的服裝。(見圖 7-8)

圖 7-8　青年期男性，適合各種輕鬆活潑、富於個性的服裝

35 ～ 60 歲屬於中年期，是性格趨於成熟和沉穩、注重身分和地位、經濟條件優越的時期。這一時期的男性體態大多開始粗壯或發胖。胸部肌肉鬆弛、腰部變粗、腹部突起，喜歡一些較為傳統的、輕鬆的和富有內涵的服裝，比如襯衫、T 恤、西裝、便服、夾克等。並在服裝品質方面要求較高，選擇服裝更加理性，更加青睞能顯示身分地位的中高階服裝。(見圖 7-9)

圖 7-9　中年期男性，喜歡較為傳統、寬鬆和富於內涵的服裝

60 歲以上屬於老年期，是身體趨向衰老、活動減少、逐步退出社會角色的時期。這一時期的男性體力和精力都呈現下降趨勢。胖者體態臃腫，腰粗腹大，全身線條的稜角和力度大大減弱；瘦者清癯乾癟，背部彎曲，稜角分明但已缺少活力。由於大多數人較少參與社會活動，因而對服裝的要求也轉向以穿著功能為主、社會功能為輔。多選擇舒適、簡潔、穿著隨意的服裝。(見圖 7-10)

圖 7-10　老年期男性，多選擇舒適、簡潔、穿著隨意的服裝

(2) 心理特徵。服裝是男性生活方式和生活狀態的外在表現，是內心自我概念的延伸。愛美之心人皆有之，男性也愛美，只不過沒有女性表現得那般鮮明。男性對服裝的需求除了注重修飾外觀，還會更加強調服裝的內涵和格調。在選擇服裝方面，男性一般具有以下四個方面心理需求。

① 修飾外觀。外觀是一個人的外在形象，在相貌不易改變的前提下，服裝就是修飾外觀的首選。在現代社會，外觀形象既是一個人內在修養的反映，也是生活狀態、心態、能力等方面的間接表現。因此，追求發展進步的男性都十分重視服裝的修飾作用，這使男性對服裝的需求摻雜了更多的社會意義。

② 標示身分。身分代表著一個人的社會角色，是某種社會關係所決定的個體特徵。很多時候，人們的身分並不明顯或容易被掩蓋，這樣就需要用服裝把它標示出來，以便於他人辨識。男性為了事業發展和社會交流的需要，常常要用服裝來表明自己的身分。

③ 展露自我。每個人對自己都有一個評價，也有一個將自己的成就展現在他人面前的期望，這就促使人們按照自己對自我形象的定位與構想去選擇服裝。服裝是展露自我的一種最有效的手段。男性內心總是希望透過服裝告訴別人自己是什麼樣的人，再從別人的回饋之中檢驗自己的願望是否已經實現。

④ 群體認同。群體會給予個體一種歸屬感和安定感，當被認同為群體中的一員時，個體的內心才會踏實。服裝本身就帶有某種群體的歸屬性，再加上時尚、格調、社會階層等因素，穿著就有了時尚與落伍、從眾與獨特、上層與下層的差異。男性或許會追逐時尚，避免落伍而被人瞧不起；或許獨來獨往，表明自己格調高雅，與眾不同；或許西裝革履，標明自己的階層所屬等。這些都是內心的群體認同感使然。

二、服裝風格特徵

風格是指某一類事物具有主導地位的共性特徵。只要某一類事物在外觀、狀態或行為方式等方面具有特定的共性特徵，就會被認為同屬一種風格。「風格」一詞經常被應用，是為了便於感知、識別和描述事物的某種狀態特點，比如文學、繪畫、影視及設計作品的不同風格，也包括人的行為方式的不同表現等。

服裝風格並不像服裝款式那般清晰明確，在服裝款式的分類中，上衣就是上衣，裙子就是裙子，大多不會混淆。但服裝風格則不然，它具有「多元化」、「相對性」

和「不確定性」三方面特性。多元化，是指不同的服裝風格常常存在於同一類款式當中。比如同為西裝，就有較為寬鬆的休閒風格、較為嚴謹的古典風格和較為合身的修身風格等差異。相對性，是指服裝風格需要透過相互比較才能識別。只看一個國家的軍裝一般很難界定它的風格，但如果與其他國家的軍裝進行比對就會發現它的不同。不確定性，是指服裝風格常常具有相互混合的特性，同一件上衣，既會具有較強的都市風格特徵，又會具有現代風格的諸多特點。對於這樣有兩三種風格特徵混合的服裝，一定要分清主次，根據最主要的特徵確定其風格。

服裝風格的三種特性，既為服裝風格的識別增加了難度和神祕感，也常常會讓普通消費者感到捉摸不定。其實，風格只是款式之外可以辨識服裝不同特徵的另外一種分類方式而已。對於普通消費者來說並無關緊要，但對於設計師卻事關重大。風格是對款式進行更加細緻的辨識和分析的重要依據，也是設計師必須精細掌握的設計內容。服裝風格的確定，重在服裝的整體感覺和設計師的內心感悟，並需要一定的經驗累積才能更加準確地識別和掌握。

服裝風格有很多種類和不同的分類方式，但最常見、最主要的女裝風格主要有八種類型。(見圖 7-11)

八種女裝風格由兩兩相對的四組服裝風格構成，是按照時間前後、地域差異、著裝狀態和性別趨向進行分組歸類的。其中，女性化風格和中性化風格，是女裝風格的兩個極端，分別朝著浪漫、柔美和簡潔、硬朗兩個方面發展，並帶動了優雅、田園、都市、休閒四種風格的款式特徵趨向。就女裝流行的規律而言，這八種女裝風格，也常常代表女裝風格流行的八個極端。當某一種女裝風格流行一段時間之後，便會向著它的另一個極端逆轉，發展到了一定程度又會出現反覆，整體呈現螺旋上升的發展態勢。

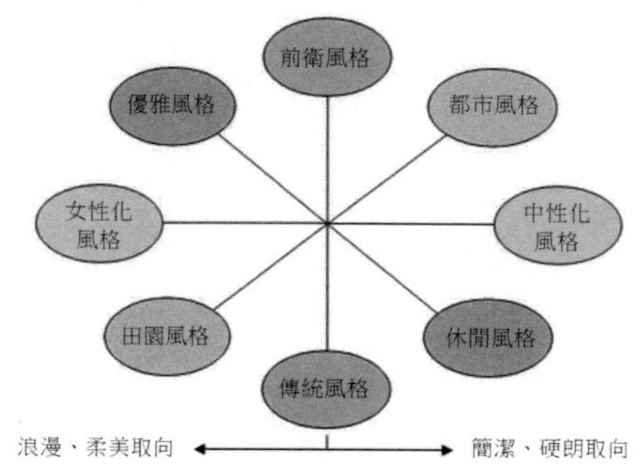

圖 7-11　女裝最常見、最主要的八種風格類型

(一) 前衛風格與傳統風格

1. 前衛風格

前衛風格服裝，是指款式新潮奇特、色彩對比強烈、圖案大膽張揚，能給人以新潮前衛或是放蕩不羈感受的服裝。前衛風格服裝，也稱潮服，女裝、男裝均有此類風格的存在。在設計上，設計元素大多與街舞、爵士、搖滾、嘻哈、塗鴉、卡通、紋身等情境密切相關，服裝款式有時較為簡單，但圖案裝飾和新潮的服飾配件必不可少。穿著前衛風格服裝的人，往往是個性極強的年輕人。大多具有叛逆心理或超前意識，喜歡以自己為中心和標新立異。代表品牌：MaxMartin、heyshow、SLLLCUN 等。(見圖 7-12)

圖 7-12　塗鴉圖案的「SLLLCUN」產品、唇形裝飾的「MaxMartin」產品

圖 7-13　古香古色的「如意風」產品、印第安風情的「迷陣」產品

2. 傳統風格

傳統風格服裝，是指款式莊重保守、色彩古樸沉穩、圖案民族化或傳統化，能給人以古香古色、帶有懷舊情結或民族風情濃郁的服裝。傳統風格服裝，也稱復古風格、古典風格或民族風，是一個內涵廣泛的風格類型。既包括中西方傳統元素的古為今用，也包括東西方民族特色的時尚演繹。在設計上，圖案、色彩、布料、款式細節等設計元素雖然來自傳統或是民族，但不失服裝整體的現代感，符合現代人的精神氣質和生活節奏。穿著傳統風格服裝的人，以懷舊的中老年為主，也包括一些具有好奇心或帶有藝術氣質的中青年。代表品牌：如意風、夏姿、龍笛、迷陣(Aporia.As)、兩人故事等。(見圖 7-13)

(二) 都市風格與田園風格

1. 都市風格

都市風格服裝，是指造型簡潔、洗練，裝飾素雅、富有情趣，色彩清淡、恬靜、沉著，能給人以端莊、秀麗或時尚感受的服裝。都市風格服裝常常涵蓋了現代、簡約、時尚等風格傾向，十分注重服裝的內涵、氣質和品味，非常強調服裝的合身、檔次和時尚感。在設計上，常常推崇服裝的品牌效應、新鮮感和時尚感，注重穿著者的身分和地位等因素。穿著都市風格服裝的人，各階層的男女青年都有，也包括一些中年人和青年。代表品牌：歌莉婭 (GOELIA)、浪漫一身、妖精的口袋 (ELFSACK) 等。(見圖 7-14)

圖 7-14　莊重典雅的「浪漫一身」產品、簡潔時尚的「妖精的口袋」產品

圖 7-15　純真質樸的「彼德潘大叔」產品、輕鬆怡情的「飛鳥與新酒」產品

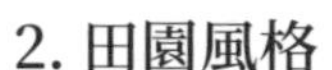

2. 田園風格

田園風格服裝，是指衣料多用棉、麻等天然纖維，色彩多以白、黃、褐、綠等自然色為主，造型鬆散、隨意、自然，能給人以純真、質樸或悠閒感受的服裝。田園風格服裝，推崇人與自然的和諧統一，倡導回歸自然和環境保護等理念。一心想給心靈放個假的城市人，會對田園風情或鄉野情趣情有獨鍾。在設計上，十分注重手工製作的別樣感受，強調質地樸素、形態天然的服飾品搭配。穿著田園風格服裝的人，主要以中青年知識女性為主。代表品牌：玫瑰黛薇（ROSE）、貝蒂（BETTYBOOP）、謎底、彼德潘大叔（Uncle Peterpen）、飛鳥與新酒（avvn）等。（見圖 7-15）

（三）優雅風格與休閒風格

1. 優雅風格

優雅風格服裝，是指造型簡約、洗練並極富韻致，款式精緻、細膩且不失浪漫，色彩單純、沉靜、格調高雅，能給人以高貴、成熟、含蓄感受的服裝。優雅風格服裝大多以品質上乘的高階服裝為主，中低階服裝較為少見。優雅是服裝穿著的一種高貴品質，是穿著者氣質與服裝內涵高度完美的統一，是不加修飾的自然流露。在設計上，是設計、衣料、製作、工藝等方面均達到一定完美境界的產物。穿著優雅風格服裝的人，以經濟條件、身體條件和內在氣質俱佳的中青年女性為主。代表品牌：朗黛（MYMO）、子苞米（M.TSUBOMI）、COS、海青藍等。（見圖 7-16）

圖 7-16　簡約高貴的「朗黛」產品、沉靜高雅的「COS」產品

圖 7-17　輕鬆愉悅的「有癮」產品、造型別緻的「江南布衣」產品

2. 休閒風格

休閒風格服裝，是指造型寬鬆、簡潔、舒適，款式裝飾多且不失功效，色彩沉穩、自然、含蓄，能給人以親切、隨性、活潑感受的服裝。休閒風格服裝是一個寬泛的概念，包括了休閒狀態下的運動便服、家居服裝、戶外服裝等。嚮往休閒、舒適和隨性，是現代社會人們普遍的衣著取向和潛在追求。在設計上，首先是造型的寬鬆適度和舒適自然，其次是款式細節的適當分割和恰當裝飾，要努力營造輕鬆愉悅的情境和感受，才會迎合穿著者期盼悠閒的心態。穿著休閒風格服裝的人不分男女老幼，不限城市鄉村，不管何種職業。代表品牌：江南布衣（JNBY）、艾格（Etam）、艾夫斯（ITISF4）、ONLY、有癮（UYEN）等。（見圖 7-17）

（四）女性化風格與中性化風格

1. 女性化風格

女性化風格服裝，是指造型柔和、細膩、流暢，款式多以荷葉、絲帶、蕾絲裝飾，色彩多用粉紅、桃紅、淡黃等，能給人以甜美、清純、浪漫或夢幻感受的服裝。女性化風格的服裝十分注重裝飾和情調，以強調和突出服裝的女性特徵為特點。在設計上，推崇服裝的柔美、可愛和性感的表現。無論是服裝還是服飾品，都非常具有女人味或是具有小女人風情。穿著女性化風格服裝的人，常常是富於柔情並具有浪漫情懷的人，以青春期少女、年輕女性為主。代表品牌：淑女屋（Fairyfair）、4 英吋（4INCH）、花兒開了（FLOWERSCOMING）、艾麗絲童話（ALS）、戀上魚（LOVEFISH）等。（見圖 7-18）

圖 7-18　清純恬靜的「花兒開了」產品、甜美浪漫的「淑女屋」產品

圖 7-19　灑脫帥氣的「納帕佳」產品、簡潔單純的「歐寶」產品

2. 中性化風格

中性化風格服裝，是指造型明快、帥氣、灑脫，款式簡潔、單純、現代感強烈，色彩中性、沉著、冷靜，能給人以英氣十足或是女強人感受的服裝。中性化風格服裝，主要隱藏在休閒服裝、運動便服或職業女裝當中。表現的是剛柔相濟、柔中有剛的外觀效果。在設計上，經常採用男裝簡潔俐落的設計手法，包括硬朗的金屬裝飾、有動感的條帶裝飾和有力度感的圖案裝飾等，常常在溫和恬靜之中透露些許硬朗與鋒芒。代表品牌：La pargay（納帕佳）、odbo（歐寶）、Vans（范斯）、a02（阿桑娜）等。(見圖 7-19)

服裝風格與服裝產品設計的關係密切，與服裝作品設計關係不大。服裝作品設計突顯的是設計師個人的設計風格，有人偏愛簡潔，有人喜歡裝飾，有人性情豪爽奔放，有人性格含蓄委婉等。設計師設計風格的形成，與設計師的性格、閱歷以及設計經驗息息相關，是經過多年設計實踐逐步形成的設計偏好。

在服裝產品設計中，男裝風格與女裝風格略有不同，最常見、最主要的男裝風格，有前衛風格與傳統風格、休閒風格與商務風格、運動風格與正裝風格三組共六種風格類型。是按照時間前後、著裝狀態和行為方式進行分組歸類的。其中，前衛風格和傳統風格，是男裝風格的兩個極端，分別朝著年輕化和中年化兩個方面發展，並帶動了運動、休閒、商務、正裝四種風格的年齡分化及發展趨勢。(見圖 7-20)

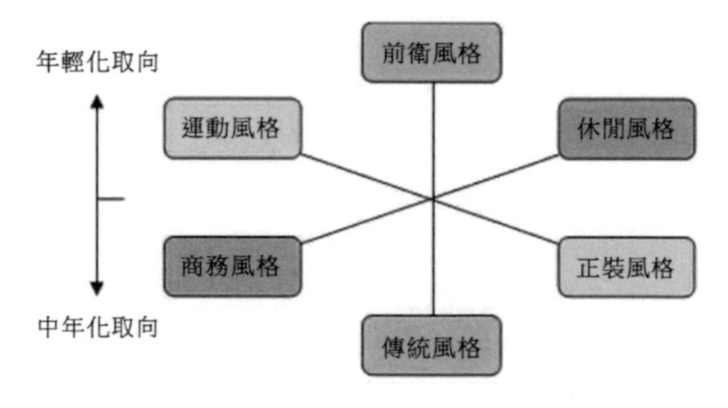

圖 7-20　男裝最常見、最主要的六種風格類型

三、服裝款式設計

(一) 裙裝設計

1. 裙子設計

裙子是人類歷史上最早出現的服裝樣式，將一塊獸皮圍裹在腰間，是古人在當時條件下最簡便易行的保暖或遮羞的方法，也成為現今裙子的雛形。經過人類歷史的漫長演變，如今的裙子款式已經是千姿百態、變幻無窮，並成為極具魅力的女性專有服裝。

裙子的優點是，通風散熱、穿著便利、行動自如，是夏季女性優先選擇的服裝款式。除此之外，裙子還有不受穿著者年齡限制（從兒童到中老年都可穿著），不受穿著季節限制（春夏用薄料、秋冬用厚料製作，一年四季均適合），不受穿著場合限制（戶內戶外、工作遊玩皆適合）等特點，深受女性的喜愛。

就設計而言，短裙可以充分顯現女性腰、臀和大腿的曲線美；長裙能增添女性的婀娜多姿和浪漫情懷。裙子的設計構思，先要找到一個設計主題或是一個切入點，再以此為線索逐步展開思考，並逐漸深入和完善。在表現方面，要努力突出裙子的某一方面特徵，將其作為亮點加以強化才會引人入勝。裙子的設計要點有以下五個方面。

(1) 裙子造型及分割。造型是裙子設計首先考慮的內容，有 H 型、大 A 字型、小 A 字型、燈籠型、喇叭型等，還有眾多不對稱的造型可供選擇。裙子的剪裁可以充實款式細節，使設計更具個性。裙子剪裁以橫線分割和豎線分割為主，也有斜線分割或曲線分割的運用。其中，橫線剪裁又有偏高、偏低和居中的不同。多條剪接線又有等距排列、漸變排列、放射排列、交叉排列等差別。(見圖 7-21)

 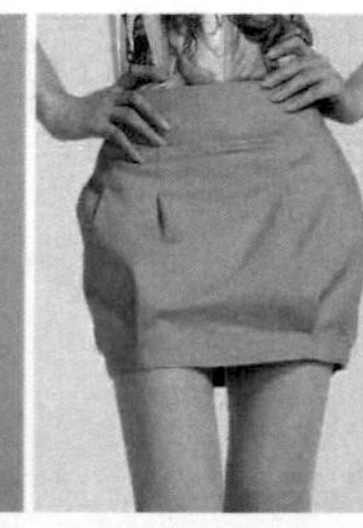 

圖 7-21　鬆散造型、燈籠造型和放射排列剪接的裙子設計

(2) 裙腰形態及開衩。裙腰的形態有寬腰頭、窄腰頭、無腰頭、低腰、高腰之分。裙腰開口有前開、側開和後開三種類型。主要有扣子和拉鏈兩種扣合方式。凡是合身的裙腰大都需要設計多個腰褶，以達到收腰的效果；凡是利用鬆緊帶或是腰帶收緊的腰部，則不需要設計腰褶。而比較合身的裙襬，大多要在裙襬設計開衩，以方便穿著者的行動，開衩的部位分為前開、側開和後開三種類型。開衩既有實用功能，也有裝飾作用，可以靈活利用。(見圖 7-22)

圖 7-22　有腰帶的裙腰、側面開衩和前面開衩的裙子設計

(3) 口袋形態及裝飾。裙子的口袋有貼式口

袋、挖袋和插袋三種類型，又有袋口的平口、豎口、斜口、曲口的分別，還有另加口袋蓋、滾邊袋口、扣袢袋口的不同。裙子的口袋，大多以裝飾作用為主，實用功能為輔，與男裝的口袋有本質上的區別。裙子的裝飾十分多樣，有綁絲帶、打褶、夾車花邊、貼布繡、電腦繡花、印花、鏤空、抽褶、附加立體裝飾等。(見圖 7-23)

圖 7-23　誇張的插袋、傾斜的貼式口袋和附加立體裝飾的設計

(4) 裙襬形態及層次。裙襬是最適合進行裝飾的部位，裙襬形態變化也是設計的重點。裙襬既可以平齊，也可以傾斜或是上下起伏，還可以再拼接或是附加多層衣料使其變得輕鬆浪漫。增加裙子的層次，是使裙子外觀變得更加活潑和更加多樣化的有效手段，既可以在裙腰處增加，也可以在裙子中部增加，還可以透過裙片的翻折或是縫綴裝飾等增加裙子的層次感。(見圖 7-24)

(5) 色彩搭配及衣料。裙子的色彩選擇較廣，很多不適合製作外衣的色彩或花色，都可以用來製作裙子。從裙子與上裝搭配的角度看，沉穩的單一顏色或單一花色應用較多，但並不排斥幾種素色衣料的拼接或是花色與花色的組合。各種顏色的點狀、條紋、方格、碎花和大花衣料等都適合裙子的配色，但過於跳躍、豔麗、硬朗的花色或圖案則應用較少。常用的衣料有絲綢、印花布、人造棉、麻棉、麻紗、喬其紗、蕾絲、牛仔布、燈芯絨、法蘭絨、花呢、粗紡呢等。(見圖 7-25)

圖 7-24　不規則裙襬、上下起伏裙襬和多層次的裙子設計

圖 7-25　素色與花色搭配、蕾絲衣料和方格圖案的運用

2. 洋裝設計

洋裝的最大特點就是裙子和衣身相連並能貼身穿著。與洋裝外形相像的服裝有晚禮服、婚紗、睡裙、旗袍、女式風衣等，但它們只是具有衣裙相連的款式特徵，卻不能稱為洋裝。原因是，晚禮服、婚紗、睡裙都是穿著在特定場合的特殊服裝；旗袍雖屬於日常著裝，但其傳統文化的內涵限制了其應用的範圍；女式風衣是春秋季穿著的外衣，有洋裝所不具備的遮風擋雨的功效。洋裝款式儘管連帶了上衣部分，但其結構仍然非常簡約和明快。洋裝的上衣部分，可以有衣領、有衣袖，也可以沒有衣領、沒有衣袖。在腰身部位，可以收腰，也可

以不收腰；可以是切腰，也可以是連腰。款式造型方面非常靈活、自由、多變，既可以非常合身，盡顯女性曲線美；也可以非常寬鬆，突出隨性休閒的生活情趣。洋裝具有涼爽輕便、舒適實用、女性魅力鮮明等優點，是最受女性青睞的夏季服裝款式。洋裝具有很強的適應性，可以適合多種環境、場合和用途的需要。既可以作為居家服裝，也可以作為旅行服裝，還可以在工作或社交場所穿著。穿著洋裝的女性，在年齡和體型方面沒有限制，各種年齡和不同體態的女性都可以找到適合自己的洋裝。洋裝的設計要點有以下五個方面。

(1) 整體造型及穿脫。洋裝的造型十分豐富，基本分為收腰、不收腰和鬆緊兩用三種類型。其中，大 A 字型、小 A 字型和 H 型，是不收腰的造型，也可以利用腰帶進行束緊，使其變成鬆緊兩用的形式。X 型和吊鐘型，都是收腰的造型。在穿脫方式上，主要有套頭式和前開式兩種類型。套頭式，是指需要將服裝從頭上穿過的穿脫方式。如果領圍小於頭圍，就要在衣領設計開口。如果衣身很合身，還要在腰間安裝拉鏈，以方便服裝的穿脫。前開式，是指依靠服裝前面的扣子進行開合的穿脫方式。前開式的門襟設計非常重要，扣子大多採用小扣，排列也比外衣扣子更密集。(見圖 7-26)

圖 7-26　洋裝的 H 造型、小 A 字造型和鬆緊兩用狀態

(2) 結構變化及分割。洋裝的結構分為切腰式和連腰式兩大類。切腰式，是指在腰線將裙子與上衣斷開，用一條剪接線連接上下部分的結構形式。透過斷腰剪接線可以更加靈活地變化裙子和上衣的結構，相互之間不受牽連和影響。連腰式，是指將裙子與上衣一起裁剪縫製的結構形式。常常借助於腰褶、公主線和多種形式的縱向分割，將裙腰收緊使之剪裁。洋裝的分割，既有收緊衣身的作用，也能增加某一部分衣片的形態變化，使裙子變得婀娜多姿。在分割方式上，有橫線分割、豎線分割、斜線分割和曲線分割多種類型可供選擇。(見圖 7-27)

圖 7-27　斷腰式結構、連腰式結構和利用分割進行的拼色

(3) 衣領形態及衣袖。衣領是洋裝設計的重點，常用的衣領有無領、一字領、V 字領、方領、平領、海軍領等。洋裝的衣領設計，幾乎沒有限制，各種衣領都可以使

用。洋裝的衣袖，分為無袖、短袖、五分袖、七分袖和長袖五種。衣袖的結構主要以無袖和圓袖為主，插肩袖和連肩袖較少。袖口形態是袖子設計的重點，常常匯聚了整個洋裝形態特徵的精華，並別具特色。（見圖 7-28）

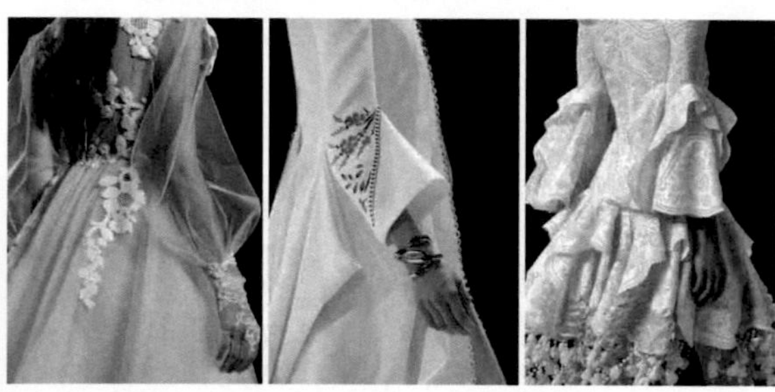

圖 7-28　有蕾絲貼花袖口布、帶刺繡袖口和用花邊裝飾袖口的設計

(4) 口袋形態及裝飾。洋裝口袋以貼式口袋或是裝飾口袋（假口袋）居多，達成充實視覺、修飾美化或是增加功能的作用。在口袋形態上，基本以長方形為主，但下角大多為圓角或斜角，以求大氣、穩重而不失活潑。在洋裝裝飾上，有加花邊、加褶邊、綁絲帶、加條帶、加花結、抽繩、印花、刺繡等。裝飾的使用，要根據穿著者的年齡、穿著場合進行增減。穿著者年齡越大，穿著場合越正式，裝飾就會越少。（見圖 7-29）

(5) 色彩搭配及布料。洋裝的色彩，一般以清淡、素雅和純正的顏色為主，沉悶、花哨和灰暗的顏色使用較少。青年女性以純正的素色或大花主人料為主，中年女性則以沉穩的素色、條紋、方格衣料為主，老年女性以碎花布料為主。在色彩搭配上，大多追求清新、明快或是含蓄的配色效果。兩種色彩搭配，非常注重中間色的銜接過渡，或是強調色彩搭配的精緻感和含蓄美。常用的衣料有絲綢、棉布、印花布、泡泡紗、喬其紗、麻棉、滌棉、人造棉、卡其布、燈芯絨、牛仔布等。（見圖 7-30）

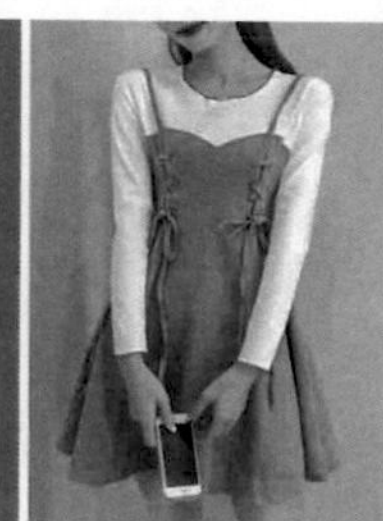

圖 7-29　口袋裝飾、印花圖案裝飾和加條帶的裝飾

圖 7-30　黑白灰搭配、相互穿插的色彩和利用點綴色的配色

（二）上衣設計

1. 女上衣設計

上衣是一年四季不可或缺的常用服裝款式。夏季大多採用偏薄或中等厚度的單層布料製作，衣身以短小精悍為主；春秋季大多採用中等厚度的表布和偏薄的裡布製作，衣身多在中等長度；冬季大多採用皮革、花呢、呢絨等厚衣料或是在薄料當中填充合成棉、羽絨等材料來製作，衣身的長度也會適當加長。

女上衣的款式變化非常豐富，設計的難度

也比其他款式有所增加，是女裝設計的重中之重。女上衣在造型、風格、結構、細節、外觀感受、色彩搭配、衣料材質等方面差異較大，再加上不同形式的裝飾、不同長短的款式等變化，都使女上衣設計變得更加複雜。女上衣設計，最重要的是找到構想的切入點，比如從款式細節切入、從實用功能切入、從風格或主題切入、從結構或解構切入、從衣料材質或裝飾切入等。同時還要找到與其他上衣設計的不同點。找到了這兩個「點」，也就找到了設計構思的線索，再經過逐漸加深、拓展和完善的設計過程，完成自己的設計。女上衣的設計要點有以下五個方面。

(1) 服裝造型及長短。常見的造型，有不收腰的 H 型（多為短衣型）、收腰的 X 型（多為中長型）、寬擺的 A 字型（多為長衣型）三種。女上衣基本分為短、中、長三種長度。短衣型，長度至腰線上下；中長型，長度與臀圍線平齊或高於臀圍線；長衣型，長度低於臀圍線，最長達到大腿中部。同樣長度的女上衣，也會有不同風格、不同狀態、不同結構的設計，會給人以完全不同的外觀感受，有的簡約，有的繁複，有的硬朗，有的浪漫等。(見圖 7-31)

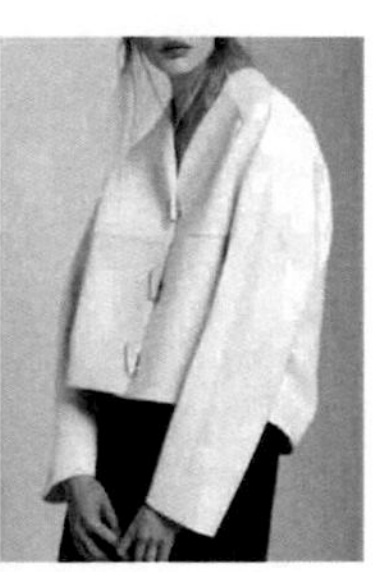

圖 7-31　有腰頭的 H 型、重裝飾的 H 型和小 A 字型的上衣

(2) 衣領形態及門襟。常用的衣領，有無領、平領、翻駁領、連衣領、青果領、不對稱領等。衣領設計，要在領寬度、深度和形態、角度和大小，以及衣領與門襟的連接等方面進行全新的構想。門襟設計，有直線形、曲線形、折線形及多層門襟等變化。在扣合方式上，有扣子、拉鏈、綁帶等不同。在扣子的運用上，有明扣、暗扣、無扣、一粒扣、多粒扣等分別。(見圖 7-32)

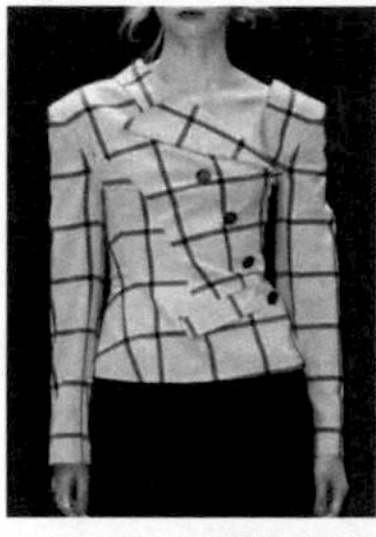

圖 7-32　解構後的衣領、立翻兩用衣領和不對稱的衣領

(3) 風格定位及結構。女裝風格多種多樣，比如休閒風格、前衛風格、女性化風格等，每一種風格都有自己獨特的款式特徵。將女上衣確定為某種風格，就要努力突出這一風格款式的獨特性。在結構設計上，既要弘揚傳統結構的嚴謹、簡潔和巧妙的優勢，又要吸納現代解構的反叛、創新和無拘無束的長處。在收腰方式、褶位處理、袖襱連接、結構移位、分割穿插等方面，都能進行各種嘗試和變化。尤其在結構細節方面，要小題大做，在細微之處見設計精神。(見圖 7-33)

圖 7-33　休閒風格、優雅風格和女性化風格的運用

(4) 口袋形態及裝飾。女上衣的口袋設計，注重的是口袋的裝飾作用。簡潔、活潑的貼式口袋最為多見，也有少量的挖袋、插袋或半立體口袋的靈活應用。女上衣的裝飾設計，是運用最多的設計手段，比如刺繡、貼布繡、絲網印花、電腦印花、絲帶盤花、加花邊、加蕾絲、加金屬釘等，以及各種形式的條帶裝飾、圖案裝飾和色彩裝飾等。在裝飾效果上，有女性的柔美、田園的溫情、都市的素雅、前衛的叛逆等不同情調追求。(見圖 7-34)

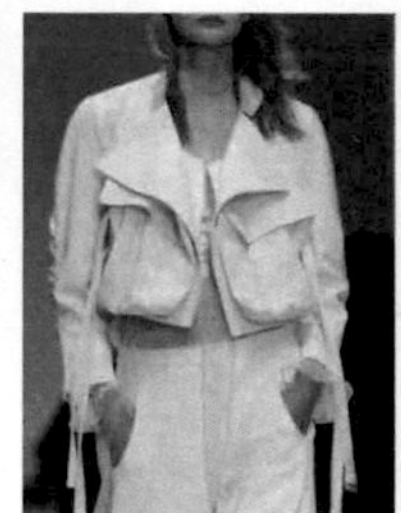

圖 7-34　誇張的口袋、淡雅的印花和柔美的裝飾情調

(5) 色彩搭配及布料。女上衣的色彩沒有嚴格的限制，各種顏色都可以使用，主要以清淡、素雅、沉穩的素色為主，也經常使用一些純正鮮明的彩色或是黑白灰中性色。花色布料也經常被採用，主要以碎花、條紋和方格圖案為主。在配色上，大多是大面積主色與小面積點綴色的組合搭配，突出一種秀外慧中、明快含蓄的色彩效果。常用的衣料有卡其、斜紋布、嗶嘰、棉麻、喬其紗、雙縐、牛仔布、華達呢、花呢、女士呢、法蘭絨等。(見圖 7-35)

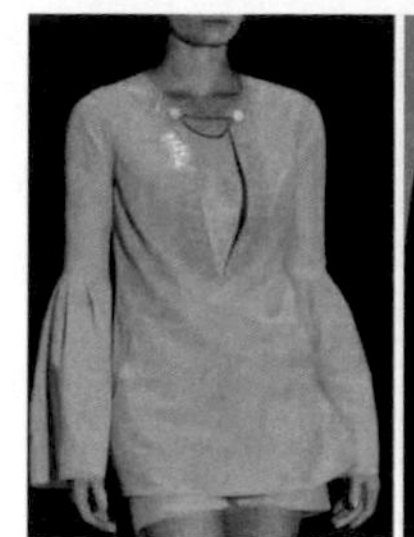

圖 7-35　沉穩的彩色、有條理的拼色和點綴色的運用

2. 男夾克設計

夾克，是英文 jacket 的譯音，是源自第二次世界大戰的一種軍裝款式。因美國將軍艾森豪 (Dwight David Eisenhower) 穿用過而聞名，曾經風靡歐美，很受當時歐美青年人的喜愛。這種夾克最初的款式特徵是衣身短小至腰，領型為翻駁領，門襟用扣子，胸前是一對帶有袋蓋的貼式口袋，肩部內有墊肩外有肩袢，袖口用扣子扣合。服裝選用華達呢衣料製作，具有良好的機能性和裝飾感。

夾克以其短小、精悍、活潑而富有朝氣的精神風貌，成為最為常見的男女老少共同喜愛的生活必備服裝款式。尤其是男夾克，已經成為僅次於西裝和便裝的用於春秋和夏季穿著的最具特色的男裝款式。男夾克原有的緊袖口、緊下擺和衣身寬鬆的款式造型特徵被延續和保留下來。但在衣領、門襟、衣料、剪接、裝飾、扣合方式等方面已經發生了很多變化。男夾克的設

計要點有以下五個方面。

(1) 衣領形態及門襟。男夾克的衣領款式十分豐富，常用的有翻領、翻駁領、立領、羅紋領、雙層領、立翻兩用領以及各種不對稱狀態的衣領等。衣領設計要根據風格而定，翻領和翻駁領多體現正裝或商務風格，立領多體現前衛或傳統風格，羅紋領多體現運動風格，其他領款多體現休閒風格。男夾克的門襟，有中襟、偏襟、對襟和雙層門襟等不同。門襟的扣合方式也十分多樣，有扣子、工字扣、四合扣、魔鬼氈、拉鏈、扣袢等，還有在拉鏈外面附加具有遮風和裝飾作用的風擋的門襟組合方式。(見圖 7-36)

圖 7-36　偏襟的夾克、翻駁領夾克和門襟附加裝飾的夾克

(2) 衣袖結構及分割。男夾克常用的衣袖結構，主要有平袖、落肩袖和插肩袖三種類型。平袖的袖襱大多位於肩頭，肩部外觀略有稜角，具有莊重、幹練和俐落感，多用於較為合身的夾克造型；落肩袖的袖襱大多位於肩頭外側，可以增加肩膀和衣身的寬度，使夾克變得寬鬆舒適，具有灑脫、休閒和輕鬆感，多用於戶外或休閒穿著；插肩袖的肩部外觀圓潤，具有流暢、自然和剛柔相濟之感，多用於運動風格或商務風格的夾克設計。剪裁是夾克常見的設計手段，既能充實細節內容，又能增加外觀的活潑。有橫線、豎線、斜線、曲線四種分割形式，可以在剪裁線中增加各種裝飾或是進行拼色組合。(見圖 7-37)

圖 7-37　用插肩做裝飾、用結構做插袋和用結構做拼色

(3) 袖口狀態及衣擺。袖口和衣擺處於收緊狀態，是夾克款式的基本特徵。袖口和衣擺，分為有袖口布有腰頭和沒有袖頭沒有腰頭兩種類型。不管是哪一種類型，都要具有可以收緊袖口和衣擺的功能，即便這些部位並不需要收緊，也會把收緊狀態作為裝飾來運用。常見的收緊方式有鬆緊帶、加羅紋、加扣袢、加拉鏈、加扣子、加條帶、抽繩、綁帶、打褶等。(見圖 7-38)

圖 7-38　可扣合的腰頭、敞開的袖頭和與門襟相呼應的袖頭

(4) 口袋形態及裝飾。口袋是男夾克不可或缺的重要部件，貼式口袋、挖袋、插袋、半立體袋以及重疊袋、袋中袋等一應俱全。男夾克的口袋，既有實用功能，又有裝飾作用，還能充實款式細節。因此，口

袋的構成形式非常重要，要依據夾克的風格、形式和狀態，進行整體設計和布局。在裝飾上，各種裝飾工藝、各種衣料再造手段都可運用，常見的裝飾工藝，有壓裝飾線、金屬釘、電腦繡花、絲網印花、多色鑲拼等，都可以豐富夾克款式效果和增加設計的表現力。(見圖 7-39)

圖 7-39　角狀的貼式口袋、誇張的挖袋和熱壓工藝釘珠裝飾

(5) 色彩搭配及衣料。男夾克的色彩基本以低彩度的彩色或中性色為主，外加一些沉穩色彩的小方格或細條紋衣料。常用的色彩有深藍、藍灰、灰綠、土綠、米色、棕灰色、鐵鏽紅、深灰、淺灰、白色、黑色等。色彩搭配也多以同類色、鄰近色或中性色調節搭配為主。常用的衣料有 TC 布、水洗布、牛仔布、尼龍綢、棉麻、卡其布、滌棉混紡、毛棉混紡、帆布、皮革、仿麂皮布、法蘭絨、花呢等。(見圖 7-40)

圖 7-40　沉穩的同類色、鮮明的鄰近色和皮革與熱塑性聚氨酯（TPU）衣料組合

(三) 褲裝設計

褲子是現代生活中最常見的服裝款式，無論男女老少著裝都不能缺少褲子。尤其是男性，褲子更是一年四季不可或缺的服裝。對女性而言，隨著現代生活節奏的加快，穿著隨意、行動便利的褲子，越來越多地替代了洋裝、旗袍或裙子，成為女性日常生活必備、穿著頻率最高的服裝款式。在服裝款式當中，褲子是一個種類繁多的款式大類，稱為褲裝更為準確。從長度上分，有熱褲（比短褲更短的女裝），短褲（長度位於大腿中部偏上），中長褲（也稱五分褲，長度位於膝蓋偏上），七分褲（長度位於小腿中部，與小腿肚子平齊），長褲（長度位於腳踝或至腳底）；從造型上分，有筒褲、口袋褲、喇叭褲、蘿蔔褲、錐形褲、哈倫褲等；從用途上分，有襯褲、泳褲、馬褲、休閒褲、健美褲等；從款式上分，有背帶褲、連衣褲、裙褲等；從材料上分，有牛仔褲、彈力褲、皮褲、羽絨褲、棉褲等。以上所有分類，又都具有男褲和女褲性別上的差異性。男褲常常具有寬鬆、大氣和穩健的特性，女褲大多具有修身、雅緻和柔美的特徵，男女因體態和心理特徵方面的不同，各自的審美取向也明顯不同。但也有一些趨於中性化的褲裝，無論男女都喜愛有加。

牛仔褲就是一種常見的中性化褲裝，最早出現在美國西部，受到當地礦工和牛仔的歡迎，故而得名牛仔褲。1850 年，牛仔褲的發明者李維·史特勞斯（Levi Strauss）創立了專業生產牛仔褲的利惠公司（Levi's）。牛仔褲之所以流行於全世界並能久盛不

衰，並不是因為它的牢固耐用，而是它與時俱進的不斷變化和美國文化的傳播推動。傳統的牛仔褲用靛藍色粗斜紋布裁製，沿剪接線邊緣車縫雙條橘紅色的縫線，並綴以銅釘和銅牌商標。後來，橘紅色的縫線變成了綠色；再後來，靛藍色變成了各種彩色和水洗效果。發展到現在，薄的、厚的、壓皺的、有磨痕的、有彈力的、有花色的各種布料一應俱全。在文化傳播方面，1950 年代好萊塢影片中的主角都穿牛仔褲，這些大牌明星帶動了牛仔褲的國際流行。1960 年代搖滾樂和嬉皮生活方式的興起，更使牛仔裝大行其道，外加美國前總統卡特（Jimmy Carter）穿著牛仔裝參加總統競選，都促使出身卑微的牛仔褲得以風靡。由此得知，任何服裝款式的流行，都不是一種服裝款式的簡單盛行，在其背後都有一種文化的傳播或是一種全新生活方式的推波助瀾。褲裝的設計要點有以下五個方面。

(1) 造型與長短。造型是褲子設計的基礎，決定著褲子的整體形象特徵。在考慮褲子造型時，既要掌握住某一造型的基本特徵，又要在整體狀態或是局部細節進行調整，使其既符合潮流，又具有鮮明的個性。男褲設計，多以寬鬆、直挺平整和大氣的造型為主，比如筒型、口袋型、喇叭型、蘿蔔型、修身型等。在長度上，短褲、七分褲和長褲最為常見。女褲設計，在造型上有更加豐富的選擇和變化，比如筒型、錐型、口袋型、A 字型、喇叭型、蘿蔔型、燈籠型、束口型、修身型等。在長度上，短褲、五分褲、七分褲、吊帶褲和長褲最為常見。（見圖 7-41）

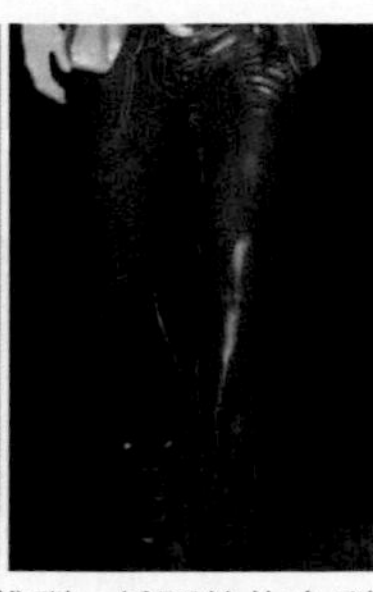

圖 7-41　可折疊的錐型、低腰的修身型和低襠的蘿蔔褲造型

(2) 褲腰與結構。褲腰處於褲子的最上端，與穿著者的腰部和臀部緊密相連，因而它的形態及狀態就特別重要。正常的腰位，一般處於穿著者腰圍的最窄處偏下位置。將腰位向上或是向下移動，就能變化出與正常腰位不同的高腰和低腰兩種褲裝狀態。高腰褲，可以包裹腰節以上部分的軀體，彰顯女性的亭亭玉立；低腰褲，可以透過腰位的降低，拉長顯露的腰部和腹部形態，突顯女性的細腰肥臀。受低腰女褲的影響，男褲也出現了向低腰發展的趨向。褲腰的結構，有上腰和連腰兩種類型。上腰，就是在褲子的上緣外加腰頭，利用腰頭收腰；連腰，則是褲子上緣沒有腰頭，利用腰褶來收腰。褲腰收緊的方式有多種，比如鬆緊帶收緊、抽繩收緊、腰帶收緊、扣袢收緊等。褲腰上的褲袢形態有寬袢、窄袢、單袢、雙袢、交叉袢、上寬下窄袢等不同。男褲大多運用腰帶來束腰；女褲則有更多的束腰方式，比如腰帶、拉鏈、抽帶、扣子、扣袢等。（見圖 7-42）

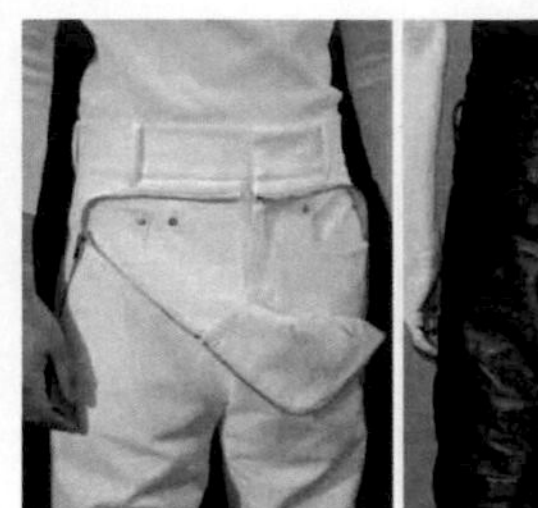

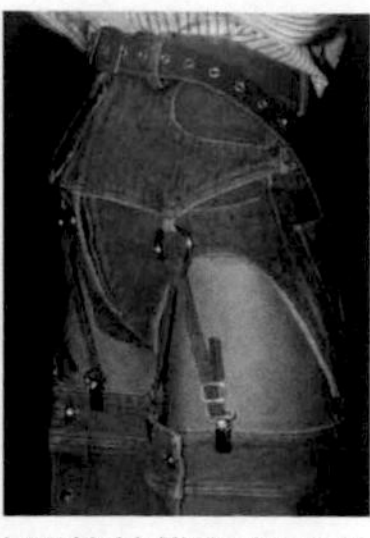

圖 7-42　可開合的雙層結構、連腰的結構和有腰頭的腰帶束腰

(3) 褲袋與細節。褲袋是褲子設計的重中之重，主要由斜插袋（前袋）、後袋和側袋三個部位的口袋構成。褲袋有挖袋、貼式口袋和插袋三種結構形式，有直線、曲線和折線等多種袋口狀態；有袋唇、加口袋蓋、半立體、裝飾袋等不同形態，外加鈕扣、拉鏈、扣袢、四合扣、魔鬼氈等不同扣合方式的變化。男褲褲袋一般是宜大不宜小，宜靈活不宜呆板。女褲以斜插袋和後袋為主，側袋的應用較少。女褲褲袋大多強調精緻和含蓄，不宜過於誇張和誇大。細節是褲子設計的關鍵，細節的與眾不同往往成為褲子的特色和個性所在。褲子細節主要包括褲腰形態、立襠與開口形態、褲袋與袋口形態、褲腳形態等內容。褲子的細節設計，可以從褲子風格、部件功能和裝飾作用三個方面去尋找突破口和獲得靈感。(見圖 7-43)

圖 7-43　連接巧妙的袋口、外露袋布的細節和休閒狀態的褲袋

(4) 剪接及裝飾。趨向傳統和正裝風格的褲子，剪接和裝飾都很少；趨向休閒和前衛風格的褲子，剪接和裝飾都很多。橫線、豎線、斜線、曲線四種剪接形式均可使用，但要用得精緻、流暢和獨具趣味，過於零散的剪接，效果往往較差。褲子的剪接，一方面是為了裝飾，以增加活潑而富於變化的視覺效果；另一方面是為了整體感，將褲袋的袋口、袋蓋或袋的側邊夾縫在剪接線裡，構成相互間的連接，使褲袋與其他部分巧妙地融為一體。

男褲的裝飾使用較多，常常追求明快大氣；女褲的裝飾相對偏少，往往追求精緻細膩。常用的裝飾工藝有滾邊、拼色、抽繩、壓裝飾線、夾出芽滾條、金屬釘、加拉鏈、加扣袢、吊掛條帶、電腦繡花、絲網印花、衣料再造、染色工藝、半立體口袋等。外加附著在腰部的褲袢裝飾、腰帶裝飾和各種吊掛裝飾等，都能充實褲子的設計內容、增加褲子的生活情趣和裝飾美感。(見圖 7-44)

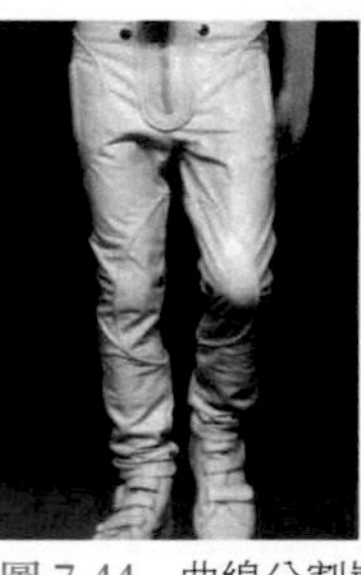

圖 7-44　曲線分割裝飾、多層半立體裝飾和分割拼色效果

(5) 色彩及布料。褲子的色彩以素色布料為主，花色布料相對較少。但條紋布料、方格布料以及兩三種顏色拼接的褲子色彩還是比較常見的。褲子常用的色彩大多是一些偏沉穩、明快、素雅的顏色。因為在服

裝整體配色中，褲子色彩常常造成穩定、襯托和調節上衣色彩的作用，使用過於花哨、輕飄的色彩，會有頭重腳輕的視覺感受。儘管女褲的色彩比較豐富，但也要盡量追求沉穩和素雅。常用的衣料有純棉精紡、毛滌混紡、滌棉混紡、棉麻、卡其、水洗布、牛仔布、華達呢、法蘭絨等。（見圖 7-45）

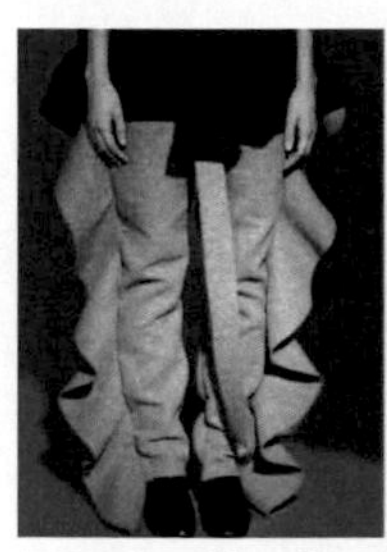

圖 7-45　偏厚的呢絨衣料、拼色的卡其衣料和再造後的牛仔衣料

關鍵詞：設計定位　市場區隔　服裝品項　生活方式　服裝風格

設計定位：是指在設計前期的市場調查、資訊收集、整理和分析的基礎上，綜合一個具體產品的使用功能、材料、工藝、結構、造型、風格而形成的設計目標或設計方向。

市場區隔：是美國市場學家溫德爾·史密斯（Wendell Smith）於 1956 年提出的市場行銷學的一個非常重要的概念。是指行銷者透過市場調查，依據消費者的需要和慾望、購買行為和購買習慣等方面的差異，把某一產品的市場整體劃分為若干消費者群的市場分類過程。

服裝品項：是指服裝商品的種類。一個品項在消費者眼中，往往就是一組相關聯的或是可以相互替代的商品。

生活方式：指在現實生活中不同群體的生活樣式或狀態。生活方式不是針對個人，而是針對某一群體而言的，側重於群體的生活觀念、生活主張、行為習慣等內容。

服裝風格：指某些服裝所具有的共性特徵。包括形態、狀態、外觀感受、設計理念、生活趣味等方面的共性表現。

課題名稱：款式構成訓練

訓練項目：

(1) 服裝風格分析
(2) 裙裝創意設計
(3) 上衣創意設計
(4) 褲裝創意設計

教學要求：

(1) 服裝風格分析（課後作業）

根據八種不同的服裝風格特徵，借助於網路收集不同風格的服裝圖片。

方法：根據自己對不同服裝風格的理解，借助於網路收集不同風格的服裝圖片。每種服裝風格圖片收集 3 ～ 5 張。收集的服裝圖片款式種類不限，服裝作品或產品不限，但只限於女裝，要選擇女裝當中有特色、有創意的服裝款式。八種服裝風格，可以按照兩兩相對的方式分出 4 組，將每一組兩種風格的服裝放在一個文件夾裡，並在文件名上註明是哪一種服裝風格和自己的姓名。以 JPEG 檔案格式儲存，不需影印，用電子檔形式交作業。

(2) 裙裝創意設計（課堂訓練）

任選一種服裝風格進行裙裝創意設計，構想和繪製一個系列 3 套裙裝的創意設計手稿。

方法：先自擬一個設計主題，並確定與之相應的服裝風格，再進行系列裙裝的創意構想。裙子、洋裝、吊帶裙、褲裙等款式不限，服裝要有創新性、時尚感和系列感，要注重服裝創意和功能的雙重表現。要將設計主題寫在畫面空白處。採用鋼筆淡彩的表現形式，表現手法和形式不限。紙張規格：A3 紙。（圖 7-46 ～圖 7-55）

(3) 上衣創意設計（課堂訓練）

女上衣或男上衣任選一種，構想和繪製一個系列 3 套上衣的創意設計手稿。

方法：具體要求同上。（圖 7-56 ～圖 7-64）

(4) 褲裝創意設計（課後作業）

根據自己對褲裝創意設計的理解，構想和繪製一個系列 3 套褲裝的創意設計手稿。

方法：男裝、女裝不限，可以在長褲、短褲或七分褲中任選，要注意三種褲裝款式或造型各不相同。其他要求同上。（圖 7-65 ～圖 7-73）

《流年》
圖 7-46　裙裝創意設計　劉佳悅

《櫻之舞》
圖 7-49　裙裝創意設計　楊詩怡

《魅影》
圖 7-47　裙裝創意設計　胡問渠

《串燈籠》
圖 7-50　裙裝創意設計　石忠琪

《異色鈴蘭》
圖 7-48　裙裝創意設計　楊雪平

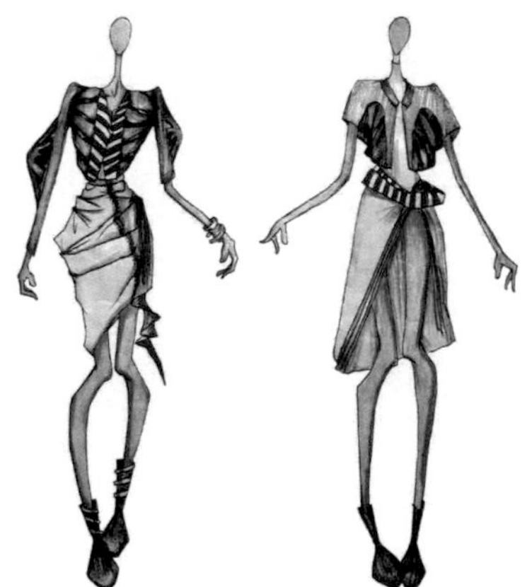

《夢迴馬德里》
圖 7-51　裙裝創意設計　韓慧敏

《環珮琳瑯》
圖 7-52　裙裝創意設計　李科銘

《綠蘿》
圖 7-55　裙裝創意設計　盛一丹

《私語》
圖 7-53　裙裝創意設計　楊詩怡

《冰川》
圖 7-56　上衣創意設計　肖霞

《紫靛藍》
圖 7-54　裙裝創意設計　龔萍

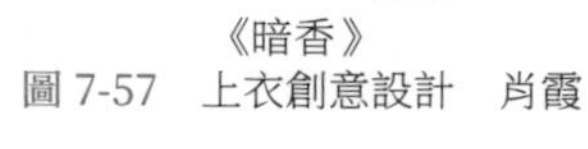

《暗香》
圖 7-57　上衣創意設計　肖霞

《青行燈》
圖 7-58　上衣創意設計　嚴貝

《紅酒美人》
圖 7-61　上衣創意設計　曹碧雲

《霧都》
圖 7-59　上衣創意設計　肖霞

《粉墨人生》
圖 7-62　上衣創意設計　肖霞

《西部傳說》
圖 7-60　上衣創意設計　龔萍

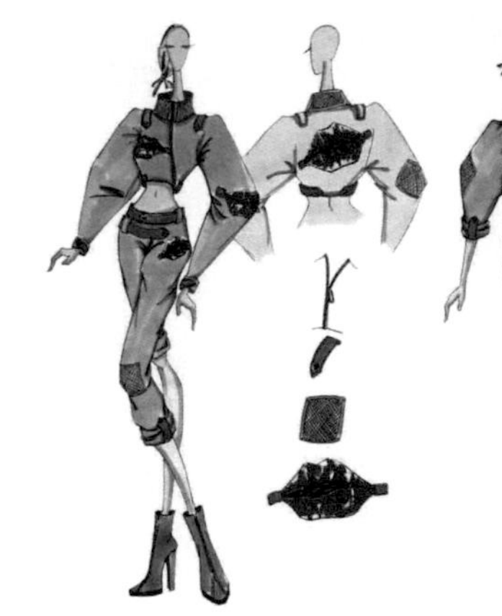

《紅色激情》
圖 7-63　上衣創意設計　徐曉宇

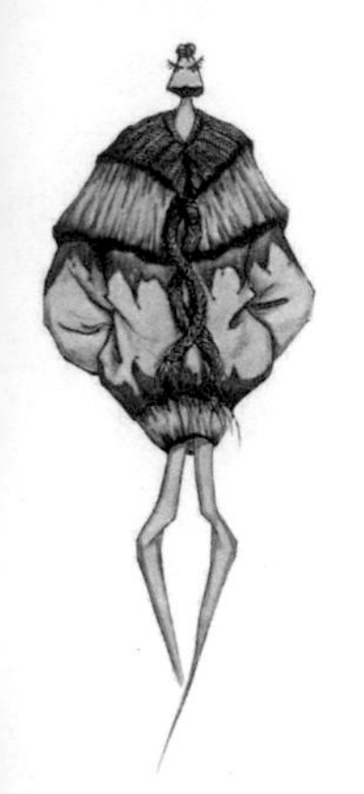

《異想色》
圖 7-64　上衣創意設計　楊建

《花花世界》
圖 7-65　褲裝創意設計　童佳豔

《漠上塵煙》
圖 7-66　褲裝創意設計　楊美玲

《火槍手》
圖 7-67　褲裝創意設計　陶元玲

《破繭化蝶》
圖 7-68　褲裝創意設計　楊雪平

《寂靜密林》
圖 7-69　褲裝創意設計　楊建

《休閒迷離》
圖 7-70　褲裝創意設計　王鳳天

《琉璃心》
圖 7-73　褲裝創意設計　楊建

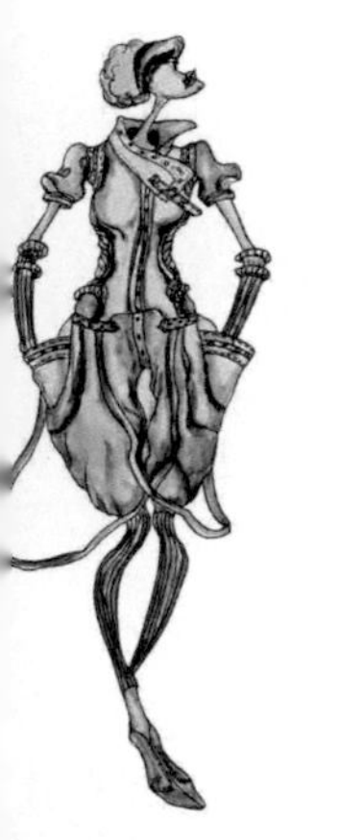
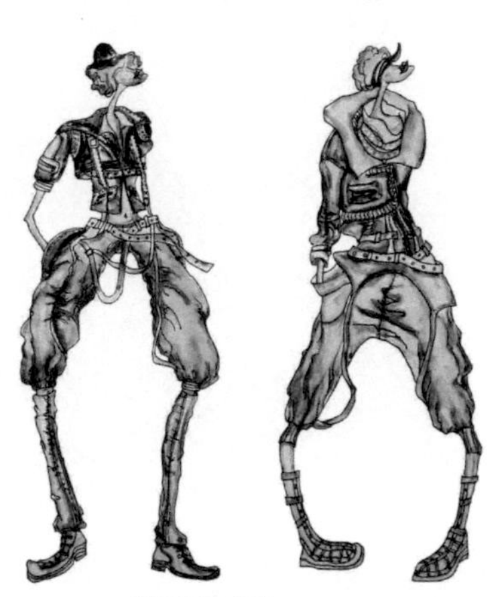

《摩登時代》
圖 7-71　褲裝創意設計　杜斌斌

《琉璃心》
圖 7-72　褲裝創意設計　楊建

課題八
流行色彩應用

1666 年，英國物理學家牛頓（Isaac Newton）做了一個非常著名的實驗，由此揭示了光與色彩的奧祕，為人類建立了「物體的色彩是光」的科學概念。這一實驗內容是：將太陽光引入暗室，使太陽光透過三稜鏡再投射到白色螢幕上。結果白色的光被分解成了紅、橙、黃、綠、青、藍、紫七色彩光。牛頓據此推論：太陽白光是由這七種顏色的光混合而成的。

一、服裝色彩與搭配

（一）色彩認知與組合

1. 色彩的產生

物體色彩的產生，是由於物體都能夠有選擇地吸收、反射或是折射色光。當光線照射到物體之後，一部分光線被物體表面所吸收；另一部分光線被反射，還有一部分光線穿過物體被透射出來。也就是說物體表現了什麼顏色就是反射了什麼顏色的光。色彩，也就是在可見光的作用下產生的視覺現象。（見圖 8-1）

光，在物理學上是一種客觀存在的物質，是一種電磁波，具有許多不同的波長和振動頻率。並不是所有的電磁波都有色彩，只有波長為 380~780 奈米（nm）的電磁波才有色彩，稱為可見光。其餘波長的電磁波都是人的眼睛看不到的光，統稱為不可見光。波長長於 780nm 的電磁波叫紅外線，短於 380nm 的電磁波叫紫外線。據研究發現，普通人可以識別的可見光顏色一般在 160 種左右。但經專業訓練的油漆工人，在特定的樣板色做對比的前提下，可辨別 50 種不同的黑色，要遠遠多於普通人。（見圖 8-2）

圖 8-1　色彩是在可見光的作用下產生的視覺現象

圖 8-2　經過專業訓練，可以提升對色彩的識別能力

可見光刺激人的眼睛後能引起視覺反應，使人感覺到色彩和知覺到環境。人們看到色彩要經過「光—物體—眼睛—大腦」的過

程，即物體受光照射後，其資訊透過視網膜經過神經細胞的分析轉化為神經衝動，再由神經傳達到大腦的視覺中樞，才產生了色彩感覺。

物體本身並不發光，物體色是光源色經過物體的有選擇地吸收和反射，反映到人的視覺中的光色感覺。一個物體，如果能反射陽光中的所有色光，它就是白色的；如果能吸收陽光中的所有色光，它就是黑色的；如果能反射陽光中的紅色色光，吸收其他色光，它就是紅色的。也就是說，物體把與本色不相同的色光吸收，把與本色相同的色光反射或透射出去。反射出的色光刺激人的眼睛，眼睛所看到的就是該物體的色彩，其他被吸收的色光都變成了該物體的熱能。

2. 色彩三原色

原色，也就是最基本的色彩，是指不能用其他色混合而成的顏色，或是不能再分解的色光。但運用原色卻可以混合出很多其他色彩或色光。

(1) 色料三原色。在水彩、油畫、丙烯等顏料中，三原色是指洋紅、黃和青三種顏色。將色料三原色中的兩種原色相混得到的是間色。比如紅色＋黃色＝橙色；黃色＋青色＝綠色；紅色＋青色＝紫色。三種原色按一定的比例相混時，所得的色是複色，即紅色＋黃色＋青色＝黑灰色（暗濁色）。複色也包括各種彩色之間的多次混合，屬於三次色，彩度較低，均含有不同程度的灰色成分（見圖 8-3）。在設計中，複色占有的比重最大，這是因為複色色彩既豐富又含蓄，並具有很強的穩定性，更符合人們對色彩的多重需要。同時，複色也包括原色與黑、白、灰色相混所得到的各種灰色。

(2) 色光三原色。1802 年，英國物理學家湯瑪士·楊格（Thomas Young），根據人眼的視覺生理特徵提出了新的三原色理論。他認為色光三原色並非紅、黃、藍，而是紅、綠、藍。此後，人們才開始認識到色光與顏料的原色及其混合規律是有區別的兩個系統。

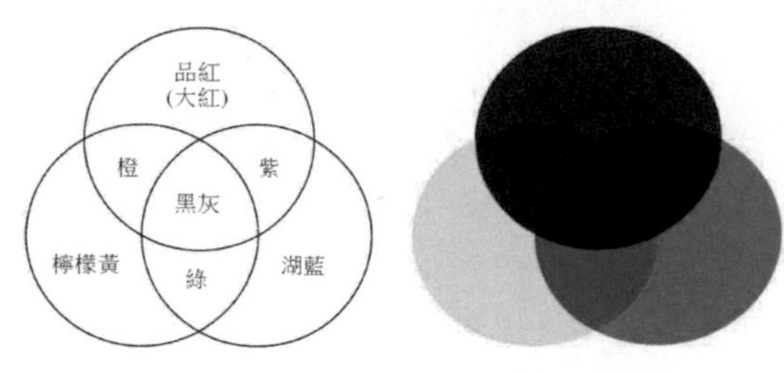

圖 8-3　色料的原色、間色和複色

色光三原色是由朱紅光、翠綠光和藍紫光三種色光組成的。這三種色光都不能用其他色光相混生成，卻可以互混出其他任何色光。比如朱紅光＋翠綠光＝黃光；翠綠光＋藍紫光＝藍光；朱紅光＋藍紫光＝紫紅光。如果將這三種色光混合在一起，就可以得到與色料三原色相混正相反的結果，即朱紅光＋翠綠光＋藍紫光＝白光（見圖 8-4）。我們所看到的顯示器和電視螢幕中的圖像色彩，都是運用色光三原色混合構成的。

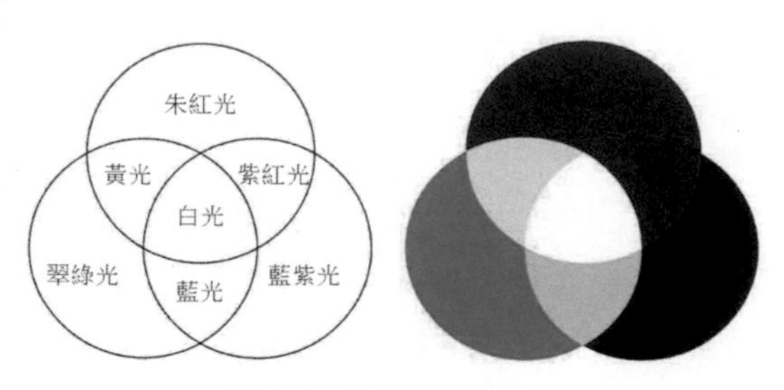

圖 8-4　色光的原色、間色和複色

3. 色系與色立體

儘管大自然中的色彩千變萬化、豐富多彩，但歸納起來只有兩大色系：彩色系和無彩色系。

(1) 彩色系。彩色系是指包括在可見光中的所有彩色，它以紅、橙、黃、綠、藍、靛、紫為基本色。基本色之間不同量的混合，基本色與無彩色不同量的混合等，所產生的眾多色彩都屬於彩色系。

彩色系中的任何一種顏色都具有色相、明度和彩度三種基本屬性。色相，是指色彩的名稱、相貌。明度，是指色彩的明亮程度（明暗程度）。彩度，也稱鮮豔度、含灰度，是指色彩的純淨程度。

(2) 無彩色系。無彩色系是指黑色、白色及由黑白兩色相混而成的各種深淺不同的灰色。其中黑色和白色是單純的色彩，而灰色，卻有著各種深淺的不同。按照一定的變化規律，由白色漸變到淺灰、中灰、深灰直到黑色構成的系列，色彩學稱為黑白系列。黑白系列中由白到黑的變化，可以用一條垂直軸表示，上端為白，下端為黑，中間有多個漸變過渡的灰色。

無彩色儘管沒有彩色那般鮮豔亮麗，卻有著彩色無法替代和無法比擬的重要作用。生活中的色彩，純正的顏色畢竟只占少數，而更多的彩色都在不同程度上或多或少地包含了黑白灰色的成分。設計中的色彩，也因彩色系和無彩色系的共同存在變得更加豐富多彩。

(3) 互補色。兩種色光相混合，其結果為白光，這兩種色光就稱為互補色光。兩種顏色按一定比例相混合，其結果是無彩色的黑灰色時，這兩種顏色就稱為互補色。

在三原色當中，一個原色與另外兩種原色相混得出的間色之間的色彩關係，稱為互補關係。這個原色與這個間色之間，就是互為補色。這樣的互補色共有三對：紅—綠、黃—紫、藍—橙。互補色在運用中具有兩方面特性：

① 互補色並置時，色彩的對比效果最為強烈，可提高彩色的鮮明度；

② 互補色相混時，就會出現彩色的沉穩或是髒灰的趨勢，彩度也會隨之降低。在設計中，學會利用互補色的這一特性，有目的地控制色彩的鮮豔度，對突出和調整色彩的對比效果具有重要意義。因為，互補色的色彩互補關係，還包括許多帶有互補色成分的其他色彩，它們同樣具有一定的互補特性。

(4) 色立體。為了更加系統地研究、掌握和運用色彩，就需要將眾多散亂的色彩按照一定的規律和秩序組合排列起來，構成一個較為直觀、科學、系統的色彩體系，這樣才能提高色彩認知與應用的效率。經過 300 多年來的探索和不斷發展完善，形成了現在的色彩表示的三維空間形式——色立體。

色立體，是指借助於三維立體的空間形式同時體現色彩的色相、明度、彩度之間關係的色彩表示方法。色立體的空間立體模型的形狀有多種，但其共同點是：類似於地球儀的球體狀態，由貫穿球心的垂直中心軸支撐站立，並由垂直狀的明度、環狀的色相和水平狀的彩度三個序列構成。中心垂直軸為明度的尺標，由最上端的白色、最下端的黑色，外加由淺到深的 9 個灰色組成明度序列。整個球體上部分的顏色都是高明度色，並越往上越淺，最後接近白色；球體下部分的顏色都是低明度色，並越往下越深，最後接近黑色。球體中間赤道線為各種標準色相構成的色相序列。球體表面的任何一個點到中心軸的水平線，是彩度序列。越接近球體表面，顏色彩度越高；越接近球心，混合任一明度的灰色越多，顏色彩度也就越低。（見圖 8-5）

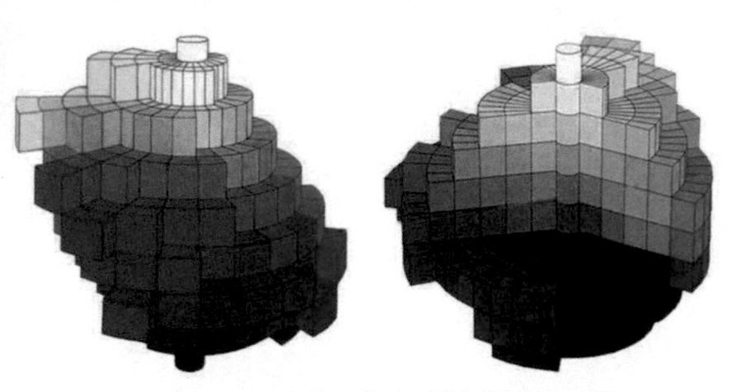

圖 8-5　孟塞爾色立體模型與色立體剖面

4. 色彩的組合

服裝產品設計，由於服裝大多是單件或是成套銷售的，設計師只要完成了單件或是一套成衣的設計，工作也就完成了。就服裝成衣的色彩組合而言，主要有以下三種方式。

(1) 單色構成。單色構成是指一件或一套成衣都採用一種色彩構成，具有整體、單純、簡潔等特點。單色構成大多選擇純淨、柔和的顏色，較少使用彩度偏低、老氣橫秋的色彩。單色構成只用一種顏色，並不存在色彩搭配的問題，設計重在選擇哪一種顏色。各種色彩聯想產生的視覺心理效應、流行色提供的流行資訊、目標消費群體的習慣用色等，是設計師單一色彩選擇的主要依據。（見圖 8-6）

(2) 兩色組合。兩色組合是指單件成衣或是上下裝由兩種顏色構成的色彩組合，具有清新、明快、幹練等特點。兩色組合多以一種顏色為主色，另一種顏色為搭配色。主色所占面積明顯大於搭配色，形成主導作用，搭配色與主色的關係和諧是配色的重中之重。兩色組合有多種表現形式，比如在單件成衣上搭配另一種顏色的滾邊、扣子或是某種裝飾，一件風衣或是洋裝由兩種顏色拼接構成，上衣是一種顏色而裙子或褲子是另一種顏色等。（見圖 8-7）

圖 8-6　單色構成，具有整體、單純、簡潔的特點

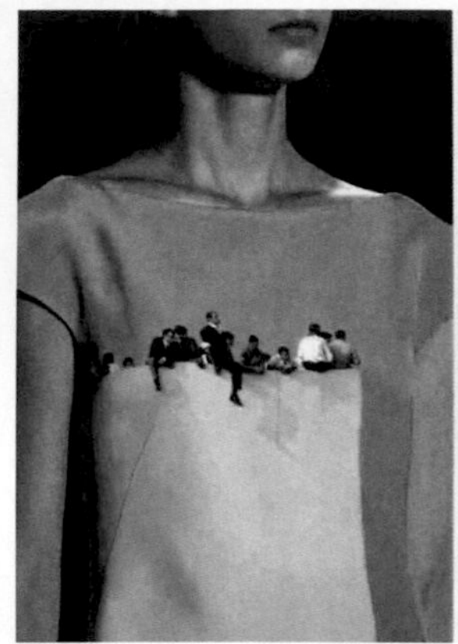

圖 8-7　兩色組合，具有清新、明快、幹練的特點

(3) 多色組合。多色組合是指單件成衣或是上下裝由三種以上顏色構成的色彩組合，具有輕鬆、活潑、豐富等特點。多色組合也要強調以一種顏色為主色，其他為搭配色。主色與搭配色的色彩關係仍然非常重要，要注意色彩的黑白灰層次感，缺少了層次色彩就不會厚重、含蓄。多色組合有更多樣的表現形式，比如單件成衣由多種顏色構成，上裝是兩三種顏色而下裝是另一種顏色，成衣由三種以上顏色構成等。(見圖 8-8)

圖 8-8　多色組合，具有輕鬆、活潑、豐富的特點

(二) 服裝色彩的搭配

服裝色彩搭配，不管是流行色還是常用色，基本的配色方法都是相同的。即根據不同設計效果的需要，按照同類色搭配、對比色搭配、中性色搭配、中性色與彩色搭配四種最為常用和最易見效的配色方式，確定具體的服裝配色方案。(見圖 8-9)

方案	名稱	分類	說明
1	同類色搭配	紅色系列	朱紅、大紅、粉紅、深紅等
		黃色系列	檸檬黃、淺黃、中黃、土黃等
		藍色系列	湖藍、群青、深藍、土耳其藍等
		綠色系列	淡綠、粉綠、中綠、深綠、墨綠等
		咖啡色系列	米色、駝色、土紅、赭色、熟褐等
		紫色系列	青蓮、紫羅蘭、玫瑰紅等
2	對比色搭配	弱對比	高明度色搭配、低明度色搭配、低純度色搭配等
		中對比	兩種間色搭配、兩種原色搭配、三原色搭配等
		強對比	花色與綠色、紅色與紫色、藍色與橙色等
3	中性色搭配	黑色與白色	黑色為主色搭配、白色為主色搭配
		黑色與灰色	黑色為主色搭配、灰色為主色搭配
		灰色與白色	灰色為主色搭配、白色為主色搭配
		灰色與灰色	深灰與淺灰、淺灰與淺灰等
		黑白灰組合	任一色為主色，另兩色為搭配色
		黑色與金色	黑色為主色，金色為裝飾色
		黑色與銀色	黑色為主色，銀色為裝飾色
		白色與銀色	白色為主色，銀色為裝飾色

4	中性色與彩色搭配	彩色與黑色	中黃與黑、中綠與黑、湖藍與黑等
		彩色與白色	粉紅與白、淡黃與白、淡綠與白等
		彩色與灰色	粉綠與灰、湖藍與灰、淡紫與灰等

圖 8-9　最為常用和最易見效的四種服裝配色方式

1. 同類色搭配

同類色搭配，是指色相相同，而明度、彩度、冷暖等方面不同的色彩之間的搭配。由紅、橙、黃、綠、藍、紫 6 個色相構成的色相環，也就形成了 6 個基本的同類色相系列，即紅色系列、橙色（咖啡色）系列、黃色系列、綠色系列、藍色系列和紫色系列。比如選用紅色系列，就可以在深紅、土紅、大紅、朱紅、淺紅、粉紅、酒紅、玫瑰紅等顏色中選擇搭配。由於同類色的色相屬性相同，色彩之間具有很強的共性，搭配組合容易獲得和諧的配色效果。同類色搭配是一種較為常見、最為簡便和易於掌握的服裝配色方法。

同類色搭配由於色彩的共性較強，就需要強調色彩之間的差異和對比，才能獲得最佳的視覺效果。在面積上大小結合、在明度上深淺組合、在彩度上灰豔對比、在冷暖上保持統一（冷色與冷色搭配、暖色與暖色組合），才會體現色彩美感。（見圖 8-10 和圖 8-11）

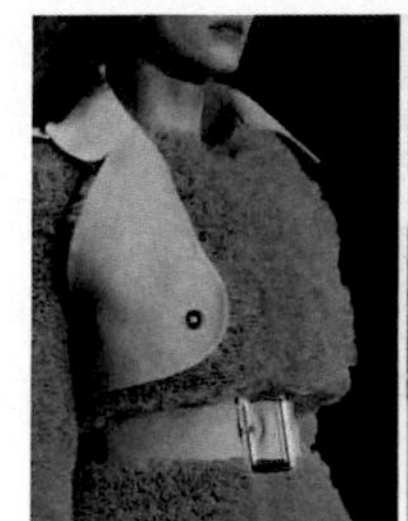

圖 8-10　粉色系列、黃色系列和藍色系列的同類色搭配

圖 8-11　面積不同、彩度不同和色澤不同的同類色搭配

2. 對比色搭配

對比色搭配，是指色相、明度、彩度或冷暖等方面各不相同的色彩之間的搭配。對比色搭配由於色彩的各個方面都存在差異，搭配的色彩效果要比同類色搭配更加生動活潑，色彩的魅力也會更加充分地顯現出來。在生活中，對比色搭配的配色方法經常被使用，尤其是在女裝配色中。對比色搭配更受年輕女性的青睞，具有豐富、活躍、豔麗等特點。

對比色搭配，是一種最能展現著裝人的個性，最能突出服裝色彩美的配色手段，也是最需要色彩搭配技巧的配色方法。在運用時，注意掌握色彩的弱、中、強三種對比強度，才能夠獲得理想的服裝配色效果。值得注意的是，色彩對比的強與弱，主要是指色相之間的差異大小，強調的並不是色彩的明度和彩度。因為色彩搭配是將彩色系和無彩色系的色彩分開論述的，由於黑白灰是隸屬於無彩色系構成的黑白灰系列，通常要另當別論。因此，色彩對比最強的並不是黃色與黑色或是白色與黑色的組合，而是互補色之間的搭配。但色彩明度、彩度、面積及冷暖等因素對色彩對比效果的影響較大，同樣是不可忽視的方面。需要累積一定的配色經驗，才能更好地調控色彩。

(1) 色彩弱對比。色彩弱對比是指紅、橙、黃、綠、藍、紫 6 個基本色相之間的鄰近色相的組合，即色相超越了同類色範疇的鄰近色相之間的色彩搭配。比如紅色與橙色、橙色與黃色、黃色與綠色等，以及其他具有相同色彩關係的各種彩色。由於弱對比在色相、明度和彩度等方面的差異較小，配色效果大多具有溫和、自然、雅緻的特點。

色彩弱對比還有明度相近、色相不同的弱對比，彩度相近、色相不同的弱對比，明度及彩度都相近、色相不同的弱對比等形式。比如都是淺色的鄰近色相搭配，都是深色的鄰近色相搭配，都是低彩度的鄰近色相搭配等。(見圖 8-12 和圖 8-13)

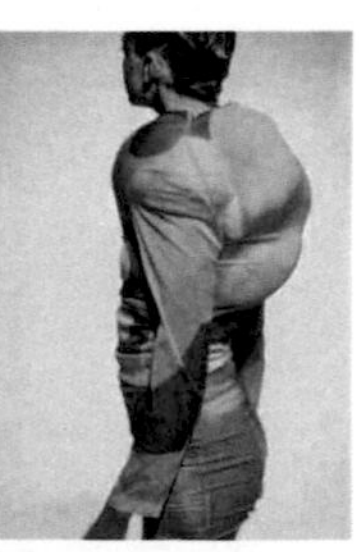

圖 8-12　色相超越了同類色範疇的鄰近色相之間的色彩弱對比

(2) 色彩中對比。色彩中對比是指在紅、橙、黃、綠、藍、紫 6 個基本色相中間隔一個色相的色彩組合，即色相超越了鄰近色相範疇的差異更大的色相之間的色彩搭配，比如紅色與黃色、黃色與藍色、橙色與綠色等。色彩中對比的最大強度，是兩種原色或兩種間色之間的對比。但絕大多數處於中對比關係的色彩，都是強度大於弱對比又小於兩種原色或兩種間色之間的對比。而且，其中的彩色不只是紅、橙、黃、綠、藍、紫 6 種基本色，可以包括所有不同明度和不同彩度的具有相同關係的各種彩色。因此，色彩中對比的配色效果大多具有鮮明、活潑、飽滿的特點。

圖 8-13　中明度弱對比、高明度低彩度弱對比和低明度弱對比

在色彩中對比的應用中，由於色彩大多鮮明醒目，就需要強調色彩面積的大小差異，以加強色彩的穩定性。改變其中一種或是兩種色彩的明度及彩度，也能調節色彩對比的強度。同時，還要注意色彩冷暖傾向的一致性，即偏冷就都偏冷，偏暖就都偏暖，才可以獲得生動和諧的配色效果。(見圖 8-14)

圖 8-14　超越了鄰近色的差異更大的色相之間的色彩中對比

(3) 色彩強對比。色彩強對比是指在紅、橙、黃、綠、藍、紫 6 個基本色相中間隔兩個色相的組合，即互補色之間的色彩搭配。互補色只有紅色與綠色、藍色與橙色、黃色與紫色三組。在色相環當中，互補色是色彩之間距離最遠、色彩差異最大的色彩關係。色彩強對比的配色效果最為鮮明，具有熱烈、閃亮、刺激等特點。

色彩強對比的色彩對比效果過於強烈，因此在生活服裝上應用較少，大多用於舞臺表演裝。即便是在生活中或是設計中使用，也大多需要將一方或雙方的彩度適當降低，並加強面積差異，以增加色彩的沉穩性，避免出現火爆、生硬的配色效果。(見圖 8-15)

圖 8-15　色彩強對比的應用需要降低彩度或加強對比面積

3. 中性色搭配

中性色搭配，是指黑、白、灰、金、銀等中性色之間的色彩搭配。無彩色系是彩色系之外的另一個色彩系列，無彩色系中的黑白灰色和較為特殊的金色與銀色，在色彩當中的色彩感覺處於中性，都沒有明顯的冷暖傾向，因此被稱為「中性色」。中性色具有沉穩、平和、中庸的色彩趨向和良好的親和力。既可用於女裝，也可用於男裝；既可以相互組合，也可以與彩色相互搭配。而且，非常容易獲得和諧而穩定的配色效果。中性色之間的搭配主要有以下幾種形式。

(1) 黑色與白色搭配。黑色與白色搭配，無論是以黑色為主還是以白色為主，都被稱為「永恆的黑與白」，具有莊重、高雅、簡明的配色效果。但要注意黑色和白色的純正，不能出現偏黃或偏灰等色差。若將黑白當中的黑色或白色換成黑白花色，比如碎花、大花、條格、圓點等，或是增加一些鮮亮的富於情趣的裝飾，就會突顯高雅和俏麗的情調。(見圖 8-16)

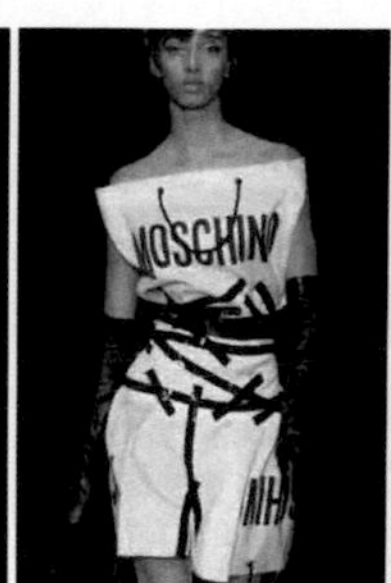

圖 8-16　黑色與白色搭配，效果莊重、高雅、簡明

(2) 黑色與灰色搭配。黑色與灰色搭配，大多以黑色為主色，灰色為搭配色，因為灰色面積過大的話效果易沉悶。如果兩者搭配得當，就會獲得穩重、低調、肅穆的配色效果。要注意黑色和灰色的純正，尤其是灰色，要盡量避免出現偏黃或偏紅等色

差造成不潔淨的觀感。黑色與灰色搭配，若將灰色換成花色，或是讓灰色出現色彩漸變，或是增加一些裝飾等都是調節配色效果的可用手段。(見圖 8-17)

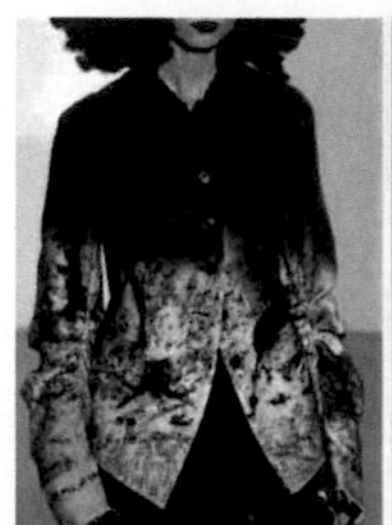

圖 8-17　黑色與灰色搭配，效果穩重、低調、肅穆

(3) 灰色與白色搭配。灰色與白色搭配儘管存有一些蒼涼感，但還是要比黑色與灰色的搭配輕快許多。灰色最好選擇與白色明度接近的淺灰或中灰，並要強調灰色的純淨感，灰而不髒才會獲得冷靜、素雅、純樸的配色效果。雖然中性色本身並不存在冷暖傾向，但衣料顏色很難做到純正，經常會帶有偏紅、偏藍、偏黃等色差。盡量選擇偏藍的灰色，才會具有潔淨清爽的感受。(見圖 8-18)

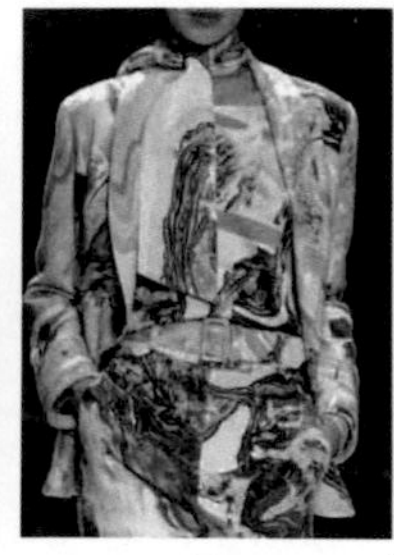

圖 8-18　灰色與白色搭配，效果冷靜、素雅、純樸

(4) 灰色與灰色搭配。灰色與灰色搭配通常是指深灰、中灰和淺灰之間的組合，由於同屬於灰色，很容易獲得沉靜、含蓄、厚重的配色效果。但要盡量將灰色間明度拉開，讓其存在一定程度的明度對比，才能具有清爽的視覺感受。在冷暖方面，也可以增加一些變化，比如將偏紅、偏藍或是偏綠的灰色進行搭配，創造一些輕微的冷暖對比，有助於增加配色效果的豐富和內涵。(見圖 8-19)

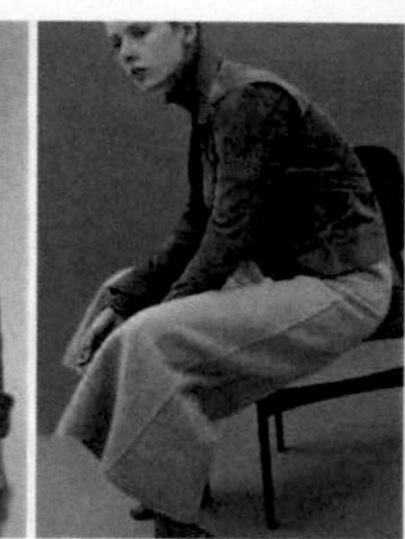

圖 8-19　灰色與灰色搭配，效果沉靜、含蓄、厚重

(5) 黑、白、灰搭配。黑色與白色處於明度的兩個極端，灰色在其中造成了很好的銜接和充實色彩的作用。因此，黑、白、灰搭配是無彩色系最為豐富和最具表現力的色彩組合，具有豐富、明快、鮮明的配色效果。灰色一般有兩種選擇：一是直接選用灰色，大多採用中灰色，有利於與黑色和白色的銜接；二是由黑白構成的花色，形成與中灰色相同的銜接作用。無論是灰色還是黑白花色，都是黑、白、灰搭配的重點，對服裝配色效果影響巨大。(見圖 8-20)

圖 8-20　黑、白、灰搭配，效果豐富、明快、鮮明

(6) 黑色與金色搭配。黑色與金色搭配在生活著裝中應用較少，但在禮服、表演服、古典服裝和服裝作品中應用較多。大多會以黑色為主色，金色為裝飾色，具有高貴、華麗的配色效果。若想突出黑色的沉穩和金色的豔麗，就要把金色用在服裝的關鍵部位，並要講究裝飾工藝的精緻入微，才能獲得理想的配色效果。(見圖 8-21)

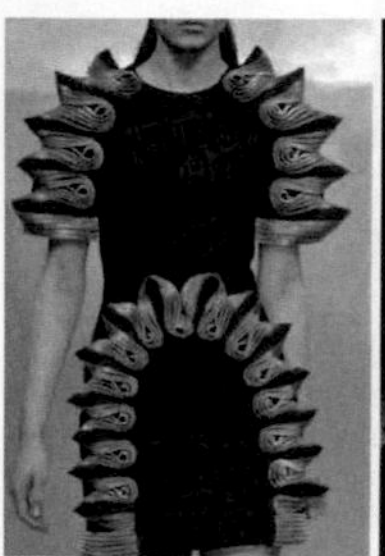

圖 8-21　黑色與金色搭配，配色效果高貴、華麗

(7) 黑色與銀色搭配。黑色與銀色搭配在生活著裝中也不常見，原因是銀色過於耀眼奪目，與普通的生活環境不太搭配。但在前衛、搖滾、表演裝或是服裝作品中應用廣泛，具有典雅、明快的配色效果。銀色與金色相比，比金色多了一些質樸，少了一些高貴。應用起來，可以更加隨意自由一些。(見圖 8-22)

圖 8-22　黑色與銀色搭配，配色效果典雅、明快

(8) 白色與金色搭配。白色配金色與白色配黃色的色彩搭配效果較為接近，但會比後者平添一些韻味，具有質樸、輕快的配色效果。如果將金色只是當作一種顏色來使用，其效果就與一般的黃色相差無幾；如果將金色作為一種傳統文化來對待，採用傳統的裝飾紋樣和精緻的裝飾工藝，金色就會煥發出異樣的光彩。(見圖 8-23)

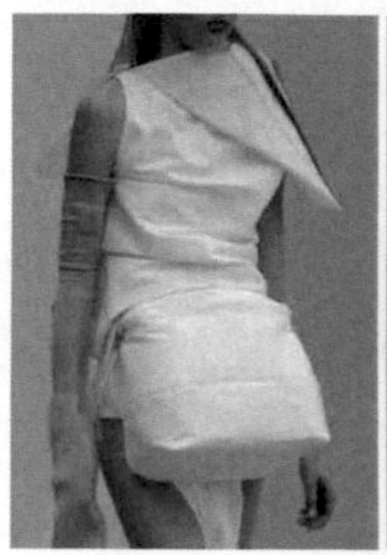

圖 8-23　白色與金色搭配，配色效果質樸、輕快

4. 中性色與彩色搭配

中性色與彩色搭配，是指黑白灰中性色與一種或多種彩色之間的搭配。中性色中的黑、白、灰色都具有穩定彩色的作用，無論彩色多麼鮮豔亮麗，只要黑色、白色或是灰色與之搭配，就能獲得沉靜明朗的視覺感受。因此，中性色與彩色搭配是一種常見的極易見效的色彩搭配方法，具有穩定、清晰、大方的配色特點。中性色與彩色搭配主要有以下三種形式。

(1) 黑色與彩色搭配。黑色與彩色搭配可以最大限度地表現彩色的鮮豔度和黑色的穩重感。在黑色的映襯下，彩色會變得更加鮮明而又不失沉靜。在應用時，可以根據彩色的不同明度選擇所需要的配色效果。黑色與高明度彩色的搭配，色彩效果鮮明響亮，但容易出現單薄的感覺；黑色與低明度彩色的搭配，色彩效果含蓄神祕，但容易出現沉悶的感覺；黑色與中等明度彩

色的搭配，色彩效果明快大方，色彩的魅力會交相輝映地展現出來。(見圖 8-24)

圖 8-24　不同明度彩色與黑色的搭配效果

(2) 白色與彩色搭配。白色是明度最高的顏色，對彩色的襯托效果明顯不如黑色，對彩色的作用主要是緩解色彩。在應用時，要根據彩色的不同明度確定配色效果。白色與高明度彩色搭配，白色與彩色明度接近，色彩效果清澈流暢，容易得到輕鬆愉悅的感覺；白色與低明度彩色搭配，白色與彩色明度差異較大，色彩效果清晰硬朗，但容易出現色彩脫節的現象；白色與中等明度彩色搭配，白色與彩色明度層次清楚，色彩效果清亮爽快。(見圖 8-25)

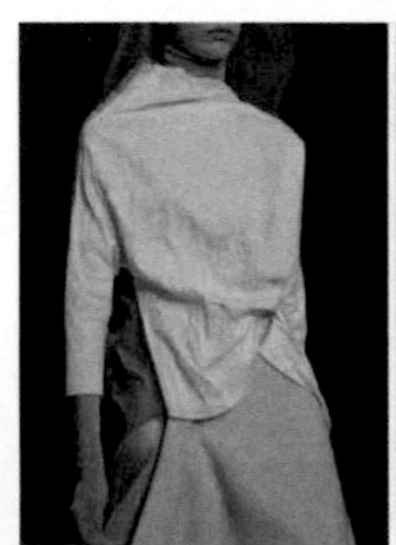

圖 8-25　不同明度彩色與白色的搭配效果

(3) 灰色與彩色搭配。灰色原本彩度就偏低，印染在衣料上還會出現偏紅、偏藍或偏黃等色差，呈現彩度更低的灰色。要控制好灰色與彩色的彩度及明度的差異對比，才會獲得較好的配色效果。一般來說，灰色與低彩度彩色的搭配較少，倘若需要應將雙方的明度拉開，變成深淺不同才好；灰色與高彩度彩色的搭配較為常見，可以獲得沉穩厚重的配色效果；淺灰色與高明度彩色的搭配也較為理想，可以獲得高雅成熟的視覺感受。(見圖 8-26)

圖 8-26　明度接近、差異中等和差異較大的彩色與灰色的搭配

(三) 花色布料的色彩

1. 花色布料的概念

花色布料，是指帶有多種花紋和色彩的布料，也包括帶有點狀、條紋、方格或其他圖案的布料。花色是與素色相對的布料概念，花色大多是在布料投放市場之前，由布料設計師設計和布料工廠印染好的，是豐富布料品項、布料使用和促進布料銷售的重要舉措。花色布料在服裝布料中占有很大比例，是服裝經常使用的布料，不僅大量用於女裝，在男裝和童裝上也經常出現。

在過去，服裝設計師對於花色布料的選購大多是愛恨交加，因為布料中的花色風情萬種，具有能讓設計師神魂顛倒的魔力和魅力。但在現實當中，若想找到能準確表達自己設計情感的花色布料卻是難上加難。要不是布料對了花色不對，不然就是

花型對了色彩不對。在無奈之餘，只能修改自己的設計或是改用圖案裝飾來替代。服裝的圖案裝飾與花色布料是兩個完全不同的概念。圖案裝飾，是由服裝設計師設計製作的服裝圖案，大多在服裝的關鍵部位集中使用。花色布料，是由布料設計師設計印製的衣料圖案，大多遍布在布料的各個部分，通常需要整塊使用。

時光進入 21 世紀，隨著電腦數位印花機的問世，花色布料的產銷方式悄然發生了歷史性的變革。布料工廠在繼續生產熱銷的花色布料的同時，看樣訂貨、來樣加工等個性化訂製服務逐漸成為布料行銷的常態。只要客戶能夠提供所需要的布料花色樣稿，布料工廠就可以提供所需要的布料花色，不管是單件服裝的特殊需要還是大批量的花色布料需求都會得到最大的滿足。(見圖 8-27)

圖 8-27　花色布料、圖案裝飾和電腦印花的不同呈現效果

2. 花色布料的色彩

傳統花色布料的色彩大都由一種底色和一種或多種花色構成。底色大多是顯露面積較大的顏色，以沉穩的彩色或是黑白灰色居多。在明度上，基本分為深、中、淺三種類型。花色的面積大多較小，多為活潑、鮮明的顏色，通常以一色、兩色、三色居多，四色以上的較少。在花型方面，有碎花、大花、點狀、條紋、方格等不同；在排列方面，有橫向排列、縱向排列、斜向排列、交錯排列等不同；在形狀方面，有規則花型、不規則花型的不同。現代的花色布料，出於印染技術和設備的差異性，花色表現進入影像時代。在螢幕上可以顯現的影像都可以印製在布料上，既包括傳統的花色效果，也包括各種圖形和圖像。在花色內容、表現形式和設計理念等方面，都遠遠超越了傳統意義上的花色布料的範疇。

花色布料由於花型各異、色彩繁雜，具有一定的迷惑性。其色彩歸屬較難界定，成為服裝配色的一個難題，常常需要具體問題具體分析。

(1) 碎花布料。花型和花色都很細小、零散，不管花型形狀如何、排列規則與否、色彩總共有多少，都視其為一種中間灰色，並以遠看時的整體色彩傾向確定其色相，比如紅灰色、綠灰色、紫灰色等。

(2) 大花布料。花型和花色都較大，花色鮮明醒目。因此，就不能將其歸為灰色，而是要先確定其中面積最大、色彩最鮮明的主色是什麼，再根據主色的色彩特徵確定其色彩傾向。倘若底色和花色都很鮮明，就屬於兩色或三色組合，要按照兩色或是三色的色彩搭配來看待。(見圖 8-28)

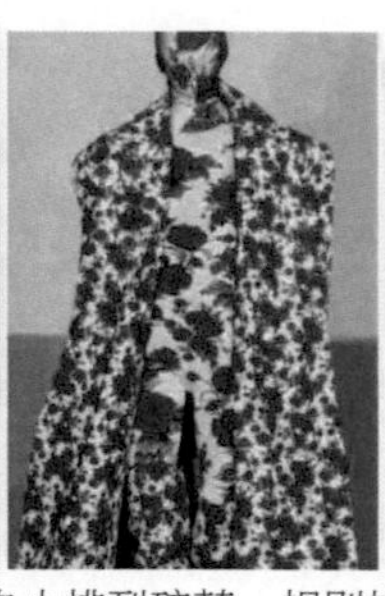

圖 8-28　自由排列碎花、規則排列碎花和大花布料的花色效果

(3) 圓點和條紋布料。一般以一種底色和一種花色構成居多，比如藍底白點、黑紅相間等。如果其中的圓點偏小或條紋細密，就按照碎花布料色彩來看待；如果圓點偏大或條紋偏寬，則按照兩色組合的色彩搭配來對待。

(4) 格子布料。以中小方格居多，大多是底色所占的面積最大、色彩最鮮明。因而，一般以底色為主確定其色彩。如果底色與花色的面積相當，難以分辨底色和花色，就用遠看比較鮮明的顏色來確定其色彩。(見圖 8-29)

圖 8-29　白底灰條布料、黑底白點布料和白底紅格布料的花色效果

(5) 電腦印花布料。電腦印花具有強大的色彩解析度和影像識別功能，適合印製色澤豔麗的彩色圖案或是黑白鮮明的影像圖片。借助電腦印花技術，服裝設計所需要的各種特殊的花色效果都能得到充分的表現，服裝設計真正可以做到與印花技術完美結合。電腦印花布料的色彩，可以分為花色布料與圖案裝飾兩種效果類型。如果花色遍布服裝全身，就按照花色布料色彩來識別；如果圖案只是集中在服裝局部，就按照圖案裝飾的色彩來認定。(見圖 8-30)

圖 8-30　肩部裝飾、袖子裝飾和花色圖案的電腦印花色彩效果

3. 花色布料的應用

花色布料與素色布料相比，更為活潑亮麗，會使服裝的穿著效果更顯年輕而富於朝氣，尤其是一些大花和不規則花型的花色布料，更能增添服裝的青春活力。花色布料的應用要注意以下幾方面。

(1) 花色與素色搭配。儘管採用花色布料製作的服裝外觀活潑俏麗，但如果服裝只用花色布料來製作，缺少了其他色彩的映襯和緩衝，在視覺上也會出現飄浮迷離之感。因此，花色布料與素色布料的組合就成為花色布料色彩搭配的首選。在單純沉穩的素色布料色彩的襯托下，花色布料的色彩會更加嫵媚豔麗又不失矜持冷靜，是一種最為簡便和最易見效的花色布料配色方法。(見圖 8-31)

圖 8-31　花色與綠色、花色與藍色和花色與黑白搭配的配色效果

(2) 花色的套色搭配。與花色布料搭配的素色布料色彩，要盡量在花色布料中選取那些色彩鮮明的顏色，這樣就構成了套色搭配效果。套色搭配又分為一套色和雙套色，「一套色」是只選一種顏色與之搭配；「雙套色」是同時選取兩種顏色與之搭配。比如一件湖藍、中綠和深灰色構成的花色布料襯衫，搭配中綠色褲子，便是一套色組合；倘若再添加湖藍色的外衣，便屬於雙套色搭配。套色是基於色彩共性基礎之上的搭配，其色彩效果更具協調性和整體感，尤其是雙套色搭配，會使色彩更加豐富明快且不失穩定感。(見圖 8-32)

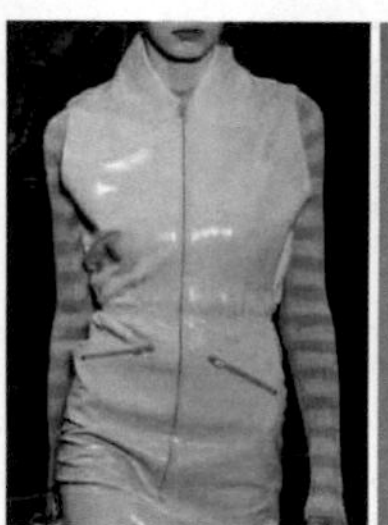

圖 8-32　粉綠一套色，黃紅雙套色和黃藍雙套色搭配的配色效果

(3) 不同花色的搭配。花色布料的搭配，也時常會有花色與花色的組合，這樣可以避免單一花色的單調，增加花色布料的層次感。花色與花色布料的組合，不管是同色之間或是不同色之間搭配，都要努力加大花型之間的差異性，才能獲得不同花色搭配的美感。常見的搭配方式有：

① 碎花與條紋搭配；
② 寬條紋與細條紋搭配；
③ 大花與碎花搭配；
④ 稀疏花型與密集花型搭配；
⑤ 正負色花型搭配等。(見圖 8-33)

圖 8-33　碎花與條紋、寬條紋與細條紋和正負色花型搭配的搭配效果

二、服裝色彩與流行色

俗話說：「遠看色彩，近看花。」因為色彩最容易被人感知，從遠處首先看到的是服裝的色彩。色彩是服裝構成的基本要素，也是服裝設計必須重視的內容。在服裝銷售中，不管服裝款式多麼新穎，只要色彩不被人們喜歡，人們就會毫不猶豫地放棄它。在服裝色彩中，流行色是最具有活力和最有時尚感的色彩。因此，了解、掌握和應用流行色是服裝設計不可或缺的內容。

(一) 流行色的產生

色彩的流行，原本是一種客觀且自然存在的社會現象。在社會發展的某一階段，人們會不約而同地對某些色彩感興趣，這與

人們的心理狀態、社會變革、經濟狀況等關係密切。後來經過相關企業和流行色機構的開發利用，逐漸演變為一種產品研發和促銷的手段，變成了較為主觀的人為創造的色彩。(見圖 8-34)

圖 8-34　流行色是服裝產品促銷的手段，是人為創造的色彩

1. 流行色的預測

對色彩流行的關注，起始於國外一些工商企業。在產品促銷過程中人們發現，每個季節都有一些色彩受歡迎，也有一些色彩不受歡迎。於是，就自發地開始了有目的的研究。隨著科技的發展，這些研究越來越普及，逐漸發展到一個國家或幾個國家互通流行色資訊和情報，共同研討和開發流行色。1963 年，在法國、德國、日本的共同發起下，成立了「國際流行色委員會 (International Commission for Color in Fashion and Textiles)」，總會設在巴黎。它是一個最具權威性的研究和發布流行色的國際團體。

流行色的預測方法主要有兩種：一是歐洲式，即法國、德國、義大利、英國、荷蘭等國的色彩專家憑藉直覺判斷來選擇下一年度流行色的預測方法。這些色彩專家常年參與流行色預測，掌握著多種情報和資訊，對歐洲市場和藝術發展有著豐富的感受，有較高的色彩修養和較強的直覺判斷力。以他們個人的才華、經驗與創造力，就能設計出代表國際潮流的色彩構圖。二是日本式，即在廣泛調查市場的基礎上，透過科學統計、分析預測來掌握未來的預測方法。日本色彩專家的調查研究工作非常細緻而縝密，往往要以幾萬人次的色彩資訊為依據進行綜合判斷。儘管調查和統計的數據所反映的是過去的情況，卻具有一定的客觀性和真實性，是直覺預測方法的最好補充。

無論流行色預測來源於何種方法，都不是毫無依據地隨意拼湊出來的，而是根據社會發展的狀態以及人們生活的心態，按照延續性的漸進規律，從一個季度演變到另一個季度的較為科學的預測。流行色預測的依據主要有社會調查、生活體驗和演變規律三個方面。

(1) 社會調查。透過社會調查研究，分析社會各階層人的喜好、心理狀態、文化意識、生活方式和發展趨勢等，都會使流行色的預測變得更加客觀、更加具有內涵和更加貼近消費者。透過社會調查研究也可以總結經驗，了解過去流行色預測的準確性，為未來的預測提供參考依據。(見圖 8-35)

圖 8-35　流行色與人的心態、生活方式及社會變革等密切相關

(2) 生活體驗。流行色的預測離不開生活的體驗和生活的啟迪，否則就是無源之水、無本之木。即便是憑藉直覺判斷進行預測的歐洲色彩專家，在提出個人見解時，也一定會把消費者的愛好和需求考慮在其中。同時，生活也是流行色的靈感源泉，比如自然景色、傳統文化、異域色彩、民族風情、生活情趣、理想夢幻、人性思潮等。在色彩專家眼中，人們的生活是由色彩構成的，人們就生活在色彩當中，生活中的一切都充滿了色彩，既包括直接的、真實的色彩，也包括間接的、意象中的色彩。(見圖 8-36)

圖 8-36　流行色源自生活的各方面，人們就生活在色彩當中

(3) 演變規律。流行色的演變規律有三種趨勢：一是延續性，即流行色在一種色相的基調上或在同類色的範圍中發生明度、彩度的變化（見圖 8-37）。二是突變性，即一種流行的色彩向反方向的補色或對比色發展。三是週期性，即某種色彩每隔一定時期又會重新流行。流行色的變化週期一般包括四個階段：始發期、上升期、高潮期、消退期。整個週期過程大致為 7 年，一個色彩的流行過程為 3 年，過後取代它的流行色（往往是它的補色）的流行過程也是 3 年，兩個起伏為 6 年，再加上中間交替過渡期 1 年，所以一般 7 年為一個週期。

圖 8-37　流行色的每次流行，相同色相會發生明度或彩度變化

2. 流行色的發布

國際流行色委員會每年召開兩次會議，一次是在 2 月，另一次是在 7 月。會議具體議程為：先由各個會員國代表提交本國預測的 18 個月後的流行色提案並展示色卡，經過全體討論選出一個大家都認可的某國提案為藍本，再經各代表討論予以補充和調整，推薦的色彩表決需要半數以上代表的通過方可入選。最後再對色彩進行分組、排列，再經反覆研究和磋商，確定新的國際流行色定案。

新的國際流行色產生之後，會員國享有獲得第一手資料的優先權，會議組委會向各會員國分發新的標準色卡，供各會員國回國複製和使用，但在半年之內將限制該色卡在書籍、雜誌上公開發表，以保證各個會員國發布流行色資訊的同步，維護各個會員國的利益。

新的國際流行色發布後，從纖維、紗線、布料工廠、服裝廠商到銷售商等都會馬上行動起來，以安排下一季度產品的研發和生產。因為流行色可以為產品帶來豐厚的經濟效益。在國際市場，同樣規格、質地、品質的服裝，採用流行色的會比採用過時色彩的價格相差幾倍。由此也形成了以流行色預測為核心的產業鏈，不僅流行色專門機構在研究和預測流行色，一些行業機構、紡織或服裝企業也都在預測或是進行色彩應用拓展研究。比如國際羊毛局、國際棉業研究所、日本的鐘紡公司等。

（二）流行色的表述

1. 流行色主題

國際流行色委員會和中國流行色協會，每年都要發布春夏季和秋冬季兩次流行色資訊。每次流行色的發布都不是只有一種色彩，而是按照主題分出若干個色組，每個色組又由很多種顏色（色卡）構成。流行色的分類方式，並不是固定不變的，是隨著流行色主題內容和社會發展的變化進行調整的。但無論流行色如何變化，流行色色組的顏色常常是按照色彩的色相、明度、彩度、冷暖等傾向進行組合或是構成色調，以便於區分其特點和適應色彩搭配的多種需要。

流行色的魅力，主要在於它的新鮮感。若想掌握流行色的新鮮感，就要了解流行色的主題。在國際所發布的流行色定案中，都會擁有一個整體或是若干個具體的主題，以及一些簡要的文字說明。這些主題常常闡述了每年每季流行色的整體思想和精神風貌，可以幫助人們理解本屆流行色的概念、成因和靈感來源。比如 2017 年春夏季國際流行色定案的主題之一是「文化衝浪」，配備的關鍵詞是「身分新定義、流動文化、尋根、抽象韻律、更新非洲遺產、跨文化交融」，這就指明了流行色形象感受的大趨勢及形象源頭。

流行色主題除了文字說明以外，還常常配以主題圖片（也稱靈感圖）以直觀地詮釋主題內涵。主題圖片大多以攝影作品為主，一個主題由一幅或多幅圖片組成。圖片要求色彩清晰，有較高的藝術美感，內容豐富但不能過於雜亂，主題表達要明確，色調要統一。圖片題材選擇不受限制，比如建築、繪畫、人文景觀、自然景觀、民族風格等，圖片的色彩與所提煉的色卡色彩要相互對應。（見圖 8-38）

圖 8-38　2017 年春夏國際流行色定案之一「文化衝浪」主題圖片

2. 流行色色卡

流行色色卡，是指在流行色主題圖片當中提取的作為流行色樣本的顏色。利用色卡標註流行色，是國內外色彩研究預測機構發布流行色的主要形式，具有直觀、簡潔和便於應用等特點。

流行色色卡通常以色組的方式進行組合，每個色組由多種顏色構成，每種顏色上面還會註明編號，以避免傳播誤差。流行色色卡每次都不會相同，每次色卡都有特定的內涵和精神，受到當時國際社會的政治、經濟、科學、文化、藝術、消費心理和人的心態等方面的影響，有時集中反映一個方面或幾個方面，從而體現時代特徵。流行色色卡一般是按照一種主題色調，採取大小相同、並列排列的方式，由色塊（有時也會用小塊布料色彩表示）構成色組，一個色組的色卡數量也不固定，少則四五個，多則十幾個。其目的都是傳達主題色調的色彩氛圍和便於應用的理念。（見圖 8-39）

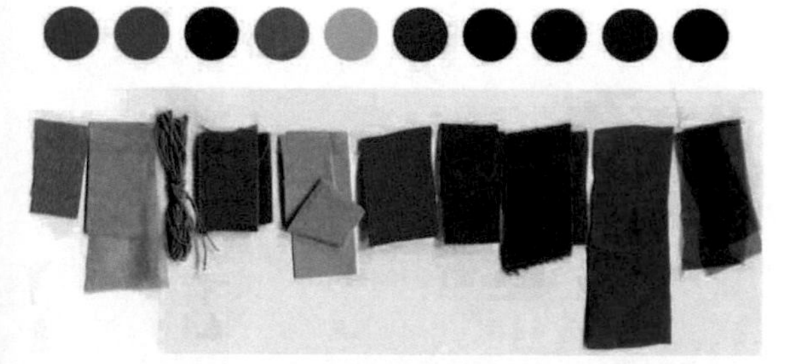

圖 8-39　2017 年春夏國際流行色定案之一「文化衝浪」主題色卡

3. 流行色理解

對設計師而言，流行色是重要的，但不是萬能的。並不是說運用了流行色，就可以解決服裝色彩的一切問題。流行色的真正作用和意義有時並不在色彩本身，而是它所蘊含的資訊資源。這些資訊並非是浮於色彩表面的，而是蘊藏在色彩之外的多個方面，需要設計師去領悟和發現。作為一名設計師若想引領時尚潮流，就必須具有超前意識和時尚敏感度，並以時尚資訊為先導開發設計全新的服裝產品。流行色就如同具有國際視野的色彩專家為服裝設計打開了一個資訊窗口，它既反映了人的情感訴求，又表現了人的社會心態；既是產品設計的風向標，也是國際貿易流通的訊號。流行色所包含的資訊，主要有以下四個方面。

(1) 色彩流行資訊。色彩流行資訊是流行色最基本、最直接的作用，流行色發布的色卡為服裝設計提供了便利，設計師不再需要搜腸刮肚地「創造」色彩，就可以直接進入如何選擇色彩和怎樣搭配色彩的階段，這樣可以節省大量的時間和精力。同時，設計師也可以學習流行色的色彩採集方法，在生活當中發現色彩和捕捉色彩。

(2) 情感訴求資訊。流行色主題儘管只是若干個關鍵詞或簡要的文字說明，卻是高度濃縮的時尚資訊，透過對色彩主題深入細緻地分析和研究，可以捕捉到關鍵詞背後的潛臺詞，以掌握消費者真正的情感訴求。比如 2017 年春夏國際流行色定案的另一個主題是「自由基」，主題關鍵詞是「顛覆、反叛、破壞、多級、提升」，揭示了解構主義思潮對這一季度服裝產品的衝擊和影響（見圖 8-40）。

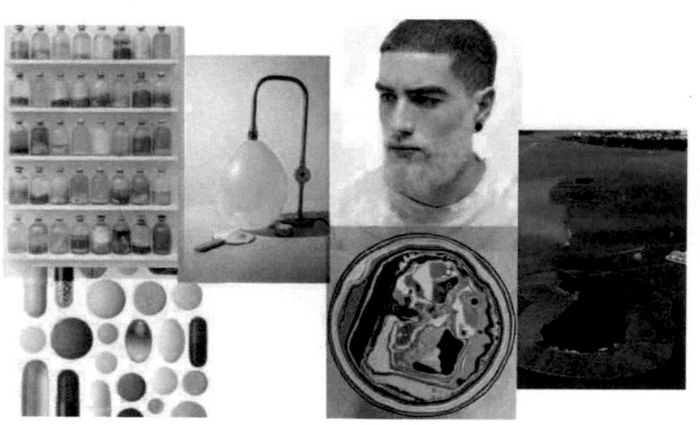

圖 8-40　2017 年春夏國際流行色定案之一「自由基」主題圖片

(3) 靈感發源資訊。流行色主題圖片即靈感圖，不僅可以直觀地詮釋主題內涵，還能讓設計師直觀地感知流行色靈感的源頭。如果追溯和還原那些能讓色彩專家心曠神怡的生活情境，這些流行色的靈感或許會變成服裝設計的靈感。

(4) 社會心態資訊。服裝設計最難掌握的就是消費者的心態。在全球經濟一體化和資訊網路化的今天，了解和掌握世界近期發生了哪些對人們生活有重大影響的事件並不難，難在不知道它們會對人們的生活方式產生哪些影響。流行色資訊的發布是色彩專家嘔心瀝血的結晶，也是社會心態的折射。設計師可以根據流行色預測的結果，判斷社會變革對消費者心態及生活方式的改變，從而確定自己的設計方向。

(三) 流行色的應用

1. 常用色與流行色

常用色是與流行色相對的概念，是指人們常年習慣使用的色彩。常用色之所以能夠被人們「常用」，是因為它們都是經過時間的檢驗，被人們普遍接受和認可的色彩。常用色的基本特徵：色彩彩度偏低、外觀柔和穩定、適合與各種色彩搭配、方便在多種場合中穿著使用等。常用色雖然不及流行色那般引人注目，卻是符合人們普遍審美標準和大眾容易接受的色彩。

常用色的形成往往帶有一定的地域性，與當地的民俗、文化、環境、宗教、種族等因素密切相關。比如歐洲的常用色多以乳白、米色、咖啡、棕色等為主，這與他們的白皮膚、金髮、碧眼，以及古典建築的生活環境相調和，並與歐洲人崇尚秩序的心境吻合；中國的常用色以純白、藏藍、灰色、黑色等為主，這與他們的黃皮膚、黑頭髮、黑眼睛，以及白牆黑瓦的生活環境相協調，也與中國人含蓄平和的心態相關。常用色也是隨著時代的發展而變化的，在現今的中國，傳統的灰藍黑色已經被蘊藏在人的靈魂深處，由此演變出了更加豐富多彩的帶有強烈現代感的常用色。常用色在服裝色彩中所占比重很大，約占服裝色彩總數的百分之八十，而流行色所占比重很小，約占百分之二十。這樣的色彩比例是正常的色彩配比，符合流行色的「新鮮」特性。如果滿城都是流行色，那麼流行色也就不復存在了。(見圖 8-41)

圖 8-41　隨著時代的發展，常用色也會更加豐富並帶有現代感

常用色與流行色之間，也存在一種動態的相互依存和相互轉化的關係。每年都有新的流行色的產生，其中部分色彩會被人們接受而得以流行，部分色彩會被人們拒之於門外而自動消失。得以流行的色彩在度過了輝煌的一兩年後，也會逐漸消退，最終或許是慢慢消失，或者是轉化為常用色而沉積下來。久而久之，常用色就會在流行色的帶動下不斷更新，部分常用色會逐漸退出歷史，部分常用色則會重新煥發異彩成為新的流行色。

2. 流行色與服裝

流行色儘管所占比例較少，卻是最有活力、最具新鮮感和充滿時尚氣息的色彩，是現代社會的一道亮麗的風景線。儘管由一種流行色一統天下的時代早已過去，服裝色彩進入多元化、人性化和個性化的時代，但流行色的魔力和魅力依在。21世紀，隨著服裝市場的不斷區隔，尤其是網路購物和電子商業的快速發展，除少數常規款式還在大批量生產之外，所有與時尚流行相關的服裝都轉為小批量、多樣化或是看樣訂貨的生產模式。在這樣的情形下，流行色的作用非但沒有減弱，反而越發顯得重要。因為服裝批量越小、樣式越多，就越加需要流行色的新鮮感來吸引消費者的眼球，而且需要的不是一兩種，而是更多的、更加豐富的流行色，才能夠滿足人們的個性需求。(見圖 8-42)

一般而言，年輕消費者對時尚最為敏感，樂於接受新事物，敢於嘗試新色彩，是流行色最需要關注的消費群體。年輕人服裝的價格定位相對較低，也很能接受今年流行明年過時的事實，因而可以適度增加流行色的份量；中老年消費者的流行色應用則要謹慎，不單是因為中老年人的消費和審美習慣比較固定，對自己適合什麼色彩的服裝有了固有認知，嘗試新色彩的可能性較小，而且中老年人對服裝的布料和做工都很講究，可接受價位相對較高，如果一時衝動購買了流行色服裝，第二年就過時了也是一種浪費。由此可見，流行色更適合用於價格相對低廉和更換頻率較高的服裝或服飾品，比如襯衫、裙裝、外套、絲巾、手套等。而高階服裝由於價格昂貴，人們都希望穿著的時間更加長久，不會選擇很快就會過時的流行色。

圖 8-42　流行色的新鮮感，可以吸引人的眼球和誘發購買慾望

3. 流行色的應用

當季的流行色資訊，通常是紡織服裝企業的商業祕密，需要透過與流行色預測機構合作的內部通路獲得。一旦過了保密期，就可以在國內外公開發行的刊物上檢索到。比如國外的彩通（Pantone）、Chelon 等；中國的《流行色》、《國際紡織品流行趨勢 VIEW》，還有由中國流行色協會定期推出的《國際流行色委員會色彩報告》、《世界十大女裝品牌色彩解析》等。也可以透過相關網站查詢前幾年的流行資訊，作為資料收集。流行色在服裝中的應用，主要有以下四種配色方法。

(1) 單色選擇。單色選擇是指在流行色色卡中只選一種適合的顏色作為服裝色彩。多用於單色構成的服裝色彩或是服飾品色彩的選擇，具有方法簡便、效果鮮明和容易見效等特點，比如用於洋裝、套裝、毛衣、風衣等。在服飾整體配色中，服飾品的色彩往往形成至關重要的點綴作用，服飾品更應該首選流行色，比如絲巾、帽子、手套、包包等。(見圖 8-43)

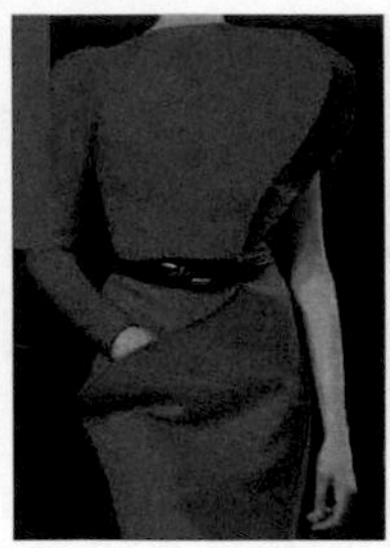

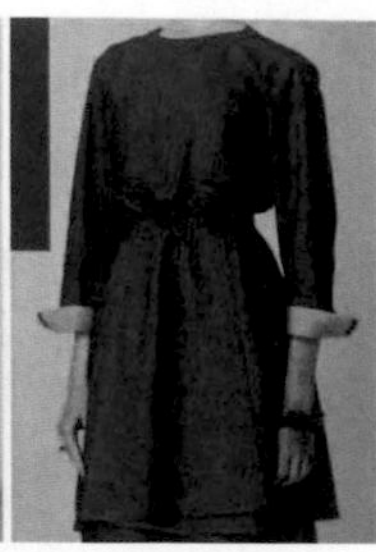

圖 8-43　單色選擇具有方法簡單、效果鮮明和容易見效等特點

(2) 色組組合。色組組合是指在同一個色組的色卡中選擇兩三種顏色進行服裝配色。具體做法是：先選擇主色，再根據主色的色相明度、彩度及冷暖選擇相應的搭配色或點綴色。由於這些顏色都出自同一個色組，很容易體現流行色特定的色彩情調和氣氛。具有主題明確、色彩豐富和容易協調等特點，多用於單件服裝的色彩組合，上下裝或內外衣的色彩搭配以及服裝與服飾品的整體配色等。(見圖 8-44)

圖 8-44　色組組合具有主題明確、色彩豐富和容易協調等特點

(3) 穿插組合。穿插組合是指跳出流行色色組的限制，進行不同色組色彩的服裝自由配色。具體做法是：先在某一色組中確定主色，再根據主色的色彩特徵及配色效果的需要，從其他色組中選擇相應的搭配色或點綴色，進行自由的色彩組合。由於穿插組合不受流行色色組的局限，用色較為靈活多變，但要注意掌握好色彩的整體效果，要有一個統一明確的色調，才能取得良好的配色效果。具有用色靈活、色彩多變和難度偏大等特點，適用於多種形式的服裝配色。(見圖 8-45)

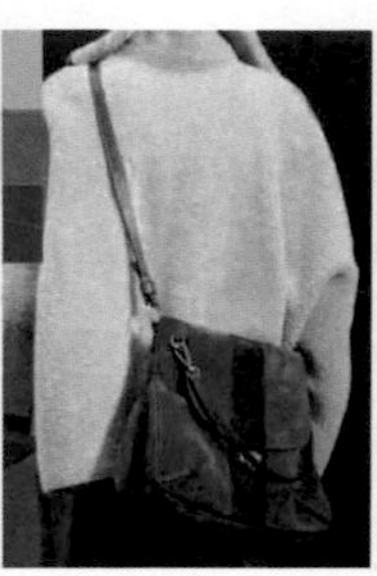

圖 8-45　穿插組合具有用色靈活、色彩多變和難度偏大等特點

(4) 與常用色組合。與常用色組合是指把流行色與常用色進行組合的服裝配色。流行色與常用色組合是一種折中的兼容並蓄和易於見效的方法。具體有兩種做法：一是以流行色為主色，常用色作為搭配色或點綴色進行組合搭配，可以取得秀外慧中、動中求穩的服裝色彩效果，適合於比較保守的年輕消費者；二是以常用色為主色，流行色作為搭配色或點綴色進行組合搭配，可以獲得穩中求變、傳統與時尚兼具的服裝色彩效果，適合於比較時尚的中老年消費者。(見圖 8-46)

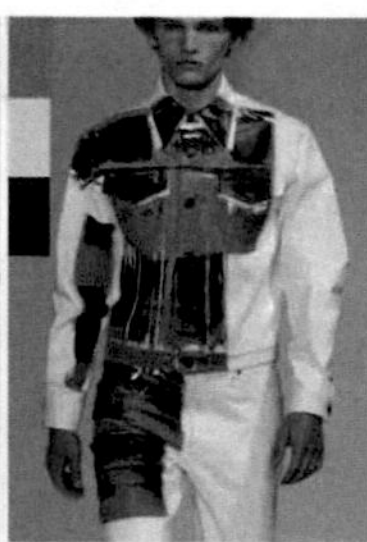

圖 8-46　與常用色組合具有穩中求變、秀外慧中和兼容並蓄等特點

三、服裝色彩與設計

初學服裝設計大多喜歡先想款式，後定色彩，再找布料，並逐漸形成一種慣性思考。其實，服裝設計的構思方式多種多樣，比如從布料切入、從色彩切入、從結構細節切入、從設計主題切入、從表現手法切入、從衣料再造切入等。其中，由色彩引發設計創意的構思方式，更便於抒發自己的內心情感和營造服裝的主題氛圍，而色彩靈感的泉湧又離不開對生活色彩的細心觀察和採集。

1. 色彩觀察與採集

流行色雖然為服裝配色提供了方便，但色彩專家的感受並不能替代設計師對生活和色彩的切身體驗，對生活色彩的觀察和感悟更是服裝設計創造的本源。色彩採集最重要的是有目的地細心觀察，既要觀察色彩對象的整體感覺，更要留心色彩對象的細節。如果戴著這種「有色」眼鏡去觀察生活中的色彩，那些破舊的斷磚碎瓦、生鏽的廢銅爛鐵、褪色的油漆、飄落的秋葉、夜幕的燈光等，就有可能成為色彩採集的對象。

色彩採集要不是親力親為深入生活去拍攝圖片，不然就是借助於網路收集相關的圖片。圖片收集後，再利用 Photoshop 軟體的滴管工具的吸色功能，對圖片當中的色彩進行提取並轉化為色彩樣卡，才能應用於服裝設計。色彩樣卡的提取，要尊重客觀對象，要提取色彩對象中最為感人、最具美感和最有代表性的色彩，以準確傳達對象的色彩情調和美感。在每幅圖片當中都有數不清的色彩，並不是所有色彩都能使用，要捨去那些次要的、過於跳躍的和彩度過低的色彩。（見圖 8-47）

圖 8-47　要把色彩對象中最為感人、最具美感的色彩提取出來

2. 色彩採集的類別

色彩採集的對象遍布生活的各方面，但歸納起來主要有自然色彩、生活色彩和人文色彩三個方面（見圖 8-48）。

3. 色彩重構的方法

色彩重構，是指色彩元素的重新組合和構成。那些生活中具有美感和新鮮感的色彩被採集提取之後，就會變成服裝設計的色彩元素和原始材料，色彩從採集到應用是一個色彩重構的過程。但它們能否發揮應有的效能，還在於設計師如何掌握和使用，這就如同廚師拿到了上好的食材，但能否做出上等的美味佳餚還取決於廚師的廚藝水準。

方案	名稱	分類	說明
1	自然色彩	植物色	花卉、蔬菜、瓜果、草葉、樹皮等
		土石色	岩石、礦石、泥土、洞穴、沙漠等
		海洋色	珊瑚、貝殼、魚鱗、水母、海藻等
		動物色	昆蟲、蝴蝶、鳥羽、獸毛、蛇皮等
		四季色	春苗、夏日、秋葉、冬雪

方案	名稱	分類	說明
2	生活色彩	食品色	糖果、糕點、菜餚、飲料、菸酒等
		服飾品色	服裝、鞋帽、首飾、眼鏡、鈕扣等
		日用品色	餐具、茶具、化妝品、辦公用品等
		家居環境色	家具、燈具、窗簾、床上用品等
		城市環境色	建築、雕塑、櫥窗、街道、霓虹燈等
		交通工具色	腳踏車、摩托車、汽車、公共汽車等
3	人文色彩	傳統色	古幣、彩陶、漆器、青銅器、古建築等
		民間色	泥塑、剪紙、風箏、年畫、民族服飾等
		繪畫色	壁畫、塗鴨、彩繪、水墨、油畫等
		異域色	非洲、歐洲、日本、印度、阿拉伯等

圖 8-48　自然色彩、生活色彩和人文色彩的三個採集方案內容

色彩採集是為色彩重構服務的，重構的過程也是色彩再創造的過程。在這個過程中，設計師的主觀能動性最為重要，色彩的運用只要按照色標中的色彩比例進行配色，就基本能夠保持色彩對象原有情調的美感，但這些色彩如何具體使用，還要根據服裝創意的主題需要來決定。此時，設計師的直覺非常重要，要注重自己的主觀感受，服裝配色才能取得成效。色彩重構的方法有以下幾種。

(1) 按照比例重構。在圖片中提取幾種最具代表性的色彩，按照原有的色彩比例關係製作出色標，並按照原有比例重新組合和應用色彩。色標也被稱為色彩嚮導或色彩控制條。色標與色卡的最大區別在於，色卡是用於色彩選擇、比對和溝通的工具，色塊常常是同等大小。而色標更加注重色彩的應用，色塊大小常常根據需要而定。按照比例重構這一個方法的最大特點，是能保持和體現原有色彩的特定面貌，能反映對象原有的情調和氛圍。(見圖 8-49)

(2) 不按比例重構。將圖片色彩提取出來之後，不按原有的色彩關係和色彩比例製作色標，而是根據自己的配色需要自由組合和應用色彩。按照這種方法製作的色標，色彩比例大多是根據服裝創意主題的需要而確定的。不按比例重構這一方法的特點是，色彩運用靈活自由，可以不受對象原有色彩比例的限制，提取的色彩可以多次利用，並能進行多種色調的變化。缺點是會缺失原有色彩情調的參照，需要重新立意和組合色彩。

圖 8-49　按比例重構，要按照原有色彩比例製作色標和應用色彩

(3) 色彩情調重構。根據圖片中的色彩情境，對原有色彩進行昇華和改造，追求神似而不求形似的色彩組合和應用色彩。色彩情調重構這一方法的特點是，色彩源於生活而高於生活，強調色彩的神似性而非色彩的一致性。只要能夠傳達對象原有色彩的意境和情趣，原有的色彩、色彩比例和色彩關係等方面都可以改變。缺點是容

易失真和過於主觀，需要更加深刻地感受和理解色彩。

(二)主色、搭配色和點綴色

服裝配色的一般過程是，先選定主色，再選擇搭配色，然後根據主色和搭配色的關係和配色效果決定點綴色。服裝主色一經確定，就為服裝色彩設定了一個基調或是明確了一個配色方向，進而就比較容易對服裝配色的最終效果產生一個預期設想。這個預期設想，對進一步的色彩搭配具有重要的引導作用。

1. 主色

主色，是指在服裝配色中能夠造成主導作用的色彩。主色常常是服裝中所占面積最大的色彩，可以決定服裝色彩的基本情調。主色有時是集中的一塊色彩，有時則是分散的多塊相同的色彩。無論集中設計還是分散構成，在服裝配色當中都在發揮著主色的作用，並以一種色彩居多（花色布料另當別論）。

主色通常是根據服裝設計的主題、風格和情調來確定的，也會根據流行色、布料等方面資訊進行綜合考量。比如環保主題，大多從大自然的樹木色、花草色、田野色當中選擇；休閒風格，大多從具有輕鬆、隨意、自然感受的色彩當中選擇；浪漫情調，大多從帶有浪漫氣息的藍色、紫色、粉紅色當中選擇。如果是服裝產品設計，當季的流行色色卡和流行布料資訊都是必不可少的參考資料。

2. 搭配色

搭配色，是指在服裝配色中能夠造成輔助和充實作用的色彩。搭配色與主色相比所占面積小，與點綴色相比所占面積大，色彩也沒有點綴色那般突出。搭配色可以是一種色彩，也可以是兩三種或是更多的色彩，色彩數量沒有嚴格限制。

搭配色的選擇，通常是根據設計師所要追求的配色效果以及與主色之間關係的需要來決定的。如果想要追求簡潔的色彩效果，搭配色的選擇自然就會少；如果想要追求豐富的色彩效果，搭配色的選擇自然就會多；如果想要追求強烈的色彩效果，搭配色的選擇就會考慮與主色對比偏強的色彩；如果想要追求柔和的色彩效果，搭配色就應該選擇與主色相接近或是對比偏弱的色彩。(見圖 8-50)

圖 8-50　色彩中對比、色彩弱對比和色彩強對比的搭配色組合

3. 點綴色

點綴色，是指在服裝配色中能夠達成畫龍點睛作用的色彩。點綴色是所占面積最小、色彩最為醒目且多處於顯要位置的色彩。點綴色大多以一種色彩居多，多種色彩並存的情形較少。點綴色與搭配色之間並沒有嚴格的限定，如果運用搭配色的配色效果就很好，就不再需要點綴色。點綴色常常是在只用搭配色不足以奏效的情形下或是服裝色彩的效果過於單調時才會使

用。而且，利用服飾品色彩進行點綴的情況更為多見，服裝配色一定要考慮到服裝的整體形象效果，服裝配色常常會為服飾品留有餘地，這才是更為合理的配色狀態。點綴色的選擇，一般是根據主色與搭配色的配色效果來確定的。如果主色與搭配色關係比較接近，比如都是低彩度搭配、都是中性色搭配、都是高明度（淺色）搭配、都是低明度（深色）搭配等，就需要與之有差異的點綴色組合，以造成畫龍點睛、增添神彩的作用。當然，點綴色的差異對比也不能運用過度，要在兩者之間保持一些內在關聯，效果才會渾然天成。如同為冷色或同為暖色、兩者之間不是強對比或互補色關係等。(見圖 8-51)

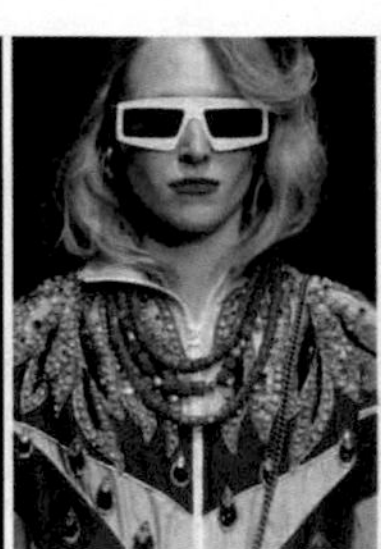

圖 8-51　朱紅與深灰、橙色與鐵鏽紅和淺橘紅與藍灰的點綴色組合

(三) 服裝配色原則

服裝配色的最終目的，就是要尋求一種和諧的服裝配色效果。服裝色彩的和諧，就是透過服裝色彩的合理搭配使人產生視覺心理上的愉悅感。

1. 配色基本原則

德國化學家威廉·奧斯特瓦爾德（Wilhelm Ostwald）在他的《色彩入門》一書中寫道：「經驗教會我們，不同色彩的某些結合是使人愉快的，另外一些則使人不舒服或使人無感覺。於是就產生了這樣的問題：什麼東西決定效果？回答是：在那些能使人愉快的色彩中間可以獲得某些規律，那就是規則和關係，缺少了這個，其效果就會使人不舒服或使人無感覺。效果使人愉快的色彩組合我們就稱之為和諧。」這段論述，不僅解釋了什麼是和諧，還介紹了獲得和諧的方法。也就是在服裝配色中，要注重色彩組合的「規則」和色彩之間的「關係」。

規則即原則，服裝配色的基本原則是，要在色彩的統一和對比中尋求和諧、創造和諧，並用和諧的標準去選擇和搭配色彩。就是說，色彩的和諧來自色彩的統一和對比，兩者缺一不可。統一就是色彩的一致性和類似性，對比就是色彩的不一致和差異性。在服裝配色中，常常要把一些相類似的色彩或是帶有一些共性的色彩組合在一起，利用統一所具有的親和力達到色彩和諧的目的。然而，服裝色彩又不是簡單地把紅色與紅色、綠色與綠色擺放在一起就和諧了，事實恰好相反，要有適當的對比在其中。因為幾種過於一致或過於接近的色彩組合，常常會造成一團和氣而失去色彩的光輝，變得單調或乏味。服裝色彩的真正魅力，常常體現在不同色彩組合當中的相互映襯和相互影響，是不同色彩相互碰撞所生成的靈光乍現，進而讓人眼睛一亮、心曠神怡。

色彩之間的關係，是指服裝配色的色彩之間差異的大小。色彩差異小，關係就親近，色彩之間就容易統一，配色效果就柔和；色彩差異大，關係就疏遠，色彩之間的對比就強烈，配色效果就響亮。服裝配色，就需要掌握好色彩之間的這種關係，懂得如何根據服裝設計主題和情調的需要，進行選擇、搭配和調整色彩。要營造一些清新舒緩的情調，色彩的關係就要親近一些，對比弱一些；要營造一些熱鬧歡快的主題，色彩的關係就要疏遠一些，對比強一些。一般說來，在統一與對比方面，色彩過於統一或是對比過於強烈，都不會讓人感到愉悅；在色彩關係方面，關係處在既不過於親近又不過於疏遠時，才更容易獲得和諧。

2. 系列服裝配色

系列服裝設計，是以某一單套服裝設計為原型的思考延伸和拓展，其他服裝都是原型的變體和衍生品，無論變化成為幾套甚至是十幾套服裝，都離不開原有的設計主題、情調和所營造的氛圍。因此，系列服裝無論是由多少套服裝構成，仍然要把它視為一件服裝設計作品。就服裝配色而言，系列服裝色彩的延展，也是以原型的原有色彩為依據的。原型服裝選用了哪幾種色彩，衍生出來的服裝就用哪幾種色彩搭配，要以原型色彩基因作為系列構成的「共性」要素，同時一定要在使用面積、上下位置、內外搭配、排列狀態等方面尋求變異，以形成單套服裝的「個性」，充實系列服裝的內涵和強化系列服裝整體的效果。常用的系列服裝的配色方法有以下幾種。

(1) 相同色彩組合，是指採用相同色彩、相同布料而表現形式不同的系列服裝配色方法。採用這種方法時，系列服裝都使用與原型服裝色彩相同的布料製作，也就是這套服裝上有什麼色彩，在那套服裝上也用什麼色彩，只是配色的比例各有不同而已。這樣既可以強化各套服裝的共性，又可以減少選購布料的麻煩，提高布料的利用率。在服裝配色效果上，很容易獲得統一、協調和充滿色彩張力的視覺觀感。具有簡單、方便和容易見效等特點，但也容易出現單調保守和缺乏靈活等不足。（見圖 8-52）

圖 8-52　相同色彩組合
（主題：時光菲林，作者：胡問渠）

(2) 不同色彩組合，是指讓服裝色彩部分相同、部分色彩不同的系列服裝配色方法。採用這種方法時，系列服裝的某些部分採用與原型服裝色彩並不相同的配色，也就是這套服裝的色彩，與那套服裝的部分色彩並不完全一樣，但布料質地還是相同的，不同的色彩之間也會存在一些內在關聯性。比如採用紅色、黃色和藍色與中性色進行組合構成一個系列的服裝配色。由於紅黃藍是三原色，外加明度接近的選擇，就構成了相互間的共性和內在連繫，服裝配色的系列感仍然明顯。諸如此類的配色還有很多，比如都是糖果色的鄰近色組合、都是植物色的同類色組合等。

不同色彩組合可以使系列服裝色彩變得更加靈活多樣和豐富多彩，但在明度、彩度、冷暖和面積等方面，要注意色彩之間的內在關聯性和增加穩定的因素，才會獲得良好的視覺效果。具有豐富、靈活和不受束縛等特點，但也容易出現雜亂無章和缺乏系列感等不足。(見圖 8-53)

圖 8-53　不同色彩組合
(主題：拼圖遊戲，作者：趙凌雲)

(3) 色彩漸變組合，是指讓色彩從左至右或從上到下逐漸變化的系列服裝配色方法。這種方法是利用系列服裝配色來講故事，一個系列服裝要完整地闡述故事的發生、經過和結果。最左邊這套服裝是故事的開始，最右邊那套服裝是故事的結束，中間的幾套服裝所表現的是故事的過程。有了這樣的思考線索，那麼左邊這套服裝，就會是鮮明的色彩偏少，中間的服裝色彩逐漸遞增，右邊那套服裝就會被鮮明的色彩鋪滿。還有一種色彩從上到下的漸變形式，大多是在服裝成型之後利用掛染工藝染出由淺變深的色彩。色彩漸變應用在每套服裝上，有上深下淺、下深上淺、左深右淺等多種表現形式。具有細膩、溫情和表現力豐富等特點，但也容易出現資訊傳達不暢和工藝效果粗糙等不足。(見圖 8-54)

圖 8-54　色彩漸變組合
(主題：層疊石記，作者：王禹涵)

(4) 色彩突變組合，是指讓某一套服裝的色彩突出，讓其餘服裝的色彩退後的系列服裝配色方法。這種方法大多用在以奇數構成的系列服裝當中，比如 3 套、5 套和 7 套等。在整個服裝系列當中，要將最鮮豔奪目的色彩用在其中的一套主要服裝上，形成系列服裝的主體形象，其餘服裝都以中性色或是彩度較低的色彩為主，造成襯托主體的作用。比如主體服裝都用紅色，其餘的服裝都以黑色為主略微點綴一些紅色，以便與主體服裝的紅色相呼應。具有豔麗奪目、主次分明等特點，但也容易出現主次脫節或喧賓奪主等不足。(見圖 8-55)

圖 8-55　色彩突變組合
（主題：心理治療，作者：趙赫）

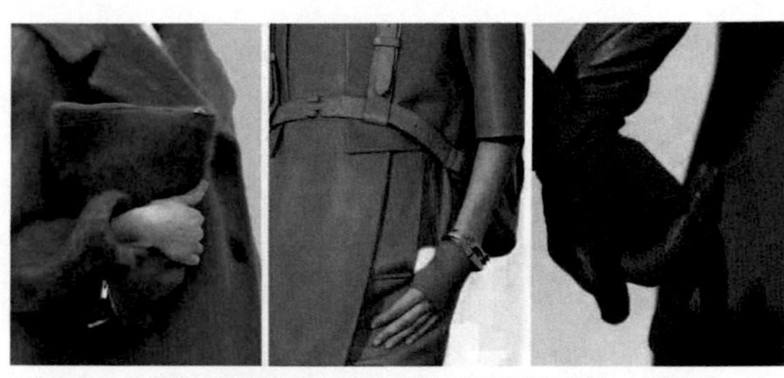

圖 8-56　手拿包與服裝同色、背包與服裝同色、手套與服裝同色

3. 服飾品配色法

在服裝整體配色和系列服裝配色中，還有一個色彩搭配的重要環節就是服裝色彩與服飾品色彩之間的配色。常用的服飾品主要包括帽子、頭巾、背包、手包、鞋靴、腰帶、手套、眼鏡、項鏈、手鐲等。較為常見的服裝色彩與服飾品色彩之間的配色方法主要有以下五種。

(1) 同色法，是指選擇與服裝色彩相同的服飾品色與之組合的配色方法。同色法主要用於素色布料服裝與服飾品的組合，以單色服裝色彩為主，兩色搭配的服裝色彩也可以使用，是一種最為簡便和最易見效的服飾品配色方法。採用與服裝相同色彩的服飾品組合，可以擴大和延展服裝色彩的面積，使服裝色彩產生一種向外擴張力，從而獲得統一、純淨、渾然一體的視覺效果。比如衣裙是白色或上下裝是白色，就選擇白色皮鞋、白色帽子、白色手套、白色手拿包、白色耳環和白色項鏈等。(見圖 8-56)

(2) 套色法，是指選取花色服裝中較為鮮明的色彩作為服飾品色與之組合的配色方法。服飾品套色法與服裝套色搭配一樣，分為一套色和雙套色兩種形式。套色法由於服飾品色與服裝花色之間具有鮮明的共性，服飾品與服裝之間便擁有了親和關係，配色效果自然是和諧而穩定的。比如黑底紅花的裙裝，搭配紅包、紅腰帶、紅手套，便構成了一套色效果；倘若再搭配黑帽、黑鞋、黑耳環，或是帽子和手拿包採用黑紅兩色構成，就構成了雙套色效果。(見圖 8-57)

(3) 補缺法，是指利用服飾品色填補服裝配色所缺失的那部分色彩的配色方法。服飾品補缺法的應用比較廣泛，比如在黑白色之間補缺中間灰色、彩色之間補缺過渡色、沉寂的深色搭配補缺淺色、質樸的布料組合添加光澤感等。作為補缺的服飾品，既可以與單色服裝組合，也可以與兩三種以上色彩服裝組合；既可以與素色布料服裝搭配，也可以與花色布料服裝搭配。透過服飾品色的填空補缺，服裝配色效果會更加具有整體感和完整感。或許，服飾品填補的恰好就是設計師預留給服飾品的表現空間，讓服飾品成為補足服裝最完美的一色，遠比直接把服裝色彩用滿更加巧

妙。(見圖 8-58)

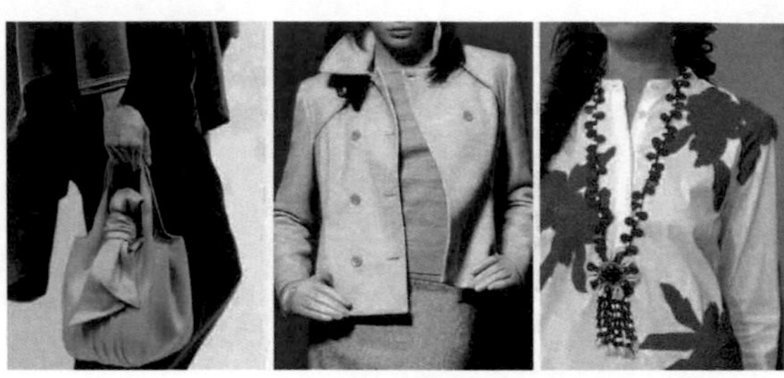

圖 8-57　手拿包與服裝套色、手套與內衣套色、項鏈與花色套色

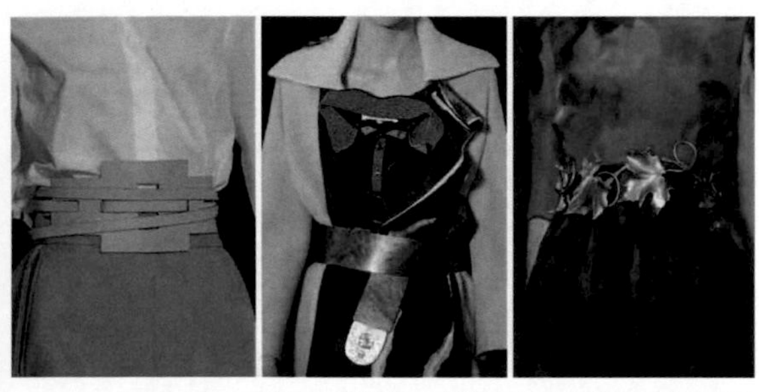

圖 8-58　補缺中間灰色、補缺應有的彩色和補缺硬朗的金屬感

(4) 點綴法，是指將鮮豔的服飾品色作為點綴色與低彩度的服裝色彩組合的配色方法。服飾品點綴法多用於素色布料或同類色搭配的服裝中，尤其是略顯單調或低彩度的服裝配色，常常需要用鮮豔的服飾品色進行點綴和調節，以獲得輕鬆、明快的整體配色效果。點綴法與補缺法具有一定的近親關係，但點綴法更強調對服裝色彩畫龍點睛的作用，比如淺米色或是淺灰色上下裝，用紅帽、紅手套來搭配。點綴法應用的一般規律是深色點綴淺色或淺色點綴深色、高彩度彩色點綴低彩度彩色、彩色點綴黑白灰中性色等。(見圖 8-59)

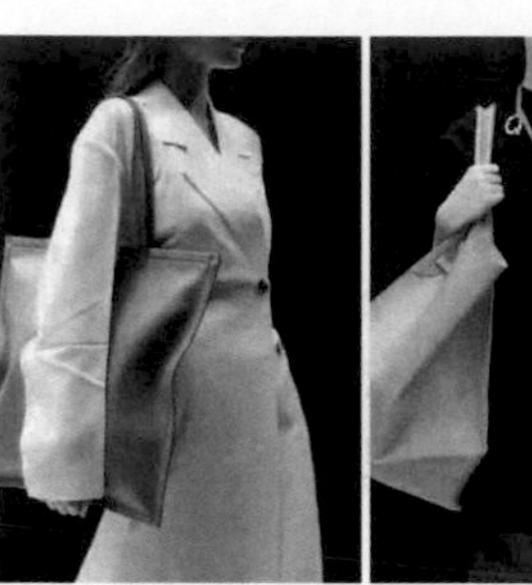

圖 8-59　土黃點綴白色、銘黃點綴黑色和酒紅點綴灰色

(5) 襯托法，是指選取較為沉穩的服飾品色對活躍的服裝色彩進行襯托的配色方法。服飾品襯托法與點綴法的作用恰好相反，點綴法是將過於沉悶的服裝色彩變得清新；襯托法則是將過於跳躍的服裝色彩變得沉靜。因而，襯托法多用於較為鮮豔的花色服裝和色彩活躍的多色服裝，借助於色彩沉穩的服飾品色的襯托、調節和緩衝，便可增加服裝整體形象的穩定感，減弱或緩解服裝色彩的活躍感。比如藍底白花的洋裝，搭配灰色的鞋、襪和腰帶，便可造成色彩的襯托作用。襯托法應用的一般規律是素色襯托花色、深色襯托淺色、低彩度彩色襯托高彩度彩色、黑白灰中性色襯托彩色等。(見圖 8-60)

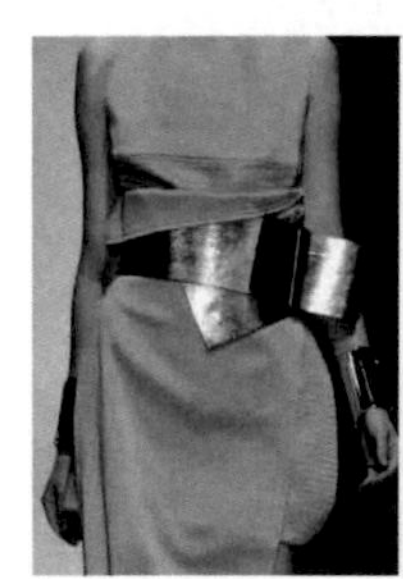

圖 8-60　深灰襯托淺灰、褐色襯托黃色和黑色襯托彩色

關鍵詞：套色搭配　流行色　色調　常用色　色彩關係　色彩感覺

套色搭配：是指在花色布料中選取一種或兩種顏色作為素色布料色彩與之搭配的配色方法。由於搭配的素色布料色彩與花色布料中的部分顏色相同，就構成了類似於絲網印刷的套色效果。套色搭配又有一套色和雙套色之分。「一套色」是在花色當中只選一種顏色與之搭配；「雙套色」是在花色當中同時選取兩種顏色，用這兩種顏色的素色布料與之組合。

流行色：英文 fashion colour，是指時髦的、新鮮的、合乎時代風尚的色彩。

色調：是指色彩組合的整體色彩傾向。色調可以根據色彩的性質進行分類，比如從冷暖上可分為冷色調、暖色調或中性色調；從色相上分為紅色調、綠色調、黃色調等；從明度上分為亮色調、暗色調、灰色調等。

常用色：是與流行色相對應的概念，是指人們常年習慣穿著使用的色彩。具有時間性、民族性、地域性特點，各個時期、各個民族、各個國家、各個地區各有不同。

色彩關係：是指色彩與色彩之間既有區別又有關聯的存在方式。

色彩感覺：是指色彩的某種性質作用於人的感官所引起的直接反應。

課題名稱：流行色應用訓練

訓練項目：

(1) 流行色資訊收集
(2) 流行色應用設計
(3) 色彩主題設計

教學要求：

(1) 流行色資訊收集（課堂訓練）

透過網路收集流行色色彩資訊，每人收集兩套流行色圖片及文字資料。

方法：在服裝色彩搭配方法和流行色知識學習的基礎上，借助於網路收集流行色資訊資料，以加深對服裝色彩及流行色的認識和理解。流行色發表的年份、季節、機構不限，男裝、女裝資訊不限，每人最少收集兩套流行色圖片及文字資料。流行色資訊的收集，要包括色卡和色彩靈感圖片，還要有流行色主題等文字介紹，以便探究流行色流行的奧祕。以電子檔形式交作業。

(2) 流行色應用設計（課堂訓練）

根據某一季節的女裝流行色資訊，構想和繪製一個系列 3 套女裝的流行色應用設計的電腦畫稿。

方法：先根據自己的設計靈感，進行服裝的設計構想，勾畫一個系列 3 套女裝的設計草圖。再運用電腦繪圖軟體繪製電腦效果圖線稿。在著色之前，要在流行色色卡當中挑選出 1 種主色和 2~3 種搭配色或點綴色，按照不同的應用比例製作出色標。最後，按照色標中的色彩比例填充效果圖的色彩。服裝要有新鮮感、時尚感和系列感，服裝款式不限，表現手法不限。運用電腦繪圖軟體繪製設計稿，要比手繪難度大。現代服裝企業都要求無紙化辦公，能夠使用電腦軟體畫圖是設計師必須具備的職業技能。畫面規格：A3 紙大小。作業不需影印，用 JPEG 格式保存，電子檔形式交作業。（圖 8-61 ～圖 8-73）

(3) 色彩主題設計（課後作業）

根據自己收集到的生活色彩圖片，構想和繪製一個系列 3 套女裝的色彩主題設計的電腦畫稿。

方法：挑選一張自己最感興趣的生活色彩圖片，自己拍攝採集或是在網路中收集均可。根據色彩圖片的情調擬定一個設計主題，並按照主色、搭配色和點綴色的不同比例製作出色標，再把色標與圖片一起放置在電腦畫面上。按照設計主題和色彩情境進行系列服裝的設計構想，勾畫一個系列 3 套女裝的設計草圖。再用電腦繪圖軟體繪製完成效果圖線稿，並按照不同色標搭配服裝色彩。畫面規格：A3 紙大小。畫面要包括主題名稱、靈感圖片、色標和 3 套女裝設計四部分內容。服裝要有新鮮感、時尚感和系列感。服裝款式、季節不限，表現手法、形式不限。作業不需影印，用 JPEG 格式保存，以電子檔形式交作業。(圖 8-74 ～圖 8-85)

圖 8-61　流行色應用設計　趙赫

圖 8-63　流行色應用設計　楊建

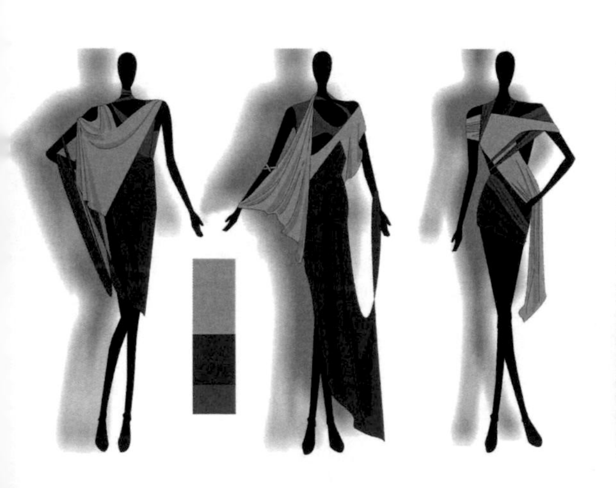

圖 8-62　流行色應用設計　劉靜

圖 8-64　流行色應用設計　劉亞藝

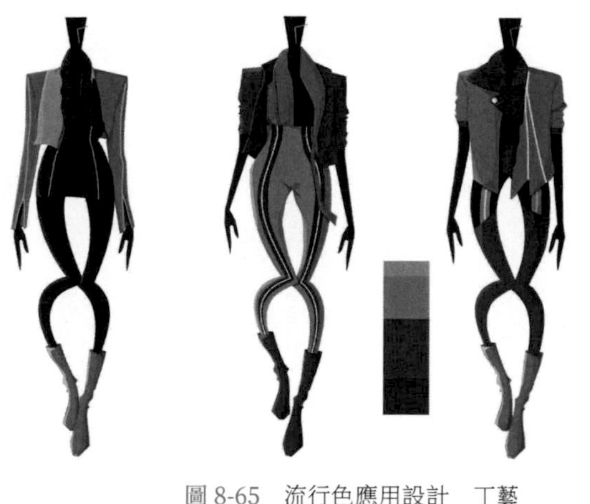

圖 8-65　流行色應用設計　丁藝

圖 8-68　流行色應用設計　廖婧

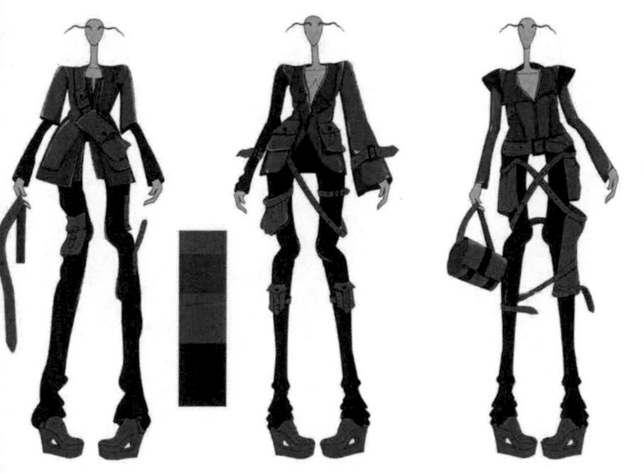

圖 8-66　流行色應用設計　龔麗

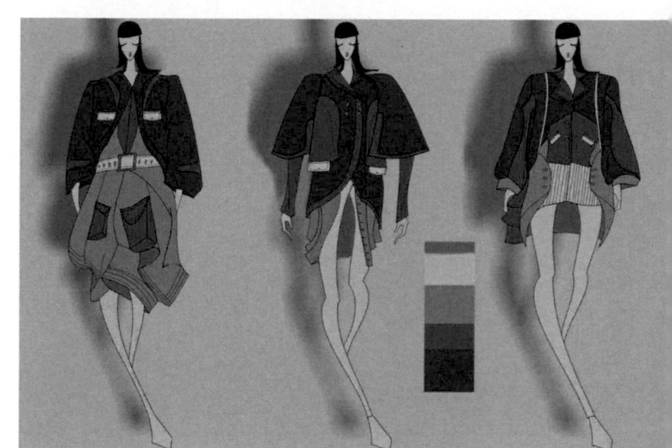

圖 8-69　流行色應用設計　孫莉

圖 8-67　流行色應用設計　方笑銳

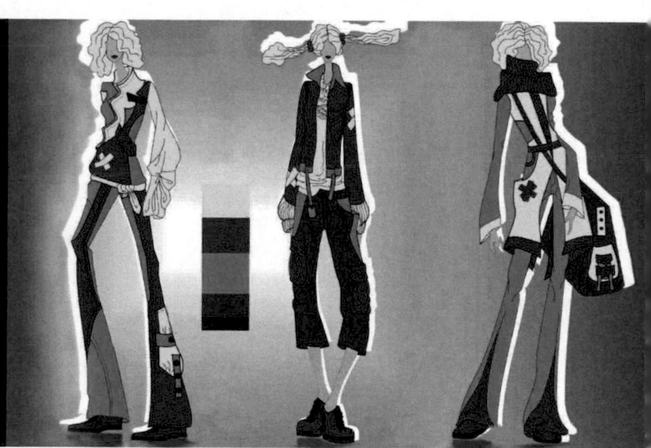

圖 8-70　流行色應用設計　龔萍萍

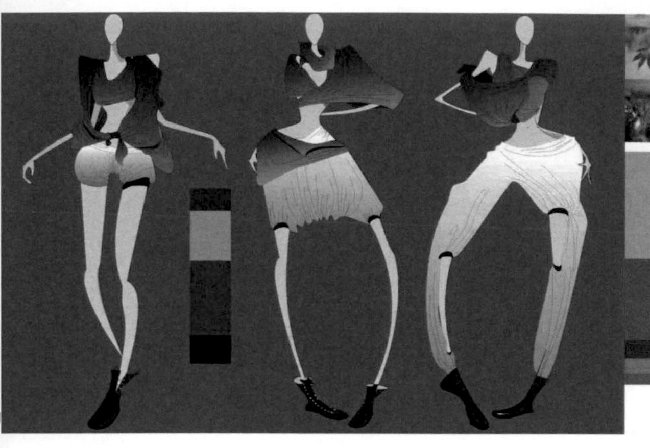

圖 8-71　流行色應用設計　桂妤

圖 8-72　流行色應用設計　吳思霏

圖 8-73　流行色應用設計　王茜

《秋天的印象》
圖 8-74　色彩主題設計　徐光景

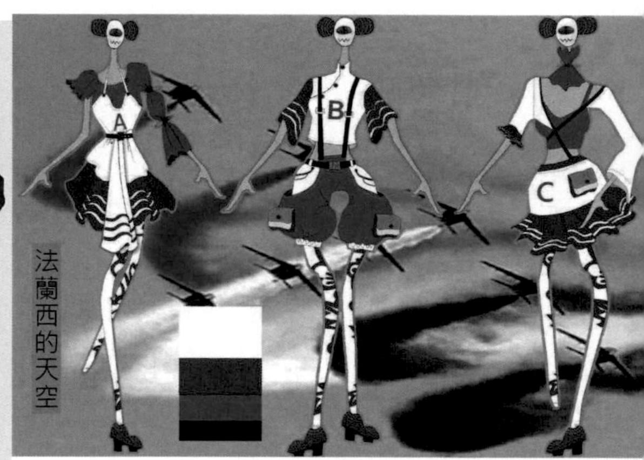

《法蘭西的天空》
圖 8-75　色彩主題設計　喻馬

《古鎮情緣》
圖 8-76　色彩主題設計　崔春蘭

《冬旅》
圖 8-77　色彩主題設計　丁藝

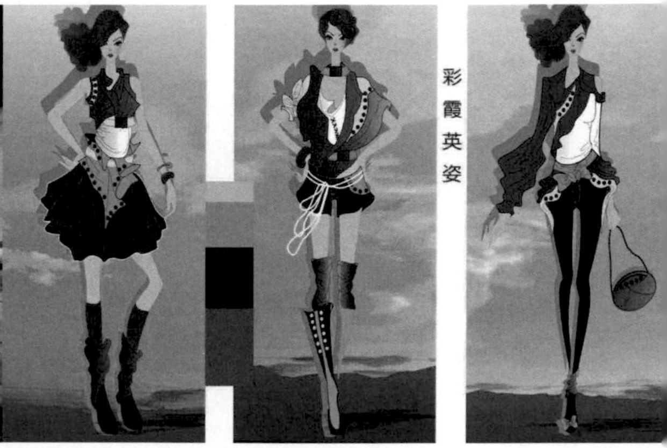

《彩霞英姿》
圖 8-80　色彩主題設計　龔萍萍

《星境》
圖 8-78　色彩主題設計　胡問渠

《窗影》
圖 8-81　色彩主題設計　桂妤

《自由時光》
圖 8-79　色彩主題設計　楊美玲

《Blues》
圖 8-82　色彩主題設計　童佳豔

《燭光盛宴》
圖 8-83　色彩主題設計　楊建

《魑魅游離》
圖 8-84　色彩主題設計　左曉寶

《假面人生》
圖 8-85　色彩主題設計　桂好

後記
服裝設計的三種境界

唐代高僧青原惟信曾說:「老僧三十年前未參禪時，見山是山，見水是水。及至後來，親見知識，有箇入處，見山不是山，見水不是水。而今得個休歇處，依前見山只是山，見水只是水。大眾，這三般見解，是同是別?有人緇素得出，許汝親見老僧。」(禪宗《指月錄》卷二十八所載)

青原惟信所言，是指佛教修行的三種體驗，即未參禪時，見山是山，見水是水;參禪中，見山不是山，見水不是水;禪悟後，見山只是山，見水只是水。倘若把其中的「山水」看作服裝，亦可形象地詮釋學習服裝設計的三種境界。

「見山是山，見水是水」。這是普通人的生活認識和認知體驗，是從生活常識出發理智地去看待世間萬物。此時，山就是山，水就是水，是尋常的沒有生命的山和水。在普通人眼裡，服裝也是一樣，就是用來穿著的衣服。服裝就是服裝，不會是其他事物，更不會帶有生命和情感。這是認識服裝的第一層境界，初學服裝設計的學生，對服裝的認知與普通人相差無幾。

「見山不是山，見水不是水」。這是超乎於普通人的認識和體驗，即所謂「一花一世界，一樹一菩提」。已經不把山和水，看作自己面前的自然物，無論善惡是非，均隱藏於萬物之中，山和水也就皆有靈性。此時，山便不再是山，水也不再是水，它們可以幻化為世間的萬事萬物。在設計師眼中，服裝已經不是簡單的一件衣服，而是可以藉以抒情達意的藝術品，就如同詩人心中的詩化世界，處處有生命，物物有情感。這是認識服裝的第二層境界，是學習服裝設計必須經歷的洗禮，由此才能萌生不同於普通人的創意和思想。

「見山只是山，見水只是水。」這是更加理性、更加深刻的認識和體驗，超越了普通人的理智，也超脫了詩化的情感。此時，山依然是山，水依然是水，但人已具有了禪心和慧眼，可以清清楚楚地覺察世界的本來面目。在設計師心裡，服裝只是一件衣物，離開了穿著它的人和功能，也就失去了靈魂和意義。服裝既可以傳情達意，也可以只為保暖護體而存在。這是認識服裝的第三層境界，是一種透過現象看到本質的淡定和從容。

由此可見，第三層境界才是設計師應該具有的認知境界，也是從事服裝設計師這一職業的人所要努力的目標。然而，第三層境界的形成，必須經過第二層境界的脫胎換骨。不經過第二層境界深刻體驗的學習，不可能由第一層境界直接進入第三層境界，這也是人認識事物的由淺入深的三個階段。

從服裝設計師到服裝設計專業教師，從設計的第一套服裝、講授的第一節課，到完成的每一篇論文和每一部專著，都是我對服裝設計不斷領悟、不斷明心見性的過程。本教材的寫作，也是這一過程的延續。期望借助於本教材向更多的同行和學生介紹我的思考，展示我的實踐經驗，從而啟迪智慧，領悟服裝設計的真諦。

在此，感謝服裝設計科系學生提供的所有作業。這些作業不僅豐富和充實了本教材內容，也會對使用本教材的學生發揮拋磚引玉的作用。同時，感謝本教材涉及的所有服裝品牌和設計師的作品。是這些作品圖片，使本教材的教學內容變得更加直觀、鮮活而生動。

服裝設計思維訓練

思考技法╳大師作品╳結構與創意╳設計理念

編　　著：于國瑞
編　　輯：林瑋欣
發 行 人：黃振庭
出 版 者：崧燁文化事業有限公司
發 行 者：崧燁文化事業有限公司

E-mail：sonbookservice@gmail.com
粉 絲 頁：https://www.facebook.com/sonbookss/
網　　址：https://sonbook.net/
地　　址：台北市中正區重慶南路一段六十一號八樓 815 室
Rm. 815, 8F., No.61, Sec. 1, Chongqing S. Rd., Zhongzheng Dist., Taipei City 100, Taiwan
電　　話：(02)2370-3310
傳　　真：(02) 2388-1990

印　　刷：京峯彩色印刷有限公司（京峰數位）
律師顧問：廣華律師事務所 張珮琦律師

定　　價：750 元
發行日期：2022 年 5 月第一版
◎本書以 POD 印製

國家圖書館出版品預行編目資料

服裝設計思維訓練：思考技法╳大師作品╳結構與創意╳設計理念 / 于國瑞 編著 . -- 第一版 . -- 臺北市：崧燁文化事業有限公司 , 2022.05
冊；　公分
POD 版
ISBN 978-626-332-348-3(平裝)

1.CST: 服裝設計
423.2　　111006238

官網

臉書